Umwelt-Medizin

D1858137

Dr. med. Harold H. Markus
Hans Finck

Umwelt-Medizin

Gesund bleiben in der heutigen Umwelt

Ein Ratgeber für den Umgang mit Allergien, Immunschwächen und vielen anderen umweltbedingten Krankheiten

Worauf man beim Essen, Trinken, Arbeiten und Wohnen achten muß

Scherz

Ich danke meiner Frau Virginia, ohne deren Mitarbeit und Hilfe dieses Buch nicht zustande gekommen wäre.

Harold H. Markus

Erste Auflage 1991
Copyright © 1990 by Scherz Verlag Bern, München, Wien.
Alle Rechte der Verbreitung, auch durch Funk, Fernsehen, fotomechanische Wiedergabe, Tonträger jeder Art und auszugsweisen Nachdruck sowie der Übersetzung sind vorbehalten.
Schutzumschlag unter Verwendung eines Fotos von Bildagentur Incolor.

Inhalt

Vorbemerkung

Wir stellen in diesem Buch die Behandlungsverfahren dar, die in den letzten Jahrzehnten von Umweltmedizinern entwickelt worden sind, jene Vorbeugungs- und Heilungsmöglichkeiten also, die der Medizin angesichts der ständig wachsenden Gefährdung der menschlichen Gesundheit durch industriell produzierte Schadstoffe zur Verfügung stehen.

Wir setzen voraus, daß unsere Leser – wie wir – davon überzeugt sind, daß die vom Menschen verschuldete Umweltvergiftung ein Ausmaß angenommen hat, das nicht nur für viele Pflanzen- und Tierarten tödlich ist, sondern auch das Leben des Menschen akut bedroht. Deshalb ersparen wir uns Aufzählungen der Giftkatastrophen und Umweltskandale, über die ja ohnehin in den Medien täglich berichtet wird. Wir gehen auch nicht im einzelnen auf die Schadstoffmengen ein, die tagtäglich aus den Schornsteinen der Industrie quellen bzw. direkt in ihren Produkten vorhanden sind.

Ebenso verzichten wir darauf, den speziellen Beitrag der Pharmaindustrie zur Verschmutzung von natürlicher Umwelt und menschlicher Innenwelt eingehend zu analysieren. Es ist bekannt, daß ein Großteil der heute auf dem Markt befindlichen Medikamente zwar bestimmte Einzelsymptome beseitigen kann, der Funktion des Gesamtorganismus aber oft wenig zuträglich ist. Die Reihe der «iatrogenen», also durch ärztlicherseits verordnete Medikation erzeugten Krankheiten füllt ganze Bücher. Wenn man so will, sind manche Medikamente nicht weniger nebenwirkungs- und folgenreich als bekannte Umweltgifte wie PCP (Pentachlorphenol), Lindan, DDT und Asbest. Außerdem werden sie oft bei der Herstellung mit allergieauslösenden Substanzen verunreinigt, mit bedenklichen Konservierungsstoffen haltbar gemacht oder mit synthetisch gefärbten Zuckerhüllen ummantelt – was bei entsprechend sensibilisierten Menschen durchaus Gesundheitsbeschwerden hervorrufen kann.

Zwei weitere wichtige Randgebiete der Umweltmedizin wollen wir zumindest kurz erwähnen, doch sind sie bisher weder diagnostisch noch therapeutisch ausreichend erforscht, um hier näher erörtert werden zu können. Es handelt sich einmal um den Umweltfaktor «Elektrosmog»[1], dessen Bedrohlichkeit trotz des durch Satellitenfunk und Computertechnik ständig zunehmenden Wellensalats in unserer elektromagnetischen Umwelt noch kaum bekannt ist, zum anderen um das Problem der Impfungen. Jede Impfung stellt eine schwerwiegende Störung des Immunsystems dar, das durch diesen Eingriff schockartig mit Millionen von (ehemals aktiven, jetzt aber angeblich nicht mehr vermehrungsfähigen) Fremdsubstanzen konfrontiert wird. Die Zahl der Impfschäden in aller Welt geht mit Sicherheit in die Millionen. Wenn man weiterhin weiß, daß Krankheitserreger bei der Impfstoffzubereitung mit Hilfe von berüchtigten Allergenen wie Formaldehyd und Betapropriolakton inaktiviert werden, wird deutlich, daß sich hier ein weiteres wichtiges umweltmedizinisches Forschungsgebiet eröffnet.[2]

Ein anderer Problembereich, den wir nur am Rande streifen, ist der Umweltfaktor psychischer Streß und die daraus resultierenden psychischen bzw. psychosomatischen Störungen des Menschen in der industriellen Leistungsgesellschaft[3]. Daß eine direkte Beziehung zwischen seelischem Streß, Immunsystem und Krankheit besteht, ist dank der Forschungen der Psychoneuroimmunologie[4] mittlerweile weithin bekannt. Wir sind überzeugt, daß seelische Streßfaktoren ebenso wie Elektrosmog und Impfungen Anteil an den heute so oft beobachteten Überlastungserscheinungen des Immunsystems haben bzw. das «Faß» mit zum Überlaufen bringen. Carl O. Simonton, der seit Jahrzehnten Krebskranke erfolgreich mit psychologischen Methoden behandelt, meint zum Beispiel, daß die Hoffnungslosigkeit und Hilflosigkeit, die der einzelne angesichts der wachsenden ökologischen Bedrohung empfindet, eine wesentliche Ursache für den Anstieg der Krebserkrankungen sein könnten.[5]

Doch Angst und Psychostreß haben sehr oft höchst konkrete Grundlagen – und diese *physischen* Streßfaktoren und Krankheitsverursacher in unserer Umwelt sind das zentrale Thema dieses Buches.

Kein Einzelfall

Gerade hatte Johanna ihren dreißigsten Geburtstag gefeiert. Gefeiert? Selten hatte sie sich gesundheitlich so schlecht gefühlt. Ein zünftiger Geburtstag, dazu gehörten in ihren Augen jede Menge Gäste, ein reich gedeckter Tisch mit Kuchen und Torten, Sekt, Wein und überschäumende Stimmung, am besten mit einem kräftigen Schwips. Gäste waren da, Kuchen war da, und auch am Alkohol mangelte es nicht. Trotzdem war der Geburtstag gründlich mißlungen.

Johanna hatte vorsichtshalber bloß ein Glas Sekt getrunken und nur zwei winzige Stücke von ihrer Lieblingsmokkatorte gegessen. Sie wußte, daß ihr Zucker und Alkohol schlecht bekamen, aber einmal im Jahr, an ihrem Geburtstag, würde sie ja wohl noch mal über die Stränge schlagen dürfen. Eine trügerische Hoffnung. Schon eine halbe Stunde, nachdem sie den Kuchen gegessen hatte, bekam sie kaum erträgliche Blähungen und mußte sich mit Darmkrämpfen ins Schlafzimmer zurückziehen. Für sie war der Geburtstag zu Ende.

Schon seit Monaten quälte sie sich immer wieder mit diesen Beschwerden herum. Vor ein paar Wochen war ein peinliches Ekzem an Fingern und Händen hinzugekommen. Sie traute sich kaum noch, jemandem die Hand zu geben. Anfänglich hatte sich die Haut nur schwärzlich verfärbt, und zwar überall dort, wo sie Ringe, Armreifen oder eine Uhr trug. Dann entzündete sich die Haut, schälte sich, juckte. Es wurde immer schlimmer.

Der Hautarzt diagnostizierte eine Nickelallergie. Johanna war verwirrt: «Aber ich trage doch nur Goldschmuck.» Der Arzt klärte sie auf, daß Nickel fast in allen Gold- und auch Silberlegierungen enthalten ist. Also konnte sie von nun an keinerlei Schmuck mehr tragen.

Johannas Gedanken wanderten zurück zu ihrem zwanzigsten Geburtstag. Rundum gesund war sie gewesen; die Fete ging bis tief in die Nacht. Damals stand sie am Anfang einer vielversprechenden Karriere im Farben-

und Lackgroßhandel. Auch privat lief alles bestens: Kurz nach diesem runden Geburtstag heiratete sie den Mann, den sie liebte, und brachte innerhalb von drei Jahren zwei gesunde Kinder zur Welt.

Ihren Beruf aber wollte sie der Kinder wegen unter keinen Umständen aufgeben. Also blieb sie im Geschäft, organisierte eine regelmäßige Betreuung für die Kinder, schmiß den Haushalt und versuchte, ihrem Mann eine gute Ehefrau zu sein. Und das alles, obwohl ihr verantwortungsvoller Posten in der Firma sie ziemlich forderte.

Dann wurde sie zum ersten Mal richtig krank. Eine Eierstockentzündung, die immer wiederkehrte. Zunächst schob der Arzt es auf die Spirale, die sie zur Empfängnisverhütung benutzte, dann tippte er auf eine chronisch gewordene Geschlechtskrankheit. Merkwürdigerweise aber konnte solch eine Krankheit trotz umfangreicher Laboruntersuchungen niemals nachgewiesen werden. Auch «auf Verdacht» verabreichte Antibiotika halfen nicht.

Bald kamen Blasenentzündungen hinzu, die nach kurzer Zeit aufs Nierenbecken übergriffen. Mittlerweile brauchte sie ständig Schmerz- und Beruhigungsmittel. In den folgenden sechs Jahren wanderte sie verzweifelt von Arzt zu Arzt, doch keiner konnte helfen. Johanna wurde immer anfälliger für Erkältungen und Grippe. Im Sommer und Herbst plagte sie nun ein fürchterlicher Heuschnupfen, den sie bis dato nicht gekannt hatte. Schließlich trat auch noch eine Allergie gegen Schimmelpilze und Hausstaubmilben auf. Wenn Johanna nicht gerade eindeutig krank war, fühlte sie sich zumindest erschöpft und abgeschlagen. Pausenlos. So war sie gezwungen, ihre Arbeit aufzugeben, weil sie den beruflichen Anforderungen einfach nicht mehr gewachsen war.

Viele ihrer häufigen Arztbesuche endeten mit einer Ohnmachtserklärung der Mediziner: «Das sind psychosomatische Streßsymptome; gehen Sie zum Psychiater oder zu einer psychologischen Beratungsstelle.» Damit waren die Ärzte zwar einen schwierigen Fall los, aber die Patientin nicht ihr Leiden. Immerhin, auf Anraten eines Psychologen gab Johanna ihre Arbeit auf und begann, ihr Leben insgesamt streßfreier zu gestalten. Gut ging es ihr deshalb noch lange nicht. Denn während ihrer gesamten Odyssee durch die Arztpraxen fand sich niemand, der den Versuch gemacht hätte, alle ihre Symptome gleichzeitig ins Auge zu fassen und den gemeinsamen Nenner zu finden.

Fälle wie der von Johanna gehören in die Praxis eines Umweltmediziners. Er weiß, daß die beschriebenen Symptome keineswegs ungewöhnlich sind, und kennt die Ursache: chronische Überlastung des Immunsystems. Der amerikanische Umweltmediziner Dr. William Rea vom Environmental Health Center in Dallas hat diese Fälle verglichen mit einem vollen Faß, das überläuft, sobald auch nur der geringste Tropfen noch hinzukommt. Bei Johanna war das Faß voll: Die Belastungen für ihr Immunsystem waren zu groß geworden. Zunächst tut das Immunsystem weiter seine Arbeit, mehr schlecht als recht vielleicht, aber immerhin. Doch wehe, wenn nun noch die kleinste zusätzliche körperliche oder seelische Belastung hinzukommt: Dann blühen die Symptome. Die Alarmsignale sind bei jedem Menschen anders; jeder hat spezielle Schwachstellen, die zuerst betroffen sind. Bei manchen treten Pilze an den Genitalien auf, andere reagieren mit Asthma, bei wieder anderen zeigt sich die Überlastung durch eine Nickelallergie oder durch Heuschnupfen. Nach kurzer Zeit kommt es dann – wie bei Johanna – zu den verschiedensten Beschwerden.

Die Fachärzte sind verzweifelt, denn die Symptome kümmern sich nicht um die Grenzen der medizinischen Einzeldisziplinen. Bei Umwelterkrankungen gibt es keine «typischen» Symptome, die in diesem oder jenem Fall ausnahmslos oder meistens auftreten. Selbst wenn es gelingt, lokale Beschwerden durch eine Symptom-Behandlung fürs erste zu unterdrücken, fühlen sich die Patienten kaum besser.

Der Umweltmediziner aber kann wirklich helfen, weil er sich nicht auf die Beseitigung von Einzelsymptomen beschränkt. Sein Ziel ist es, beim Patienten einen Zustand zu erreichen, in dem das Faß nur zur Hälfte oder zu zwei Dritteln gefüllt ist, so daß sich das Immunsystem erholen und nach und nach wieder selbst mit den Krankheitserregern und Schadstoffen fertig werden kann, die auf den Menschen der heutigen Zeit einwirken. Gelingt dies nicht, so ist damit zu rechnen, daß sich immer neue Allergien und immer neue Beschwerden einstellen.

Johanna hatte Glück. Sie geriet endlich an einen Umweltmediziner und wurde angemessen behandelt. Im Laufe des ersten Jahres bildeten sich alle Allergien und allergischen Symptome weitgehend zurück, ihre Antikörperwerte normalisierten sich, das Immunsystem erholte sich nachweislich. Die Unterleibsbeschwerden verschwanden, und die Totaloperation der Gebärmutter, zu der ihr noch kurz zuvor ein Gynäkologe geraten hatte, konnte vermieden werden. Auch Nierenbecken- und Blasenentzündungen hatte sie nun wesentlich seltener. Offensichtlich handelte es sich dabei in Johannas Fall um das «schwächste Glied der Kette», denn wenn sie besonders unter Streß stand, traten gerade diese Beschwerden immer wieder auf. Insgesamt aber geht es ihr im Vergleich zu früher recht gut.

1. Umweltmedizin – nötiger denn je

Warum wir unser Buch ausgerechnet mit diesem Fall einleiten? Weil bei Johanna alle mehr oder minder unspezifischen, aber dennoch charakteristischen Beschwerden, unter denen heute Millionen von Menschen leiden, vorhanden waren: chronische Erschöpfung, hohe Krankheitsanfälligkeit, Beschwerden mit den Verdauungs- und Ausscheidungsorganen, «multiple» (d. h. Mehrfach-)Allergien. Was das alles mit der Umwelt zu tun hat? Sehr viel! Denn Johannas Beschwerden fingen an, nachdem sie längere Zeit in einer Großhandlung für Farben und Lacke gearbeitet hatte, wo ihr Immunsystem ständig mit den verschiedensten chemischen Substanzen konfrontiert wurde. Allergentests zeigten, daß sie auf diverse Kunstharze und Lösungsmittel allergisch reagierte, nicht nur auf Nickel, Hausstaub oder Pollen, wie man aus ihren Symptomen hätte schließen können.

Der zweite gravierende Eingriff in ihr Immunsystem waren die häufigen nutzlosen Antibiotikabehandlungen gegen die Blasenentzündungen und die irrtümlich vermutete Geschlechtskrankheit. Drittens pflegte Johanna wegen der Doppelbelastung in Beruf und Familie die Mahlzeiten selten aus frischen, vollwertigen Zutaten zuzubereiten, sondern griff oft auf Konserven, Fertiggerichte, Tiefkühlpizzas etc. zurück. Bei der Arbeit ernährte sie sich hauptsächlich von Kaffee und Schokoriegeln. Müssen wir noch eigens betonen, daß eine solche Ernährung ungesund ist? Zu all diesen direkten körperlichen Belastungen kam noch der seelische Streß: Hektik und Überstunden im Betrieb; das schlechte Gewissen gegenüber den Kindern, die sie so selten sah; der große Haushalt, den in erster Linie sie zu bewältigen hatte.

Allergien zählen heute zu den häufigsten Krankheiten. Eine Allergie bedeutet eine «andersartige» Reaktion des Immunsystems, eine Reaktion, die anders ist als normal. Als typische Allergiesymptome galten früher Niesen, Brennen oder Tränen der Augen bzw. Juckreiz. Mittlerweile werden immer mehr Beschwerden – von Magen- und Darmstörungen über Bronchitis, Asthma und Rheuma bis hin zu Depressionen und schizophrenieähnlichen Symptomen – mit Allergien in Verbindung gebracht.

Sind die Menschen anfälliger geworden, oder handelt es sich etwa um eine neue Infektionskrankheit, gegen die wir noch kein Antibiotikum haben? Wohl kaum, es sei denn, man würde unterstellen, daß alle Allergiker, also je nach Schätzung 20 bis 50 Prozent der Gesamtbevölkerung, von einem rätselhaften Allergie-Virus befallen sind.

Allergien signalisieren, daß das Immunsystem versagt. In letzter Zeit mehren sich die Hinweise darauf, daß Allergien nur eine erste, vergleichsweise harmlose Vorstufe zu den ernsten chronischen Erkrankungen bilden, die man gemeinhin «Zivilisationskrankheiten» nennt: Krebs, Multiple Sklerose, Rheuma, Diabetes usw. Zivilisationskrankheiten ist wahrlich das richtige Wort, denn die Entwicklung dieser Krankheiten verläuft parallel zur Entwicklung von Technik, Industrie und Handel. Immer mehr Produkte, die uns – wenn man der Werbung glaubt – das Leben erleichtern sollen, kommen auf den Markt. Zu ihrer Herstellung verwendet die Industrie immer neue Materialien. Manche darunter, etwa Insektizide und Herbizide, gelten von vornherein als giftig, in anderen Fällen erkennt man die toxische Wirkung erst nach bitteren Erfahrungen. Bei den vielen Chemikalien, die noch nicht durch Skandale in Verruf geraten sind, ist keineswegs sicher, ob sie sich nicht langfristig als schädlich für unseren Körper und unsere Gesundheit erweisen werden.

Die Umweltmedizin nimmt diese alltäglichen schweren Belastungen unserer Physis ernst. Sie sucht die Krankheitsursache nicht zuerst im Individuum, wie es die konventionelle Medizin oft tut – etwa in der «schwachen Konstitution»; der «genetischen» Anfälligkeit für Allergien oder Krebs; der «negativen» Lebenseinstellung des einzelnen; der «endogenen» Depression; der «Faulheit» desjenigen, der trotz ärztlichen Rats zuwenig Sport treibt; der «Charakterschwäche» des Süchtigen usw.

Die Umweltmedizin bezweifelt nicht, daß es Menschen mit «schwacher Konstitution», «genetischen» Anfälligkeiten und «negativer» Lebenseinstellung gibt. Aber sie gibt sich mit dieser Feststellung nicht zufrieden, sondern fragt, unter welchen Bedingungen sich die Schwächen dieser Menschen manifestieren und welche Faktoren hinzukommen müssen, damit die Veranlagung zum Ausbruch einer Krankheit führt. Und sie bemüht sich, für jeden Patienten individuell zu bestimmen, wie die optimale Vorbeugung oder Behandlung bei seinen besonderen Beschwerden aussehen muß.

Die Umweltmedizin geht davon aus, daß jeder Mensch ein einzigartiges Individuum mit ganz besonderen – charakterlichen und gesundheitlichen – Stärken und Schwächen ist. Der eine reagiert auf die Überbelastung des Immunsystems mit Nebenhöhlenentzündungen, ein anderer mit Asthmaanfällen, ein dritter mit Nesselausschlag, ein vierter mit ständig wiederkehrenden Depressionen. Vier Krankheitsbilder, vier Individuen, aber dieselbe Krankheitsursache: Überlastung des Immunsystems durch materielle und immaterielle Streßfaktoren aus der Umwelt. Wenn es gelingt, das «Faß» zumindest teilweise zu leeren, verbessert sich das Allgemeinbefinden der Patienten und die Symptome an den «Schwachpunkten» gehen zurück.

Die Umweltmedizin sucht die Krankheitsursache erst in zweiter Linie beim Erreger – also bei Bakterien, Viren, Pilzen, Parasiten. Denn alle diese Mikroorganismen leben seit Jahrmillionen in relativ friedlicher Koexistenz mit Mensch und Tier; zwar kennen sie tausend raffinierte Wege, um in den menschlichen Organismus einzudringen, doch hat das Immunsystem durch die jahrmillionenlange Erfahrung tausendundeins ebenso raffinierte Abwehrmöglichen dagegen entwickelt. Daß viele dieser Erreger heute wesentlich häufiger und virulenter auftreten als früher, kann unserer Ansicht nach nicht daran liegen, daß sie plötzlich «bissiger» geworden sind, sondern muß seinen Grund in der durch erhöhte Umweltbelastung gestiegenen Anfälligkeit haben.

«Das Terrain ist alles» heißt ein vielzitierter Ausspruch des berühmten Mediziners Claude Bernard. Womit er sagen wollte, daß die «Mikroben», die man zu seiner Zeit für jegliche Krankheit verantwortlich machte, sich nur dann ausbreiten können, wenn sie ein Terrain vorfinden, das ihrer Vermehrung und ihrem Gedeihen förderlich ist. Das Terrain aber, das die Mikroben im Menschen der Industriegesellschaft vorfinden, ist ebenso verschmutzt, vergiftet und aus dem natürlichen Gleichgewicht geraten wie unsere Äcker, Wälder, Gewässer und die Luft, die wir atmen. Kein Wunder, daß die Abwehrmechanismen gegen Krankheitserreger schlechter funktionieren, kein Wunder, daß es immer mehr Krankheit gibt.

Ein Drittel aller Bundesbürger hat allergische Beschwerden. Vierzig Millionen US-Amerikanerinnen leiden unter leichten oder schweren Pilzerkrankungen.[6] Millionen Menschen zahlen direkt oder indirekt durch ihre Versicherungsgesellschaften Milliarden Mark für Behandlungen, die chronische Krankheiten lindern sollen. Von Heilung ist meist gar nicht mehr die Rede. In den USA hat der Etat für das Gesundheitssystem den Rüstungsetat längst überflügelt. Kenner der US-Szene bezeichnen die Pharmaindustrie als zweitmächtigste Lobby nach den Versicherungen.[7] Eine unheilige Allianz. Die heute üblichen Behandlungsverfahren haben in vielen Fällen starke Nebenwirkungen, die wieder andere chronische Beschwerden nach sich ziehen. Da muß man sich schon fragen, ob es nicht eine bessere Alternative gibt.

Die Umweltmedizin macht Arzt und Patient zu Partnern, die gemeinsam den Weg der Heilung beschreiten. An erster Stelle steht dabei die *P*rävention, also die Vorbeugung. Zweitens geht es um die *R*eversibilität des chronischen Leidens, also um die Möglichkeit, Krankheit oder Degenerationserscheinungen soweit wie möglich «rückgängig» zu machen, sie sich «zurückentwickeln» zu lassen. Das dritte Ziel der Umweltmedizin ist die *O*ptimierung der Gesundheit, das heißt trotz einer verschmutzten Umwelt das (noch) mögliche Optimum an Gesundheit zu erreichen. Die Anfangsbuchstaben dieser grundlegenden Bestandteile ergeben die Silbe PRO, was auf lateinisch «vor» oder «für» bedeutet. «Vor» steht für Krankheits-«Vorbeugung», «für» steht für den «Einsatz für die Gesundheit» des einzelnen (anstatt «gegen die Krankheit», wie es dem konventionellen Denkmodell der Medizin entspräche). Ein Beispiel: Wer jeden Tag die von Ernährungswissenschaftlern empfohlene Dosis von 75 Milligramm Vitamin C zu sich nimmt, vermeidet mit einiger Sicherheit die Krankheit, die früher der Schrecken der Seefahrer war: den Skorbut. Das heißt aber noch keineswegs, daß er sich die Vitamin-C-Menge zuführt, die für ihn persönlich «optimal» wäre und ihn zu bester körperlicher und geistiger Leistung befähigen würde – dieses Quantum jeweils herauszufinden, hat sich die Umweltmedizin unter anderem zur Aufgabe gemacht.

Denn in einer immer mehr verschmutzten Umwelt ist die Prophylaxe ein ganz zentraler Punkt: Der Mensch muß lernen, sich so gut wie möglich zu schützen. Tagtäglich ist er Giften und Schadstoffen aus Industrie und Umwelt ausgesetzt, die sein Immunsystem nach und nach schwächen, bis sich Jahre später eine chronische Krankheit entwickelt. Betroffen ist meist «das schwächste Glied der Kette» und damit oft ganze Familien (da man die Schwachstellen offensichtlich weitervererbt). Herz- und Kreislauferkrankungen, Rheuma und Krebs kommen vielfach gehäuft in einer Familie vor.

Als Vorläufer dieser Krankheiten treten oft schon sehr früh Allergien auf, die die Betroffenen (und ihre Ärzte) häufig gar nicht als solche interpretieren. Denn sie äußern sich nicht in Form der «klassischen» Allergiesymptome wie Heuschnupfen, Hautausschlag oder dem unmittelbar lebensbedrohenden anaphylaktischen Schock, sondern vergleichsweise unauffällig: etwa als Darmstörungen, Muskelversteifungen, chronisches Hautjucken, Schuppenbildung oder Beschwerden an Blase und Genitalien.

Wir beabsichtigen dabei nicht, das Kind mit dem Bade auszuschütten. Wir brauchen die traditionelle Schulmedizin, ihre Forschungsergebnisse und ihre Erfahrungen. Wir verdanken ihr die verbesserten Heilungschancen bei akuten Krankheiten, eine hochentwickelte chirurgische Technik und eine hervorragende Notfallversorgung. Dank dieser unbestreitbaren Vorzüge der Schulmedizin werden heute viele Menschenleben gerettet, die noch vor kurzem als verloren gegolten hätten.

Im Kampf gegen die chronischen Krankheiten aber ist die

Schulmedizin weitgehend machtlos. Ihre komplizierten Therapien, die streng überwacht werden müssen, damit die Nebenwirkungen der chemischen Medikamente nicht Schlimmeres hervorrufen als die eigentliche Krankheit, bringen selten mehr als eine Linderung der Symptome oder einen Stillstand der Krankheit bei verminderter Lebensqualität. Die wahren Ursachen und Kausalzusammenhänge aber bleiben unerkannt.

Umweltmedizin hingegen steht in der Tradition der uralten «ganzheitlichen» bzw. «holistischen» Heilmethoden. Als der Südafrikaner Jan C. Smuts (1870–1950) seine Philosophie des Holismus formulierte, wollte er vor allem die Idee herausstellen, daß das Ganze nicht einfach der Summe seiner Teile entspricht, also etwa der menschliche Organismus nicht einfach die Summe seiner Zellen ist. Gerade dieser Punkt wird heute vielfach von allopathischen Medizinern vergessen, da sie aufgrund von Überspezialisierung und übertriebenem Apparateeinsatz nur schwer über die Grenzen ihrer Fachgebiete blicken können.

Wenn man die Gesundheitspflege aber holistisch begreift, können Geist, Körper und Seele nur als Ganzes und gemeinsam betrachtet werden. Diese Erkenntnisse waren für die Heilkundigen des Altertums selbstverständlich; das geht eindeutig aus den überlieferten medizinischen Schriften der Inder und Chinesen hervor. Auch dem ägyptischen Arzt Imhotep (ca. 2000 v. Chr.) und dem Griechen Galenus (ca. 300 n. Chr.) waren diese Zusammenhänge bewußt. Insofern ist das, was heute als «Neues Denken in der Medizin» gepriesen wird, eigentlich gar nicht neu, sondern bedeutet eine Rückkehr zu alter medizinischer Weisheit, die darauf beruht, den kranken Menschen als eine Einheit zu betrachten, die Ursachen für die Krankheit präzise zu erkennen und dann soweit wie möglich auszuschalten. Folglich sind in den Augen der Umweltmedizin Chemie und Physiologie des menschlichen Körpers und seines ganzen Seins nicht trennbar von den chemischen und physikalischen Einflüssen, die auf ihn einwirken. Ebenso kann man den Körper als solchen nicht losgelöst von seiner Ernährung, seinen allgemeinen Lebensgewohnheiten und der geistigen Haltung seines «Besitzers» sehen.

Die «Neue Medizin» bemüht sich, mit ganzheitlichen Methoden

eine Umkehrung chronischer Krankheiten zu erreichen und durch aktive Prävention einzugreifen, bevor es zum manifesten Krankheitsgeschehen kommt. Dazu gehören selbstverständlich die Untersuchungsmethoden der Schulmedizin und die übliche Labortechnik. Daneben aber stehen andere, besondere Diagnoseverfahren, die Veränderungen im Immunsystem und vielfältige Mangelerscheinungen im Körper aufzeigen können. Umweltmediziner messen etwa die Schwermetallbelastung des Körpers; stellen fest, wieviel Mineralien, Spurenelemente und Vitamine dem individuellen Bedarf des einzelnen entsprechen, welche fehlen, welche eventuell im Übermaß vorhanden sind. Sie identifizieren mit Spezialmethoden die verschiedensten Allergene – angefangen von Pollen, Milben, Hausstaub und Schimmelpilzen bis hin zu chemischen Schadstoffen und Nahrungsmitteln. Daneben stehen umfangreiche anamnestische Erhebungen und Selbstbeobachtungen der Patienten, um die krankmachenden Faktoren im jeweiligen Alltagsleben zu ermitteln – zum Beispiel schädliche Chemikalien in der Wohnung oder am Arbeitsplatz, bestimmte Ernährungsgewohnheiten und psychische Streßfaktoren.

Dann werden die Schadstoffe mit entsprechenden Methoden (Chelattherapie, Vitamintherapie, Homöopathie etc.) aus dem Körper ausgeleitet, die Allergien (falls möglich) mit einem von der Umweltmedizin entwickelten vergleichsweise «sanften» Verfahren neutralisiert, eventuelle Krankheitserreger (etwa Hefepilze) medikamentös bekämpft. Gleichzeitig wird die bei chronisch Kranken praktisch immer gestörte Darmflora wieder aufgebaut.

Der Gesundungsprozeß ist undenkbar ohne die aktive Beteiligung der Patienten. Sie sind es, die ihre Ernährungsgewohnheiten umstellen müssen, die der großen «Mangelkrankheit» Bewegungsmangel durch sportliche Freizeitbetätigung entgegenwirken müssen (ein Thema, auf das wir im Rahmen dieses Buches nicht näher eingehen, dessen Bedeutung für die Gesundheit aber überaus hoch einzustufen ist), die in Zukunft äußerst bewußt leben müssen, um potentielle Allergene zu meiden, die in schweren Fällen aufs Auto verzichten müssen (wegen der Abgase), die gesamte Wohnung nach baubiologischen Gesichtspunkten renovieren oder gar umziehen müssen – kurz: die in jeder Hinsicht umdenken müssen. Ihre gesundheitliche Zukunft hängt davon ab, wie gut es ihnen gelingt, fortan die verschiedenen Streßfaktoren in ihrem Leben auszuschalten bzw. zu vermindern und aus ihrer inneren Harmonie heraus den diversen krankmachenden Verlokkungen der Konsumgesellschaft zu widerstehen. Und natürlich davon, ob und wie rasch Politik, Landwirtschaft und Industrie (unter dem Druck von Wählern und Verbrauchern?) Maßnahmen zur Verbesserung unserer ökologischen Lebensbedingungen ergreifen.

Bei der umweltmedizinischen Behandlung arbeiten Arzt und Patient im Team zusammen. Das Ziel ist Wiederherstellung der Gesundheit und Vorbeugung gegen Neuerkrankung. Um dieses Ziel zu erreichen, bietet der eine Partner im Team seine Kenntnisse, der andere seinen Willen und sein Interesse, etwas an sich bzw. in seinem Leben zu ändern, an. Oft haben Patienten, die zum Umweltmediziner kommen, schon vorher gehört, daß sie ihre Ernährung und ihren Lebensstil umstellen müssen, und sagen: «Ich erzähle Ihnen, wie ich lebe, was ich tue, was ich esse, und Sie erklären mir, wie sich das auf mein Leben und meine Gesundheit auswirkt und was ich ändern sollte.» Das ist eine völlig andere Form der medizinischen Beratung und Behandlung, als das übliche «Dies tut mir weh, das funktioniert nicht; geben Sie mir eine Pille oder Spritze, damit die Beschwerden verschwinden». Die diagnostischen Bewertungsmethoden der traditionellen Medizin werden beibehalten, aber sie werden in ein umfassendes ganzheitsmedizinisches Konzept eingeordnet.

Die ganzheits- und umweltmedizinische Sichtweise ist nicht jedermanns Sache. Es wird immer Menschen geben, die lieber nur das Pflästerchen hätten, als den Grund für ihre Wunde herauszufinden. Wer in einer kooperativen medizinischen Partnerschaft den Weg zur eigenen Gesundheit finden will, muß damit rechnen, nur langsam und mühselig voranzukommen. Oft wird er auf seiner Reise steile Felsen erklimmen, nur um dann von oben dank der besseren Aussicht festzustellen, daß es bis zur wirklichen Gesundheit noch ein gutes Stück ist.

Am Ende des Weges aber winkt ein hoher Gewinn. Denn wenn

es mit Hilfe der Umweltmedizin gelingt, zusätzliche Alterungsfaktoren und chronische Krankheiten rückgängig zu machen, so kann man damit rechnen, gesund und aktiv bis ins hohe Alter zu leben. Vielleicht können wir nicht die maximale Lebenserwartung von 100 bis 110 Jahren erreichen, von der der amerikanische Altersforscher Hayflick spricht,[8] aber wichtiger als bloße Langlebigkeit ist eigentlich, daß man so lange wie möglich gesund, lebensfroh und im Besitz seiner körperlichen und geistigen Fähigkeiten bleibt. Wir nehmen unsere Gedächtnis- und Denkstörungen, unsere rheumatischen Beschwerden, die Atemnot usw. widerstandslos hin und meinen, das gehöre eben zum Älterwerden dazu. Die Menschen geben sich mit einem Suboptimum von Gesundheit zufrieden und wissen meist gar nicht mehr, wie es ist, wenn man sich wirklich wohlfühlt.

«Der Mensch ist so alt wie seine Gefäße», heißt es gelegentlich, oder «wie seine Gelenke». Nicht ganz falsch. Dennoch möchten wir diesen Vergleich eher auf eine Instanz beziehen, die den Gefäßen und Gelenken übergeordnet ist: das Immunsystem. Wir sind so alt wie unser Immunsystem. Die Funktionsfähigkeit unseres Immunsystems ist direkt vom Prozeß des Alterns abhängig. Aus diesem Grunde heilen bei älteren Menschen Wunden langsamer, tritt bei Erwachsenen seltener hohes Fieber auf.

Den wichtigsten Beitrag zum Prozeß des Alterns leisten die «freien Radikale», aggressive Molekülfragmente, die auch im Verdacht stehen, am Auftreten der meisten chronischen Krankheiten, insbesondere aber an Krebs und Autoimmunerkrankungen, ursächlich beteiligt zu sein. Ihre Anzahl im Körper steht in direkter Relation zu schädlichen Umwelteinflüssen und der Qualität der Ernährung. Da freie Radikale in ihrer äußeren Hülle ein oder mehrere ungepaarte Elektronen haben, sind sie äußerst reaktionsfreudig und stören deshalb die verschiedensten körperlichen Vorgänge, schädigen Zellwände, greifen in enzymatische Prozesse ein usw. Besonders gern reagieren sie mit den langen Molekülen der Eiweißkörper im Stützgewebe und stellen Querverbindungen zwischen beim jungen Menschen noch getrennt verlaufenden Fasern her. Dadurch wird das Gewebe unelastischer und schlechter verschiebbar; die Blutversorgung in den Kapillargefäßen wird abgeschnürt, so daß weniger Sauerstoff, Wasser und sonstige Nährstoffe zu den Zellen gelangen können.

Die Bildung dieser angriffslustigen Moleküle wird durch die verschiedensten Schadfaktoren aus der Umwelt gefördert: durch Schwermetalle wie Blei (Autoabgase), Cadmium (oft in PVC, Akkus, Batterien und Keramik zu finden) und Quecksilber (Amalgam), durch Teer und Zigarettenrauch, durch Nitrite (die immer noch häufig zum Pökeln von Wurstwaren verwendet werden), ranzige Fette und Öle, durch Stickoxide, Schwefeldioxid und andere Schwefelverbindungen, durch ionisierende Strahlen (kosmische Strahlung, Kernspaltung, Röntgengeräte etc.) und last not least durch psychischen Streß.

Um die Bildung freier Radikale so weit wie möglich zu unterbinden, bedarf es eines äußerst gründlichen ganzheitsmedizinischen Vorgehens. Eine verbesserte Ernährung und die Zufuhr von Antioxidantien wie Vitamin A, C und E sowie Selen wirken der Bildung freier Radikale entgegen, wie Prof. D. Harman von der Medizinischen Fakultät der Universität Nebraska schon 1955 zeigen konnte. Damit war Harman einer der ersten «Orthomolekularmediziner» – eine medizinische Außenseitergruppe, der wir die Erkenntnis verdanken, daß Mineralstoff- und Vitaminmangel in weitaus größerem Maße verbreitet und an den verschiedensten Krankheitsbildern beteiligt sind, als Ernährungswissenschaftler und Schulmediziner bisher gemeint haben.[9] Mittlerweile werden diese Ergebnisse auch von der Schulmedizin mehr und mehr anerkannt. Gezielte, hochdosierte Vitamin- und Mineralgaben können bei vielen Symptomen zumindest Linderung bewirken – oft besser als alle «chemischen Hämmer». Auf die Orthomolekularmedizin als wesentlichen Bestandteil der Umweltmedizin werden wir weiter unten ausführlicher eingehen (siehe Kap. 9).

Noch eine Bemerkung zu einem Schlagwort, mit dem die Gefährdung durch Umweltbelastungen immer wieder heruntergespielt wird: dem sogenannten «gefahrlosen Grenzwert». Selbstverständlich sind gewisse, relativ geringe Schadstoffbelastungen für das Immunsystem meist leicht zu verkraften. Da wir aber den verschiedensten Schadstoffen ausgesetzt sind, müßte es konsequenterweise statt der vielen einzelnen Verordnungen einen «Gesamtgrenzwert» für alle Karzinogene, potentiellen Allergene etc. geben, denn die Erfahrungen der Umweltmedizin zeigen, daß sich die Belastungen im Körper addieren und potenzieren – bis «das Faß voll ist». Unerklärlicherweise haben die Anhänger der Grenzwertphilosophie dies bisher nicht zur Kenntnis genommen.

Leider existieren für die große Masse der Chemikalien, mit denen wir in Berührung kommen, nicht einmal Grenzwerte. Etwa acht Millionen synthetische Chemikalien sind bislang registriert, und jährlich kommen weltweit etwa 500 000 dazu. Nur ein winziger Bruchteil davon ist bis dato toxikologisch untersucht. Noch weniger weiß man über ihre Kombinationseffekte bzw. Synergismen. Eines wissen wir allerdings – unter anderem aufgrund der Forschungen und Erfahrungen der Umweltmedizin –: daß das menschliche Immunsystem nicht unbegrenzt belastbar ist. Der Weg von der Belastung oder Vergiftung durch Umweltschadstoffe bis zur Krankheit läßt sich mittlerweile – zumindest theoretisch – lückenlos nachvollziehen. Viele chemische Schadstoffe beschädigen die Zellwände und die chromosomale Zellkernstruktur und fördern die Bildung freier Radikale. Unweigerlich werden auch Immunzellen und sogar die «freundlichen» symbiontischen Bakterien in unserem Verdauungstrakt geschädigt. Schon wird berichtet, daß sich die Bakterienflora im Darm von Neugeborenen in den letzten Jahrzehnten erheblich verändert hat. War früher der gesunde Babydarm bei brustgestillten Kindern fast vollständig mit *Bifidobacterium infantis* besiedelt, einem Mikroorganismus, der optimalen Schutz vor anderen Erregern bot und viele sinnvolle Funktionen im menschlichen Darm ausübte, so findet man dort heute fast ausschließlich seinen nahen Verwandten *Bifidobacterium bifidum*, an den der Säugling wahrscheinlich schlechter angepaßt ist. Außerdem beobachten die Forscher mit Sorge, wie vermehrt pathogene (also potentiell krankheitserregende) Bakterien im Darmtrakt von Säuglingen (insbesondere bei Flaschenkindern) auftreten.[10]

Schlechte Nachrichten? Ja. Dennoch gibt es Hoffnung. Sie liegt, wie wir sehen werden, in der Umweltmedizin.

2. Die Vorgeschichte: Von der Umweltverschmutzung zur Innenweltverschmutzung

Bis zum Beginn des 19. Jahrhunderts war die Zerstörung der Umwelt durch den Menschen relativ langsam vor sich gegangen. Zwar verpesteten schon damals Hunderttausende von Kohleöfen die Luft, und das Wasser der Flüsse, in die Bergwerke, Gerbereien und Textilfabriken ihre Abwässer leiteten, war für Mensch und Tier ungenießbar. Doch alle Substanzen, die die noch wenig entwickelte Industrie verwendete, kamen im Prinzip auch in der Natur vor und waren – wie man heute sagen würde – «biologisch abbaubar». In der Landwirtschaft wurden zwar manche Fehler gemacht, doch in weiten Teilen der Welt war bekannt, daß man durch regelmäßige Düngung mit tierischen (und menschlichen) Aussscheidungen und Pflanzenüberresten die Bodenfruchtbarkeit auf Dauer erhalten konnte.

Dann aber schlug die Stunde des Barons Justus von Liebig – mit verheerenden Folgen für die Natur und die Gesundheit der Pflanzen. Liebig wollte die chemische Zusammensetzung der Ackerkrume untersuchen. Damit ihn bei diesem epochemachenden Experiment keinerlei Kleingetier stören möge, setzte er die Bodenprobe, die er untersuchen wollte, zunächst dem Feuer aus. Um den aufsteigenden Rauch kümmerte er sich – wahrscheinlich mangels angemessener Analyseinstrumente – nicht, sondern untersuchte ausschließlich die Asche und entdeckte darin drei wesentliche Bestandteile: Stickstoff, Phosphor und Kalium.

Mit demselben Verfahren analysierte von Liebig immer neue Bodenproben aus allen Teilen des Landes und fand immer wieder diese drei Elemente. So gelangte er letztendlich im Jahre 1840 zu einem Fehlschluß, unter dessen Folgen die Welt noch heute heftig zu leiden hat: daß zur Ernährung von Pflanzen diese drei Substanzen vollkommen ausreichend seien. Damit legte er den Grundstein für eine Industrie, die erst langsam, dann immer rascher wuchs und mittlerweile den Großteil der Anbauflächen in aller Welt mit Kunstdünger versorgt.

Der Siegeszug des Kunstdüngers beruhte übrigens keineswegs nur auf seinen friedlichen Möglichkeiten. Denn das Mineral, das als erstes als Kunstdünger Verwendung fand, Salpeter (Kaliumnitrat), konnte ebensogut zur Herstellung von Sprengstoffen genutzt werden. So kam der entscheidende Impuls zur Massenproduktion von Stickstoffdünger aus der Kriegsindustrie, die während der beiden Weltkriege dieses Jahrhunderts aus dem Boden gestampft wurde. Die Munitionsfabriken entdeckten dann nach Kriegsende ein anderes einträgliches Geschäft: die Erzeugung von Stickstoffdünger. Die Produktionsanlagen waren da, die Infrastruktur für den Rohstoffimport ebenfalls. So brauchte man nur noch die Bauern davon zu überzeugen, daß sie statt Mist und Gründüngung Kunstdünger einsetzen sollten.

Das war nicht schwer, denn anders als manche andere Neuerung der chemischen Revolution brachte Kunstdünger – zumindest bei oberflächlicher Betrachtung – unmittelbaren Nutzen für Erzeuger *und* Verbraucher: in Form gesteigerter Anbauerträge. Ökologisch gesehen allerdings mußten wir für den Kunstdüngereinsatz einen hohen Preis bezahlen. Die Bauern, die sich die teuren Düngemittel der Industrie nicht leisten konnten, gaben auf und vergrößerten das Heer der Arbeitslosen während der Weltwirtschaftskrise. Die organische Harmonie zwischen Nutzpflanzen und anderen Gewächsen wurde zerstört; nicht nur das Getreide wußte die überdüngten Böden zu schätzen, sondern auch manches hartnäckig wuchernde «Un»kraut, für das die Menschen keine Verwendung hatten.

Das eigentlich Verhängnisvolle an der Erfindung des Barons von Liebig wird allerdings erst seit kurzem erkannt: Wir entziehen dem Boden mehr, als wir ihm zurückgeben. Die hohen Stickstoff-, Phosphor- und Kaliumgaben lassen zwar die Erträge steigen, führen jedoch zur Verarmung der Böden an wichtigen Spurenelementen. Die Pflanzen nehmen sich, was sie brauchen, solange es da ist – bis nichts oder fast nichts mehr da ist. Solche mineralstoffarmen Pflanzen sind aber für die menschliche Ernährung nur von geringem Wert. Auch die Düngemittel selbst stören den Mineralhaushalt der Pflanzen. Durch Stickstoffdünger wird zum Beispiel bei manchen Pflanzen die Aufnahme wesentlicher Spurenelemente wie Kupfer und Bor gestört.[11]

Außerdem lassen die veränderten Ernährungsbedingungen der Pflanzen Schädlinge (Viren, Bakterien, Pilze, Parasiten) erstarken, die man vorher kaum oder gar nicht gekannt hatte. Überhöhte Stickstoffgaben machen zum Beispiel Kartoffeln anfälliger für Virusattacken.[12] So lieferte die chemische Industrie selbst die Gründe für ihre nächste große Schlacht gegen die Qualität unserer Nahrung: den hemmungslosen Einsatz von Pestiziden (also Schädlings- und Unkrautvernichtungsmitteln). Diese Produkte halfen bestenfalls kurzfristig und ließen schlimmstenfalls die Organismen, die sie eigentlich bekämpfen sollten, noch erstarken, indem sie ihre Ernährungs- und Vermehrungsbedingungen verbesserten.[13] Der deutlichste Beweis dafür, daß die Agrargifte ihr eigentliches Ziel, die Erhaltung der Ernten und die Vernichtung von Schädlingen, nur unzulänglich erreichen, ist die Tatsache, daß regelmäßig neue Schädlingsbekämpfungsmittel zu Tausenden auf den Markt kommen, denen man zunächst wahre Wundereigenschaften nachsagt. Nach einiger Zeit aber stellt sich ebenso regelmäßig heraus, daß die Schädlinge trotzdem weiterleben oder daß unter dem Einfluß der Gifte plötzlich andere Schädlinge virulent werden.

Daß die Pestizide nicht ihren eigentlichen Zweck erfüllen, heißt aber noch lange nicht, daß sie keine Wirkung entfalten. Im Gegenteil – sie üben sogar eine sehr nachhaltige Wirkung aus – und zwar auf Mikroorganismen, Pflanzen, Tiere und Menschen. Viele der synthetischen Mittel gegen Pilze, Bakterien und Insekten stören das Leben der Humusschicht, die mit ihrem evolutionär gewachsenen Miteinander von Bodenbakterien, pflanzenwuchsfördernden Pilzen (Mykorrhizen), Insekten und Würmern die ideale und natürliche Grundlage für gesunde Pflanzen wäre. Die Gifte, die die Kleinstlebewesen schädigen, bleiben auch für größere Lebensformen nicht folgenlos, greifen das Immunsystem an, beschädigen die Zellwände, schwächen die Widerstandskraft. Manche Pestizide sind nur schwer biologisch abbaubar, gelangen mit der Zeit ins Grundwasser und reichern sich in der Nahrungskette immer weiter an.

Bei einem Großteil der unzähligen frei verkäuflichen Agrargifte sind die toxikologischen Langzeitrisiken völlig unbekannt. Meistens existieren dafür nicht einmal Nachweisverfahren, weil die Firmen die chemische Zusammensetzung als Produktionsgeheimnis hüten dürfen. Allergiker, die sich vor bestimmten Substanzen schützen wollen, stoßen deshalb oft auf kaum überwindliche Schwierigkeiten, wenn sie durch Anfragen bei den Herstellern herausfinden wollen, was für Ingredienzen sich überhaupt in den einzelnen Produkten befinden.

Die englischen Umweltmediziner Peter Mansfield und Jean Monro haben eine Liste der chemischen Substanzen zusammengestellt, mit denen ein durchschnittlicher englischer Bauer seine Erzeugnisse im Laufe des Jahres traktiert.[14] Der deutsche Agronom dürfte seinen britischen Kollegen in dieser Hinsicht um nichts nachstehen. Wir geben diese Liste hier wieder, um zu verdeutlichen, welches erschreckende Ausmaß die chemische Behandlung unserer Nahrung mittlerweile angenommen hat – noch bevor sie überhaupt geerntet ist!

Was im Laufe eines Jahres alles gesprüht wird

	Chemikalie	Pflanze	Zweck
März	Dicamba oder Dichlorprop* oder MCPA*	Weizen	Unkrautvernichtungsmittel
	Metribuzin	Kartoffeln	Unkrautvernichtungsmittel
	Trietazin und Simazin	Erbsen	Unkrautvernichtungsmittel
	Chlormequat und Carbendazim	Weizen	Wachstumsregulator und Fungizid
April	Chlormequat und Carbendazim	Weizen	
	2 × Phenmedipham	Zuckerrübe	Unkrautvernichtungsmittel

	Chemikalie	Pflanze	Zweck
Mai	Flamprop-isopropyl	Weizen	gegen wilden Hafer
	Mancozeb	Kartoffeln	gegen Kraut- und Knollenfäule
	Triazophos*	Erbsen	als Insektizid
	2 × Pirimicarb*	Zuckerrübe	gegen Blattläuse
	2 × Triazophos*	Erbsen	gegen Blattläuse
	Manoczeb	Kartoffeln	gegen Blattläuse
	Trichlorfon*	Zuckerrübe	als Insektizid
Juni	Pyrethroide*	Weizen	gegen Blattläuse
	Mancozeb	Kartoffeln	gegen Blattläuse
	Diquat	Erbsen	zur Austrocknung der erntereifen Pflanzen
	Triazophos*	Raps	nach der Blüte – gegen Blattläuse
Juli	Diquat	Raps	zur Austrocknung der Pflanzen vor der Ernte; etwa die Hälfte der Ernte wird so behandelt.
August	Glyphosat	Weizen	wird ein paar Tage nach der Ernte eingesetzt, um die Queckenausbreitung zwischen den Stoppeln zu verhindern.
	Organophosphate	im Kornspeicher	zur Verhinderung von Insektenfraß an der Ernte
	Schwefelsäure oder Diquat	Kartoffelpflanzen	zum Welken der Pflanzen vor der Ernte
September	Paraquat	Weizenfelder	gegen Unkraut
	Tecnazen	geerntete Kartoffeln	gegen Fäule und Keimen
	Triadimercol und Fuberidazol	Weizensaat	als Schutz vor über den Boden übertragene Krankheiten
Oktober	Chlortoluron	Weizenfelder	zur Unkrautvernichtung, bevor das erste Weizengras hervorkommt
	Propyzamid	neu gesäter Raps	wird nach dem Hervorkommen der Rapspflänzchen als langfristig im Boden bleibendes

	Chemikalie	Pflanze	Zweck
			Unkrautvernichtungsmittel eingesetzt
	Pyrethroide*	Weizen	gegen durch Blattläuse übertragene Viren
	Fluthrin	Raps	gegen Stockkrankheit
November Dezember Januar Februar	Natur und Mensch können aufatmen		

Die mit einem Sternchen (*) versehenen Substanzen gelten in der medizinischen Fachliteratur als «sehr toxisch».[15]

Macht summa summarum 26 verschiedene Chemikalien – versprüht von einem einzigen Bauern. Die Rückstände dieser Stoffe oder ihrer Abbauprodukte befinden sich in unserer täglichen Nahrung. Durch den globalen Schadstofftransport gelangen sie mit Wind und Wasser in die entlegensten Regionen der Welt und schädigen auch Anbauflächen, auf denen mit organischem Dünger und ohne Schädlingsbekämpfungsmittel gearbeitet wird.

Die Liste der Vergiftungserscheinungen bei chronischer Pestizidbelastung ist lang. *Chlorkohlenwasserstoffe* (wie DDT, Aldrin, Endrin, Dieldrin und Lindan) können zum Beispiel Sensibilisierungen, Überempfindlichkeiten, Kopfschmerzen, Übelkeit, Bindehautentzündung, Hautausschlag, Bauchschmerzen, Durchfall, schwankenden Gang und einen Kollaps hervorrufen. Die chronische Belastung durch *Phosphorsäureester* (wie Parathion, E605, Malathion, Diazinon, Dichlorvos) und *Carbamate* (wie Aldicarb, Carbaryl und Propoxur) kann symptomlos verlaufen und ist oft nur durch spezielle Testverfahren[16] nachweisbar. Es sind neurologische Spätsymptome wie jahrelange Lähmungen von Armen und Beinen, Psychosen, Depressionen, Gedächtnis- und Konzentrationsstörungen und Allergien möglich. Von *Pyrethroiden* ist bekannt, daß sie Allergien und Nervenschädigungen hervorrufen können; *Bibyridylium-Derivate* (wie Paraquat und Diquat) können zu Lungen- und Herzschäden führen; und *chlorierte Phenoxy-*

carbonsäuren (wie 2,4-D und MCPA) können Nervenschäden, Lähmungen, Schmerzen und Sensibilitätsstörungen auslösen.[17]

Doch mit der Anwendung von Pestiziden während des Pflanzenwachstums ist der Zugriff der chemischen Industrie auf unsere Nahrung keineswegs beendet. Kaum ein Lebensmittel erreicht den Verbraucher so, wie es vom Acker oder vom Baum geerntet wurde. Wer sich im Supermarkt umschaut, der findet überall das gleiche Bild: Lange Regalreihen mit Konserven, Flaschen, Abgepacktem, Süßem, Salzigem, Fertiggerichten, Backmischungen und Tiefkühlkost. Dazu eine kleine Abteilung mit Frischgemüse und eine Theke mit angeblich frischen Milchprodukten, die aber wegen ihrer langen Haltbarkeitsfristen oft eher in die Kategorie Konserven gehörten. Und auch Obst und Gemüse sind gewachst, begast, bestrahlt, mit Fungiziden behandelt oder unter Einsatz von Chemikalien künstlich gereift.

Alles wird ultrahocherhitzt, keimfrei gemacht, raffiniert, entwertet – bis schließlich sämtliche natürlichen Inhaltsstoffe, die einem Lebensmittel seinen typischen Geschmack, seine Farbe und auch seine Haltbarkeit geben, verschwunden sind. Und dann schlägt wieder die große Stunde der chemischen Industrie: Was nach nichts schmeckt und riecht, braucht künstliche Aromastoffe; was nach nichts aussieht, wird mit chemischen Farbstoffen eingefärbt; was leicht verdirbt, mit synthetischen Konservierungsmitteln auf Jahre haltbar gemacht; was ernährungsphysiologisch wertlos ist, durch Zusatz von Vitaminen und Mineralien aufgepeppt. (Viele dieser Zusatzstoffe haben sich mittlerweile als potentielle Allergene erwiesen – vgl. die Liste unter 14 c.) Ein unendlicher Markt. Die Qualität des Ausgangsrohstoffs wird trotzdem nie erreicht – zu krude sind die Imitationsbemühungen der chemischen Industrie.

Aber: Der Geschmack ändert sich, die meisten Verbraucher akzeptieren das, was man ihnen vorsetzt, ohne mit der Wimper zu zucken. Fertigpizzas, Schokoriegel, Chips, Fruchtjoghurt, Schmelzkäse, Ketchup, vorfritierte Kartoffeln, Wiener Würstchen mit dubioser Zusammensetzung, das sind die Renner im Supermarkt. Die Ernährung hat sich im Laufe der letzten vierzig Jahre wesentlich verändert. Der Schnellimbiß und das

«TV-Dinner», das vorm Fernseher hastig hinuntergeschlungene Fertiggericht, werden immer beliebter. Die in dieser Form verzehrten Speisen bestehen zum großen Teil aus einfachen Kohlehydraten, Fetten und wenig Protein. Der Pro-Kopf-Verbrauch von Zucker hat sich in den letzten Jahrzehnten fast verdoppelt. Bei neueren Untersuchungen aus den USA stellte sich heraus, daß amerikanische Teenager im Durchschnitt bis zu 700 Gramm Zucker täglich zu sich nehmen. Bei den Bundesbürgern liegen die Werte zwischen 100 und 200 Gramm pro Tag – immer noch viel zuviel. Hinzu kommen Alkohol und Nikotin, die beiden großen Alltagsdrogen, deren Konsum mit dem zivilisatorischen Streß Schritt hält. Noch begreifen nur wenige, was sie sich damit antun. Es scheint, als würden viele Menschen erst umdenken, wenn die gesundheitlichen Schäden gravierend und unübersehbar sind.

Leider gibt es hinsichtlich der Schäden, die derart entwertete Nahrung im menschlichen Körper anrichten kann, mehrere gängige Vorurteile. So werden Warnungen zum Beispiel oft mit der Bemerkung abgetan: «Meinen Eltern und Großeltern hat das doch auch nicht geschadet.» Das mag insofern stimmen, als sich bei früheren Generationen die sichtbaren Krankheitssymptome durch Schadstoffe in der Nahrung und Umwelt in Grenzen hielten, weil die Gesamtbelastung niedriger war und weil eine allgemein gesündere Lebensweise (körperliche Bewegung!) die Schäden weniger ausgeprägt hervortreten ließ. Wir aber, die Kinder bzw. Enkel, finden völlig andere Bedingungen vor. Das Gesamtvolumen der eingesetzten synthetischen Chemikalien hat sich innerhalb von zwei Generationen ins Unermeßliche erhöht. Aus Handarbeitern, die zu Fuß oder mit dem Fahrrad zur Arbeit gelangten, sind motorisierte «Couch Potatoes» geworden. Entsprechend größer ist das Gesundheitsrisiko für den einzelnen.

Viele Menschen sind auch der Meinung, der menschliche Körper sei in der Lage, alle schädlichen Stoffe irgendwie abzubauen, zu verdauen, auszuscheiden oder sich daran zu gewöhnen («Was uns nicht umbringt, macht uns härter»). Bei manchen Substanzen mag dies tatsächlich zutreffen, viele der synthetischen Chemikalien aber kennt der Körper nicht, und das Immunsystem verfügt nicht über die notwendigen Mechanismen, um sie zu identifizieren, unschädlich zu machen und wieder aus dem Körper zu befördern. Der Magen-Darm-Trakt ist mit Schleimhäuten ausgekleidet, die die kleinen Moleküle vieler Chemikalien ohne weiteres durchlassen. Viele Gifte (etwa DDT und Schwermetalle) werden im Gewebe eingelagert und können nur durch Gewebeabbau (etwa bei Fastenkuren) aus dem Körper geschwemmt werden.

Eine Gewöhnung wäre vielleicht möglich, wenn die Schadstoffe nur in geringen Mengen auf uns einwirkten; wegen der hohen Gesamtbelastung aber kommt es bei vielen Menschen zunächst zu Allergien und über kurz oder lang zum Zusammenbruch des Immunsystems. Der Begriff «Zusammenbruch» ist dabei keine Übertreibung, sondern lediglich die akkurate Beschreibung des immunologischen Zustands eines Krebs- oder Rheumapatienten.

So wie die Gifte durch die Wände des menschlichen Magen-Darm-Trakts wandern, können sie auch die Schale von Früchten ohne weiteres passieren. Deshalb bietet das Waschen von Obst allenfalls einen relativen Schutz vor jenen gröberen Schadstoffpartikeln, die sich staubförmig auf den Früchten absetzen. Allerdings ist mehrfach gezeigt worden, daß die aufgenommene Schadstoffmenge deutlich geringer wird, wenn man die Außenschichten der Früchte nach vorherigem Waschen entfernt. Schälen allein genügt nicht, da während des Schälvorgangs Oberflächenschadstoffe in das Fruchtfleisch hineingerieben werden können.

Bei der Auswahl unserer Nahrungsmittel haben wir heute – noch – einen relativ großen Entscheidungsspielraum. Wir können Ware aus kontrolliert biologischem Anbau kaufen, wie sie vorwiegend in Naturkostläden angeboten wird. Wir können, falls wir einen Garten haben, selbst Gemüse und Obst ohne Chemie ziehen. Wir können auf weiterverarbeitete («veredelte») Nahrung verzichten und uns überwiegend von naturbelassenen Nahrungsmitteln wie Vollkorn, frischem Gemüse und Obst, Hülsenfrüchten, Nüssen und Samen, frischem Fleisch und Fisch, Milchprodukten usw. ernähren. Damit vermeiden wir – selbst wenn wir im normalen Supermarkt kaufen – jene Vielzahl von Konservierungsmitteln, Farbstoffen, Trennmitteln und Geschmacksverbesserern in der Fertignahrung.

Wir können noch einen Schritt weitergehen und auf alle Speisen verzichten, die in der Hierarchie der Nahrungskette weiter oben stehen, also auf Fleisch und tierische Produkte aller Art. Oder sie zumindest in unserer Präferenzenliste weiter hinten führen. Als Vegetarier leisten wir gleichzeitig einen Beitrag zur Lösung des Welthungerproblems, da die Viehzucht im Grunde eine gewaltige Energieverschwendung darstellt. Tiere benötigen nämlich bis zu 90 Prozent ihrer pflanzlichen Nahrung zur Erhaltung des eigenen Stoffwechsels, und nur ein geringer Anteil (10 bis 15 Prozent) wird in Körpersubstanz umgewandelt. Im Durchschnitt sind zur Erzeugung von 1 Kalorie tierischer Lebensmittel 7 Kalorien aus Futtermitteln erforderlich. Ein Großteil der heute in der Massentierhaltung eingesetzten Futtermittel wäre auch als Nahrung für Menschen verwendbar, zum Beispiel Sojabohnen, Getreide, Ölfrüchte und Fischmehl. In der Bundesrepublik etwa wurden 1981/82 65 Prozent des geernteten Getreides zur Tierfütterung verwendet.[18]

Auf diese Weise läßt sich die alltägliche Schadstoffbelastung wesentlich senken. Doch wir leben nicht von Brot und Gemüse allein. Ebenso wichtig für unsere Gesundheit sind Luft und Wasser. Die Schadstoffbelastung dieser beiden lebensnotwendigen Elemente hat in den letzten Jahrzehnten dramatisch zugenommen. Wir können sicher sein: Jeder gasförmige Schadstoff, der irgendwo produziert wird, landet irgendwann in der Luft und damit in unseren Lungen.

Wo er herkommt, spielt dabei keine Rolle. Neben den großen Luftverschmutzern, den Fabrikschornsteinen und Automotoren, stehen viele kleine: etwa die Lackfarben, die wir beim Anstreichen verwenden, die chemische Reinigung um die Ecke oder das Plastikgehäuse des Fernsehers. Die mittlerweile durch viele Skandale bekannt gewordenen Gifte Asbest und PER dürften nur die Spitze des Eisbergs sein.

Ebenso landet jeder flüssige oder feste Schadstoff irgendwann im Grundwasser und in Flüssen oder Seen, also auch in unserem Trinkwasser und in allen unseren Getränken von Cola, Limo und Bier bis hin zum Whisky. Wieder hat die chemische Industrie großen Anteil an der Verschmutzung, aber auch jeder einzelne leistet (mit den Produkten, die ihm die chemische Industrie verkauft) einen wesentlichen Beitrag: etwa durch Wasch- und Putzmittel, giftigen Hausmüll und Insektizideinsatz im Garten. Die Wasserwerke sind gegenüber der Flut der chemischen Schadstoffe machtlos. In vielen Fällen verfügen sie weder über Testmethoden, um sie zu identifizieren, noch über Reinigungsverfahren, um sie wieder aus dem Wasser zu entfernen. Die Quellen, aus denen eigentlich das reinste Wasser sprudeln sollte, nämlich die auf Flaschen gezogenen teuren Mineralwässer, sind mittlerweile ebenfalls mehr oder minder belastet. Die Reaktionen von Allergikern zeigen allerdings, daß ein gutes Mineralwasser in der Regel dem Leitungswasser vorzuziehen ist.

Für Luft gibt es (bisher) keine Kläranlage. Wir müssen atmen, was wir kriegen. Luftgetragene Stoffe, die Allergien erzeugen und den Körper schädigen können, gelangen in erster Linie durch die Atmung in den Körper und schließlich über den Kreislauf an ihr «Zielorgan» oder das Gewebe, in dem sie sich anreichern. Da die Bronchien ähnlich wie die Haut über die Atmung in engster Verbindung zur Umwelt stehen, wird ihre Funktion oft als erste beeinträchtigt.

Die Belastung der Bronchien entsteht durch Pestizide, Lösungsmittel, Farben und Lacke, Abgase, Keime in Klimaanlagen, aber auch durch organische Stoffe wie Pilze, Sporen, Hausstaub, Milben, Tierhaare, Pollen etc. Mindestens ebenso gefährlich wie all diese Belastungen zusammen aber dürfte eine Form der Innenweltverschmutzung sein, die sich oft von einem Tag auf den anderen um bis zu 100 Prozent reduzieren ließe: das aktive und passive Rauchen.

Jeder kann in seiner engsten Umgebung die Qualität der Atemluft verbessern, indem er nicht raucht, im Auto einen sogenannten «Airkat» (einen Filter für die Belüftungsanlage) einbauen läßt und in der Wohnung und (möglichst auch) im Büro auf verdächtige Lacke, Holzschutzmittel, gefärbte Ledermöbel, Kunststoffteppichböden, Schaumstoffe, Plexiglas und Kunststoffe aller Art verzichtet. Das gilt übrigens auch für die Innenausstattung von Autos: In der «Unter-» und «Mittelklasse» sind die Modelle meist mit Kunststoffen verkleidet, die anfangs oft atemberaubend stark «nach Plastik» duften – was nichts anderes bedeutet, als daß sie große Mengen gasförmiger Chemikalien absondern.

Einen weiteren ganz direkten Beitrag zur Verschmutzung unserer «Innenwelt» leisten die chemischen Arzneimittel, deren Zahl seit der Entdeckung des Penicillins in den zwanziger Jahren enorm gewachsen ist. Die Pharmafirmen entwickeln immer neue chemische Substanzen mit immer neuen Wirkungen (und schwer abzuschätzenden Nebenwirkungen). Über tierische Nahrung nehmen die meisten Menschen regelmäßig erhebliche Mengen an Wachstumshormonen, Antibiotika und anderen chemischen Substanzen zu sich.

Wer krank wird, nimmt mit Medikamenten oft in kürzester Zeit ein Vielfaches der Giftmenge auf, die er sonst im Laufe von Monaten aus Luft, Wasser und Nahrung resorbieren würde. Wer sich einer Antibiotikakur unterzieht, bombardiert jede einzelne seiner Körperzellen mit bis zu 4 Millionen Wirkstoffmolekülen. Wenn diese Antibiotikakur, wie es leider oft der Fall ist, keine absolute medizinische Notwendigkeit darstellt, sind die Nebenwirkungen größer als der Nutzen.

Die Krankheit heiligt Mittel, die selbst wiederum krank machen. Mag sein, daß die unmittelbaren Symptome der ursprünglichen Krankheit verschwinden, «geheilt» werden, wie die Befürworter der massiven pharmazeutischen Eingriffe sagen würden. Die Spätfolgen aber tragen die, deren Immunsystem durch Antibiotika, Kortison u. a. geschädigt wird, die wachsende Zahl der Tablettensüchtigen und jene, denen mit den Mitteln der modernen Medizin ein würdiges Alter und ein würdiger Tod vorenthalten wird.

Je höher die Gesamtbelastung unserer Umwelt und Innenwelt mit Schadstoffen ist, desto mehr wächst die Wahrscheinlichkeit, daß Patienten auf Medikamente oder auch schon auf deren Trägerstoffe (z. B. Salbengrundlagen auf Erdölbasis, farbige Drageeumhüllungen etc.) allergisch reagieren.

Medikamentenunverträglichkeit kann tödlich sein, heißt es. Das klingt so, als sei der betroffene Patient selber schuld an seinem Ableben. Man könnte es auch anders ausdrücken: Medikamente können tödlich sein. Ebenso wie jeder andere Schadstoff bei entsprechend vorgeschädigtem Immunsystem lebensgefährlich sein kann.

3. Ich fühle mich krank, und keiner weiß, warum

Gisela F. kam vor zweieinhalb Jahren zum ersten Mal in meine[19] Praxis. Sie fühlte sich sehr krank und klagte besonders darüber, daß sie immer weniger Speisen vertrüge. Nach dem Verzehr von Milch, Eiern und Brot stellten sich bei ihr unweigerlich Darmschmerzen oder Durchfall ein. «Sie haben eben einen empfindlichen Darm», hatte ihr Hausarzt gesagt. Erst als zusätzlich noch ein Hautjucken auftrat, kam er darauf, daß auch eine Allergie vorliegen könnte. Die üblichen allergologischen Tests ergaben aber keine Reaktion auf die erwähnten Nahrungsmittel.

Der Hautarzt, der die Tests durchführte, meinte, es könnte sich um eine «psychogene Hautirritation» handeln. Eine naheliegende Diagnose, denn Frau F. hatte ihm auch von den Bewußtseinstrübungen berichtet, die sie regelmäßig heimsuchten. Manchmal brach ihr Orientierungssinn vollkommen zusammen. Sie trat aus dem Haus und wußte nicht mehr, ob sie nach links oder rechts gehen mußte, um zur Straßenbahnhaltestelle zu kommen.

Außerdem litt sie zunehmend unter Depressionen («Kein Wunder bei Ihrem angeschlagenen Gesundheitszustand», meinten die Ärzte). Als nächstes wurde sie in psychiatrische Behandlung überwiesen. Der Psychiater interpretierte ihre Symptome als psychosomatisch, womit sie wieder völlig auf sich selbst zurückgeworfen war. Die einen meinten, die Depressivität käme von der Krankheit, die anderen sagten, sie sei nur wegen ihrer depressiven Lebenshaltung krank. Ein Teufelskreis.

Schon zwanzig Jahre früher war sie wegen ständig wiederkehrender Hefepilzerkrankungen an den Genitalien mit diversen Antimykotika (Medikamenten gegen Pilzinfektionen) behandelt worden, ohne durchschlagenden Erfolg. Mit der Zeit hatte sie sich mit dem häufigen Schleimhautjucken und Ausfluß aus der Scheide abgefunden. Die Pilze wurden auch im Darm nachgewiesen, konnten jedoch mit medikamentösen Mitteln nicht vertrieben werden.

Wiederholt hatte sie wegen ihrer Ohrgeräusche und Schwindelgefühle einen Hals-, Nasen- und Ohrenspezialisten aufgesucht. Nachdem dieser einen organischen Schaden am Ohr ausgeschlossen hatte, empfahl er eine gesunde, vitaminreiche Ernährung und ein Leben mit möglichst wenig Streß. Tatsächlich gingen die Beschwerden leicht zurück, wenn sie sich viel Ruhe gönnte, kehrten aber dann plötzlich und unberechenbar in voller Stärke zurück.

Bei Allergietests in meiner Praxis stellte sich heraus, daß sie auf Hefepilze, Weizen, Eier und Milchprodukte mit äußerst heftigen Symptomen reagierte. Sie wurde von einem Augenblick zum nächsten ungehalten und reizbar, konnte nicht mehr stillsitzen und mußte auf dem Flur auf und ab gehen. Es wurde ihr schwindelig, das Ohrensausen kam zurück, sie verlor die Orientierung. Da waren sie wieder, die längst bekannten Symptome.

Ich empfahl der Patientin zunächst die orale Einnahme des Antimykotikums Nystatin (gegen den Hefepilz *Candida*) und riet ihr dringend zu einer Ernährungsumstellung: kein Zucker, kein Weizen und nur wenig Michprodukte. Gleichzeitig gelang es, mit Hilfe von stark verdünnten, unter die Haut injizierten Allergenextrakten (ein Verfahren, das in Kapitel 6 b näher beschrieben ist), die allergischen Reaktionen weitgehend in den Griff zu bekommen. Durch diese Behandlung trat schon nach sechs Monaten eine deutliche Besserung ein. Als ich sie nach eineinhalb Jahren erneut testete, waren die meisten ihrer allergischen Reaktionen verschwunden.

Gleich zu Beginn der Allergietherapie setzte sich Frau F. mit Umweltgruppen in Verbindung, da sie vermutete, daß «Wohngifte» zu ihrer zunehmenden Allergisierung beitrugen. Sie ließ ihr ganzes Haus gründlich von Umweltspezialisten untersuchen. Dabei stellte sich heraus, daß Fensterrahmen und Einbauschränke mit den hochgiftigen Holzschutzmitteln Pentachlorphenol (PCP) und Lindan behandelt waren. Daraufhin ließ sie neue Fenster einsetzen, die Einbauschränke entfernen sowie Teppichböden und Tapeten auswechseln, um eventuellen weiteren synthetischen Schadstoffen aus dem Weg zu gehen.

Wieder ein «typischer» Fall für die Umweltmedizin, an dem jedoch Mediziner ohne umweltmedizinische Kenntnisse nichts Typisches entdecken können. Sie behandeln, entsprechend ihrem Fachgebiet, die auftretenden Symptome, wie sie es an der Universität gelernt haben. Das soll nicht als Vorwurf verstanden werden.

Die große Mehrheit der Ärzte handelt sicher mit besten Absichten und nach bestem Wissen und Gewissen. Oft mit hervorragenden Ergebnissen. Doch das vielzitierte «beste Wissen» genügt eben nicht immer, vor allem nicht angesichts der (Umwelt-)Bedingungen, unter denen wir heute leben.

Immer wieder erlebe ich in meiner Praxis Patienten mit so komplexen Krankheitsbildern, daß kein Schulmediziner sich alle Facetten auf einmal erklären kann. Wenn die Patienten sichtbare Symptome wie Hautausschlag oder Pilzbefall haben, wird immerhin noch der Versuch einer Behandlung unternommen. Wenn sie aber über unspezifische Beschwerden wie Antriebsschwäche, Depressionen, Reizbarkeit, Migräne, Schwindel, Ohrensausen, starke Menstruationsschmerzen etc. klagen, sind die Ärzte, da ihre Therapien meist nichts fruchten, versucht, das Ganze in die psychosomatische Ecke zu schieben. Da rutschen dann so manchem mehr oder minder gutgemeinte Sprüche heraus, die dem Patienten eher schaden als nützen: «Reißen Sie sich halt ein bißchen zusammen» oder «Sie müssen erst mal Ihre psychischen Probleme klären, dann kann ich Ihnen helfen« oder «Sie sind hypersensibel und bilden sich die Symptome nur ein» oder «Glauben Sie nicht, daß ich Sie deswegen schon wieder krank schreibe». Oft klingt dabei als fataler Unterton die Unterstellung mit, die Betreffenden seien Simulanten, Faulpelze oder Hypochonder.

Angehörige und Bekannte sind oft noch weniger als die Ärzte bereit, jemandem, der sich krank fühlt, auch zuzugestehen, daß er tatsächlich krank ist. Also werden all die beliebten unfreundlichen Sticheleien aus der Mottenkiste geholt, die noch niemandem geholfen haben: «Schau dir die Nachbarin an, die hat drei Kinder und schafft das auch» oder «Du läßt dich zu sehr gehen» oder «Morgens lange im Bett bleiben und nicht zur Arbeit gehen, das würden wir ja alle gerne ...»

Nach einigen Jahren werden die gesundheitlichen Probleme oft so schlimm, daß selbst einfache tägliche Verrichtungen nur mit Mühe bewältigt werden; viele müssen ihren Arbeitsplatz aufgeben. Damit fällt zwar ein Streßfaktor weg, aber gesund sind sie deswegen noch lange nicht. Außerdem können sich leicht Minderwertigkeitsgefühle einstellen; die Betroffenen meinen, kein nützliches Mitglied der Gesellschaft mehr zu sein, und haben dafür nicht einmal eine anständige Ausrede zur Hand. Wenn sie wenigstens mitteilen könnten: Der Arzt hat gesagt, ich leide unter dieser oder jener Krankheit. Aber die Ärzte erkennen die Krankheit und ihre Ursachen ja nicht.

Allenfalls Psychologen sind bereit, solche Menschen überhaupt als krank zu akzeptieren. Das ist für viele bereits eine Erleichterung. Der eigentlichen Ursache der Krankheit kommen sie allerdings durch psychologische Beratung keinen Schritt näher. Statt dessen tragen sie nun plötzlich den «Makel» einer seelischen Störung mit sich herum und grübeln und grübeln, welche Kindheitserlebnisse und andere Probleme in ihrem Leben gerade sie zu einem derart gravierenden psychosomatischen Zusammenbruch prädestiniert haben. Eine Patientin war unendlich erleichtert, als ich ihr nach der Untersuchung in meiner Praxis sagen konnte: «Nein, Sie sind nicht verrückt, Sie sind einfach sehr krank.»

Warum verläuft die Odyssee dieser Patienten von Arzt zu Arzt in den meisten Fällen so erfolglos? Der wichtigste Grund ist unserer Ansicht nach ein unterschwelliges Schweigegebot in unserer Gesellschaft, das Ärzte und andere Wissenschaftler davon abhält, die wahren Ursachen vieler Krankheiten beim Namen zu nennen. Spräche man sie laut aus, würden die Grundfesten der profitorientierten Industriegesellschaft erschüttert. Denn dann müßte jeder Arzt sofort eine Umstellung der Landwirtschaft auf biologischen Anbau verlangen, dann müßten all die schönen Konservierungs- und Geschmacksverbesserungsverfahren der Lebensmittelindustrie verboten werden, dann müßten wir alle uns eingestehen, daß die Welt und wir nur zu retten sind, wenn wir viele der sogenannten zivilisatorischen Fortschritte wieder rückgängig machten. Im einzelnen sind es sechs «Glaubenssätze», die auf keinen Fall angezweifelt werden dürfen:

1. Unsere Ernährung ist trotz gewisser zivilisatorischer Auswüchse die beste und vitaminreichste, die wir je hatten. Wer zuviel Kohlehydrate und Fett ißt, ist selber schuld. Er könnte ja auch etwas anderes essen. Die Ernährung spielt für die Entwicklung bzw. Heilung von Krankheiten eine unterge-

ordnete Rolle. Das ist die allgemeine Position der Schulmedizin zum Thema Ernährung. Wer meint, man wüßte es inzwischen besser, sollte sich einmal die Speisepläne unserer großen Krankenhäuser anschauen.

2. Die Annehmlichkeiten, die uns die Industriegesellschaft gebracht hat, sind im großen und ganzen als Fortschritt zu bezeichnen. Eventuelle negative Begleiterscheinungen (etwa Schadstoffe aus der Umwelt) sind zu gering, um die menschliche Gesundheit ernsthaft zu gefährden.

3. Wir leben, was die medizinische Versorgung angeht, in der besten aller bisher erreichbaren Welten. Die Medizin hält für alle Krankheiten ein Gegenmittel bereit – nur müssen einige dieser Gegenmittel erst noch gefunden werden.

4. Jede Krankheit muß einen Namen haben, damit sie in bewährte medizinische Schubladen paßt. Das Eingeständnis, daß er bei einer Krankheit nicht weiterweiß, bedeutet eine persönliche Bankrotterklärung des Arztes. Also behandelt er, auch wenn er unsicher ist (teilweise mit sehr nebenwirkungsreichen Medikamenten), oder überweist an andere Spezialisten, die im selben Denken befangen sind. In den USA spricht man bei den schweren Erschöpfungszuständen, die immer mehr Menschen treffen, von *Chronic Fatigue Syndrome* (CFS) und sucht verzweifelt, aber bislang erfolglos, nach einem Virus, das Auslöser dieser Krankheit sein könnte. Wir haben den Verdacht, daß dieses Syndrom nichts anderes ist als ein Zusammenbruch der Immunfunktionen durch Überlastung mit Umweltschadstoffen und anderen Streßfaktoren.[20]

5. Jede Krankheit sollte möglichst auf eine, aber auch wirklich nur eine Ursache rückführbar sein – etwa auf eine Virusinfektion oder einen Herzklappenfehler. Der Gedanke, viele kleine Ursachen könnten zusammenkommen und eine große Krankheit bewirken, ist tabu, weil er die Grundlagen der

heutigen hochspezialisierten apparatemedizinischen Test- und Behandlungsverfahren in Frage stellen würde.

6. Allergien erkennt man an Heuschnupfen, Hautausschlägen und anaphylaktischen Schocks. Wenn nun plötzlich die Umweltmediziner kommen und alles von Verdauungsstörungen über Nebenhöhlenbeschwerden bis zu Migräne, Depressionen und Schizophrenie als Allergiesymptome klassifizieren, bedrohen sie damit ebenfalls die Grundlagen der modernen Diagnostik und Pharmakotherapie.

Die Gesellschaft als Ganzes und die Medizin leiden unter einer einzigen großen Verdrängung: Wir verdrängen, daß wir uns durch die Art und Weise, wie wir uns im Alltag verhalten, jeden Tag grundsätzlich schaden – durch das, was wir produzieren, durch unsere Verkehrsmittel, durch viele überflüssige «Annehmlichkeiten» des Lebens und durch unsere Ernährung.

So kommt es, daß Patienten, die mit den vielfältigen Symptomen einer umweltbedingten Erkrankung zum Arzt gehen, oft jahre- oder gar jahrzehntelang falsch therapiert werden. Migräne wird mit Schmerzmitteln behandelt, Antriebsschwäche mit Psychopharmaka und Aufputschdrogen, Depressivität mit «Stimmungsaufhellern» und Psychotherapie. Schizophrene werden in die geschlossenen Stationen der psychiatrischen Anstalten verbannt, obwohl amerikanische Umweltmediziner schon vor Jahren nachgewiesen haben, daß zumindest manche Form von Schizophrenie auf Allergien und Nährstoffdefizite zurückzuführen sind.[21]

Pilzerkrankungen werden allenfalls lokal und medikamentös behandelt, weil sich noch nicht herumgesprochen hat, daß Hefepilze überall im Körper auftreten können und nur durch konsequente Diät und pharmakologische Therapie zurückzudrängen sind. Manche Beschwerden, die durch Pilze verursacht sein können (etwa Harnwegsinfektionen oder Nebenhöhlenschmerzen), werden häufig ohne nähere Erregerbestimmung mit Antibiotika behandelt, obwohl diese gegen Pilze nicht nur unwirksam sind, sondern deren Lebensmilieu noch verbessern, indem sie konkurrierende freundliche Bakterien im Darm und an den Schleimhäuten abtöten. In extremen Fällen sind auch schon schwerwiegende Eingriffe wie Hysterektomien (Entfernung der Gebärmutter) durchgeführt worden, weil die Ärzte das eigentliche Problem, den Pilzbefall, nicht erkannten, und hofften, durch Totaloperation die Beschwerden der Patientin zu beseitigen.

Allergische Beschwerden werden, wenn sie nicht in die Diagnoseschablonen der Schulmedizin passen, ignoriert bzw. symptomatisch behandelt. Die Patienten atmen jahrelang zu Hause oder am Arbeitsplatz die Gifte ein und essen und trinken jahrelang gerade die Nahrungsmittel weiter, die für ihre Probleme verantwortlich sind. Niemand bringt sie auf die Idee, an sich selbst zu beobachten, ob es ihnen unter bestimmten Umweltbedingungen besser oder schlechter geht – wenn sie nicht zufällig an einen Arzt mit umweltmedizinischen Kenntnissen geraten.

Wenn kein Spezialist weiter weiß und der Patient die gesamte Maschinerie der modernen Diagnostik ohne klaren Befund durchlaufen hat, bleibt oft nur die Überweisung zum Psychiater. Womit die wahren Schuldigen, die Umwelteinflüsse, endgültig ausgeblendet wären, und der Patient (bzw. seine Kindheitserfahrungen oder seine familiäre Situation) zum alleinigen Sündenbock gemacht wäre. Die Verdrängung ist perfekt.

4. Umweltmedizin – Geschichte, Methoden, Aufgaben, Erfolge

a. Die Anfänge der Umweltmedizin

Schon Hippokrates erkannte, daß manche Menschen bestimmte Nahrungsmittel nicht vertragen, die andere problemlos verzehren können. Anscheinend stellte diese Tatsache lange Zeit – von der Antike bis zum Mittelalter – kein größeres gesundheitliches Problem für die Menschheit dar, vielleicht weil die Nahrung einfach und naturbelassen war. Erst aus dem 17. Jahrhundert sind wieder diesbezügliche Berichte überliefert, etwa Hinweise auf Asthmaanfälle nach dem Genuß von Wein oder Milch. 1888 dann beschrieb der englische Arzt Samuel Gee das Krankheitsbild der *Zöliakie*, der Unverträglichkeit von Weizen, Gerste, Hafer und Roggen, die bei Kleinkindern zu heftigen Bauchschmerzen und Durchfall führt. Erst sechzig Jahre später wurde der gemeinsame Faktor entdeckt, der diese Getreidesorten für viele Menschen gefährlich macht: das Gluten bzw. Klebereiweiß. Diese Substanz bewirkt bei den Betroffenen die Zerstörung der Dünndarmzotten, die wesentlich an der Aufnahme von Vitaminen und Mineralien beteiligt sind. Die Folge sind schwere Mangelerscheinungen.

1905 erschien in London eine umfangreiche Monographie des australischen Psychiaters Francis Hare, *The Food Factor in Disease*, in der er seine aus jahrzehntelanger Erfahrung gewonnenen Erkenntnisse zu diesem Thema zusammenfaßte. Interessanterweise sah er schon damals, als noch kaum jemand von Vollwertkost sprach, Zusammenhänge zwischen dem Verzehr von Zucker und Weißmehl einerseits und bestimmten körperlichen und psychischen Krankheitssymptomen andererseits.

In den zwanziger Jahren entdeckten die amerikanischen Ärzte Duke, Shannon und Rowe Zusammenhänge zwischen Beschwerden wie Kopfweh, Asthma, Hautausschlägen und Überempfindlichkeit gegen bestimmte Nahrungsmittel. Rowe veröffentlichte daraufhin sein berühmtes Buch *Food Allergy*, in dem er als erster eine «Weglaß-» oder «Eliminationsdiät» beschreibt. Dabei streichen die Patienten alle Lebensmittel, auf die sie allergisch reagieren, von ihrem Speisezettel, ersetzen zum Beispiel glutenhaltige Getreidesorten durch Reis, Mais oder Buchweizen. Rowe hatte auch als erster beobachtet, daß allergische Reaktionen oft erst Stunden oder Tage nach dem Verzehr des Allergens auftreten, so daß der ursächliche Zusammenhang nur schwer nachzuweisen ist – ein wesentlicher Grund dafür, daß die Ursachen so vieler Allergien unerkannt bleiben.

Wenig später entdeckte Dr. Herbert Rinkel, ein Allergologe in Oklahoma City, im Selbstversuch, wie es zu diesen verzögerten Reaktionen kommt: Wenn man ein Allergen täglich oder gar mehrmals täglich zu sich nimmt, stellt sich der Körper irgendwie darauf ein und unterdrückt die akute allergische Reaktion. Rinkel ernährte sich während seines Medizinstudiums aus Sparsamkeitsgründen überwiegend von Eiern, die ihm von der elterlichen Farm regelmäßig und massenweise zugeschickt wurden. Mit der Zeit ging es ihm immer schlechter: Er litt unter chronischem Halsweh, Kopfschmerzen, Ohrenkrankheiten und ständigem Schnupfen. Da fiel ihm das Buch von Rowe in die Hände und er entschloß sich zu einem Selbstversuch. Mutig aß er sechs Eier hintereinander, doch die erwartete akute allergische Reaktion blieb aus. Also aß er weiter seine Eier und wurde zunehmend kränker und schwächer. Erst vier Jahre später probierte er den entgegengesetzten Weg und aß tagelang überhaupt keine Eier. Nach wenigen Tagen ging es ihm so gut wie schon lange nicht mehr. Am fünften Tag aber wollte er den Geburtstagskuchen (mit Eiern!), den seine Frau für ihn gebacken hatte, nicht verschmähen. Er aß ein Stück, brach wenig später bewußtlos zusammen und kam erst nach mehreren Minuten wieder zu sich.

So entdeckte Rinkel, wie man die sogenannten «maskierten Allergien» entlarven konnte: Indem man das verdächtige Lebensmittel mehrere Tage lang wegläßt und dann wieder einführt. Auf diesem Prinzip basiert die Rotationsdiät[22], mit deren Hilfe jeder Mensch selbst testen kann, gegen welche Bestandteile seines täglichen Speiseplans er allergisch ist (vgl. Kapitel 6 b und 13 g). Rinkel wendete seine neue Erkenntnis begeistert und mit großem Erfolg bei seinen Patienten an, als er aber in der renommierten Fachzeitschrift *Annals of Allergy* von der revolutionären Entdeckung berichten wollte, wurde der Artikel abgelehnt. Das nahm Rinkel sich so sehr zu Herzen, daß er erst acht Jahre später, als er Erfahrungen mit insgesamt 20000 Patienten vorweisen konnte, wieder mit seinen Erkenntnissen an die Öffentlichkeit trat.

Der eigentliche Begründer der Umweltmedizin (bzw. der Klinischen Ökologie, wie sie bis vor kurzem genannt wurde) ist Dr. Theron G. Randolph aus Chicago. Er war der erste, der die gravierenden Folgen der zunehmenden Umweltvergiftung für die menschliche Gesundheit erkannte und nachwies. Schon Anfang der fünfziger Jahre, als in den USA mehr und mehr synthetische Pestizide eingesetzt wurden, erlebte er immer wieder, daß Patienten gegen viele Obst- und Gemüsesorten gleichzeitig allergisch waren. Einfache Nahrungsmittelallergien halten sich normalerweise streng an die botanische Verwandtschaft (so kann ein Mensch, der kaum ein europäisches Kernobst verträgt, durchaus Mango oder Ananas problemlos verzehren, weil sie zu völlig anderen botanischen Gruppen gehören). Dr. Randolph beobachtete bei seinen Patienten zum Beispiel Kopfschmerzen, Asthma, Hautreizungen, arthritische Schmerzen, aber auch schwere Depressionen.

Schließlich fand er die Erklärung für diese abnormen Allergieverläufe: Nicht Obst und Gemüse, sondern die beim Anbau eingesetzten Pestizide verursachten die Beschwerden. So entwickelte Randolph neue Testverfahren, mit deren Hilfe man feststellen kann, ob Symptome durch Nahrungsmittel oder durch Pestizide und chemische Zusatzstoffe verursacht werden. Er ließ die Patienten fünf Tage lang bei reinem Quellwasser fasten und führte dann zunächst Testreihen mit biologisch angebauten Nahrungsmitteln durch, später mit chemisch vorbelasteter Supermarktware. Die Ergebnisse waren alarmierend: In einer Vielzahl von Fällen zeigte sich, daß angebliche Nahrungsmittelallergien eigentlich durch Chemikalien hervorgerufen werden.

Die Schulmedizin hat die Erkenntnisse von Dr. Randolph und anderen Umweltmedizinern jahrelang totgeschwiegen. Hartnäkkig hielten die Allergologen an dem überholten Allergiebegriff fest, bei dem entweder der (meist mit intrakutanten Injektionen verbundene) «Hauttest» positiv ausfallen muß oder im Serum spezifische Antikörper gegen die allergieverdächtige Substanz nachgewiesen werden müssen. Diese Tests sind allerdings bei den Nahrungs- und Chemikalienallergien, die die Umweltmedizin beschreibt, oft nur von geringer Aussagekraft. Noch vor kurzem wurde in einer großen deutschen Zeitschrift ein konventionell arbeitender Allergologe zitiert, der sich abfällig über die Methoden der Klinischen Ökologie äußerte. Begründung: Er habe bei Patienten, die laut Aussagen von Klinischen Ökologen viele Allergien gleichzeitig hatten, nichts gefunden. Auch eine Möglichkeit, die eigene Unkenntnis zu artikulieren.

Dank der Fortschritte der Immunologie aber ist es heute weniger leicht geworden, die empirisch gewonnenen Erkenntnisse der Umweltmedizin zu belächeln oder als irrelevant abzutun. Neuere Untersuchungen haben nämlich gezeigt, daß sich bei allergischen Patienten nicht nur die Antikörperreaktion verändert, sondern auch diverse andere im Blutbild meßbare Faktoren (Immunkomplexe, Komplement, Prostaglandine, Serotonin und Histamin). 1985 stellte sich in Untersuchungen an der Ruhr-Universität Bochum heraus, daß bestimmte Pestizide (DDT, Dieldrin, Heptachlor und Lindan) direkt für die Ausschüttung von Histamin und anderen für allergische Reaktionen typischen Substanzen verantwortlich sind. Immunologische Forschungen der letzten Jahre haben gezeigt, daß manche Patienten schon auf äußerst geringe Pestizidbelastungen mit Krankheit reagieren. Vor kurzem (Juli 1990) berichtete auf dem Kongreß der British Society for Allergy and Environmental Medicine in Buxton, Derbyshire, der Mediziner Gerald Ross von Doppelblindstudien an Patienten mit Gefäßerkrankungen, asthmatischen und arthritischen Beschwerden, die man Umweltchemikalien wie Phenol, aus Erdöl gewonnenen Äthylalkohol, Formaldehyd, Chlor und Pestizide (2,4-D) in geringsten Dosen einatmen ließ. Dabei wurde eine deutliche und reproduzierbare physiologische Reaktion (vor allem beschleunigter Puls) auf die Umweltchemikalien gemessen.

Dank verbesserter Untersuchungsmethoden ist es mittlerweile möglich geworden, das ganze Spektrum der Organochlor-Pestizide und viele andere Umweltchemikalien im Blut nachzuweisen. Mit Hilfe neuartiger Immuntests, dem RAS-Test und dem DHS-CLA-Allergietest, kann man heute Dutzende von Allergien in einer einzigen Untersuchung gleichzeitig bestimmen, auch die «maskierten Allergien», mit denen sich Dr. Rinkel zunächst so schwergetan hatte. Es ist zu hoffen, daß die Schulmediziner, wenn sie schon nicht der Empirie der Klinischen Ökologie Gehör schenken wollten, wenigstens den «harten Fakten» der Labormedizin glauben.

b. Die Untersuchung beim Umweltmediziner

Wie sieht eine Untersuchung beim Umweltmediziner heute in der Praxis aus? Zunächst muß geklärt werden, ob die Krankheit tatsächlich auf eine Überlastung des Immunsystems durch Umweltfaktoren zurückzuführen ist. Meist deuten schon die Symptome unübersehbar in diese Richtung: multiple Allergien, Erschöpfungszustände, Pilzerkrankungen, starke Stimmungsschwankungen usw. Eine erste Bestätigung ergibt dann die ausführliche Anamnese. Um dem Patienten helfen zu können, muß der Arzt möglichst viel über die Umwelteinflüsse erfahren, denen er in seinem bisherigen Leben ausgesetzt war.

Am leichtesten zu beantworten ist die Frage nach der Ernährung. Selbstverständlich muß der Patient dabei im eigenen Interesse lückenlos und ohne jede Beschönigung angeben, was er so zu sich nimmt – auch wenn er möglicherweise ungern offenbart, daß seine «Diät» sich zu 99 Prozent aus Currywürsten, Schokoriegeln, Kartoffelchips, Weißbrot, Margarine, Marmelade, Kaffee und Bier zusammensetzt. Falls der Speisezettel vorwiegend Weißmehl, Zucker (auch Alkohol ist nur eine andere Form von Zukker) und Fett aufweists, falls der Patient überwiegend Konserven und abgepackte Fertiggerichte konsumiert, liegt die Vermutung nahe, daß ein Großteil seiner Beschwerden auf diese Ernährung zurückzuführen ist.

Nicht ganz so leicht zu beantworten ist häufig die Frage, welche Medikamente man in seinem bisherigen Leben genommen hat. Viele Patienten wissen gar nicht, was die vom Arzt verschriebenen Arzneimittel enthalten und welche Nebenwirkungen sie zeitigen können. Für den Umweltmediziner sind vor allem drei Medikamentengruppen relevant: Antibiotika, Kortisonpräparate und die Antibabypille.

Bei den meisten der Patienten ist das Immunsystem durch häufige Behandlung mit Antibiotika und Kortison vorgeschwächt. Antibiotika werden auch heute noch oft verschrieben, wenn ihre Einnahme eigentlich sinnlos (wie bei Virusgrippe) oder sogar weit gefährlicher ist als die ursprüngliche Krankheit (etwa Pubertätsakne). Jede Antibiotikabehandlung schädigt die Darmflora nachhaltig und schwächt das Immunsystem durch direkte Beschädigung von Gewebezellen.

Mit der Verabreichung von Kortison werden alle Immunfunktionen unterdrückt, so daß Erreger aller Art leichtes Spiel haben. Außerdem wird die Funktion der Nebennierenrinde, die für die körpereigene Kortikoidproduktion zuständig ist, empfindlich gestört. Leider wird auch Kortison vielfach selbst dann verschrieben, wenn seine höchst gefährlichen Nebenwirkungen schädlicher sind als die zu behandelnde Krankheit, zum Beispiel bei allergischen Hautreizungen, Hämorrhoiden und Akne. Kortison zerstört Lymphgewebe in der Thymusdrüse und den Lymphknoten, hemmt die Produktion von Killerzellen und Interferon und ruft bei Dauerbehandlung Wasseransammlungen (Ödeme) sowie Gewebe- und Knochenschäden hervor.

Die Antibabypille schafft mit den in ihr enthaltenen Hormonen offensichtlich ein Milieu, in dem sich die häufig mit Immunschwächungen einhergehenden Pilzerkrankungen besser ausbreiten können. Immer wieder höre ich in meiner Praxis von Frauen, die erst nach Einnahme der Pille zum ersten Mal Probleme mit Hefepilzen bekommen haben.

Am schwierigsten zu beantworten ist die Frage nach möglichen

Schäden durch chemische Schadstoffe, also Lebensmittelzusatzstoffe, Autoabgase, Holzschutzmittel, Lösungsmittel, Plastikausdünstungen usw. Manchmal sehen die Patienten selbst solche Zusammenhänge. «Immer wenn ich Bus fahre, geht es mir schlecht», sagte zum Beispiel ein Patient, der gegen Dieselabgase allergisch ist. «Am besten fühle ich mich immer noch im Schlafzimmer», sagte eine Frau, die auf Heizkörperlacke sensibel reagierte (ihr Schlafzimmer wurde nie beheizt).

Oft aber muß der Umweltmediziner unter Aufbietung beträchtlicher detektivischer Fähigkeiten nach und nach alle möglichen Belastungsquellen in Erwägung ziehen und ausschließen. Manchmal stellt sich dann heraus, daß die Vertäfelung der Wohnzimmerdecke mit lindanhaltigen Holzschutzmitteln behandelt wurde oder daß der Patient auf die Plastikverkleidung seines Personal Computers, auf eine täglich verwendete Hautcreme oder auf bestimmte Toilettenreiniger allergisch reagiert.

Ein wesentlicher Bestandteil der Anamnese ist die Frage nach der Art der Symptome. Wenn die Patienten von einer langen vergeblichen Wanderung von Arzt zu Arzt berichten, wenn sie unter vielfältigen unerklärlichen Symptomen litten und leiden, die mit «normalen» Diagnoseverfahren nicht erklärbar waren und auf «normale» Therapien nicht ansprachen, dann bestätigt das den Verdacht, daß das Faß voll ist und nach allen Seiten hin überläuft.

Die Liste der möglichen Symptome ist lang: Hauterkrankungen, Pilzkrankheiten, Allergien, Verdauungsstörungen aller Art, Entzündungen im Genitalbereich, Afterjucken, Muskelverspannungen, Rückenschmerzen, Depressivität, Reizbarkeit, Antriebslosigkeit, chronische Müdigkeit (aber auch Schlafstörungen), Heißhungeranfälle, Nahrungsmittelsüchte (etwa auf Alkohol, Kaffee oder Süßigkeiten), Asthma, Gelenkschmerzen, Nebenhöhlenbeschwerden, häufige Erkältungen, Schwindelattacken, Ohrensausen (Tinnitus), Orientierungsstörungen und anderes mehr – je nach den individuellen Schwachpunkten. Von schweren fortgeschrittenen Erkrankungen wird später noch die Rede sein.

Als nächstes kommt die Suche nach den Substanzen, auf die der Patient allergisch reagiert. Während der Anamnese haben sich womöglich schon einige besonders verdächtige Substanzen herauskristallisiert. Ob sie tatsächlich Allergenwirkung entfalten, muß in jedem Einzelfall durch Tests überprüft werden. Die Ermittlung der Allergene ist unbedingt notwendig, da fast immer ein Großteil der Symptome allergischer Natur ist. Der Umweltmediziner verwendet hierzu neben der Anamnese verschiedene Methoden wie Rotationsdiät, Pulstest, intrakutane Injektionen, RAST-Test, zytotoxische Tests und DHS-CLA-Allergietests. Der RAST-Test[23] wird von allen größeren Labors durchgeführt. Früher haben wir mit dem zytotoxischen Test gearbeitet. Damit können bis zu 180 verschiedene Nahrungsmittel oder Chemikalien getestet werden, indem man ihre zellschädigende Wirkung auf weiße Blutkörperchen beobachtet. Die Ergebnisse werden durch mikroskopische Bewertung gewonnen, sind allerdings so schwierig zu interpretieren, daß wohl keine zwei Beobachter zum selben Resultat gelangen werden. Aus diesem Grunde arbeite ich seit längerem nicht mehr mit dieser Methode. Sie liefert trotz ihres hohen Preises für Allergiekranke keine verläßlichen Ergebnisse. Der DHS-CLA-Test ist in Deutschland unseres Wissens bisher nicht eingeführt. Seit neuestem steht auch ein ELISA-Testverfahren[24] zur Allergiebestimmung zur Verfügung. Es wird aber hierzulande von den gesetzlichen Kassen bisher nicht anerkannt.

Gleichzeitig werden die Immunwerte des Patienten im Labor untersucht, um den aktuellen Zustand des Immunsystems festzustellen und so später Anhaltspunkte für eine Besserung der Immunlage zu haben.

Ein weiteres wichtiges Element der umweltmedizinischen Diagnostik ist die Aufdeckung von Mineral- und Vitaminmangelzuständen bzw. -überschüssen. Mit Hilfe der Haarmineralanalyse (deren Genauigkeit allerdings umstritten ist) und der Vollblutanalyse wird bestimmt, was fehlt und wovon zu viel da ist. Diese Laboruntersuchungen gehen weit über die normalen «großen» und «kleinen» Blutbilder hinaus, erfassen vor allem eine Vielzahl von Spurenelementen. Zur Mineralanalyse gehört auch die Frage nach der Belastung des Organismus mit den immunschwächenden Schwermetallen Cadmium, Quecksilber und Blei.

Dann beginnt die Therapie. Gegen die Allergenbelastung hilft zunächst nur eins: striktes Vermeiden aller Substanzen, auf die man sensibel reagiert. Das ist manchmal (z. B. im Falle einer Allergie auf Autoabgase) kaum möglich, in anderen Fällen durch eine mehr oder minder strenge Diät ohne weiteres erreichbar. In der Regel bedeutet es schon einen großen Schritt nach vorn, wenn der Patient zumindest der Mehrzahl «seiner» Allergene nicht mehr ausgesetzt ist. Gleichzeitig werden die Allergien mit Hilfe der intrakutanen Allergietestung (im Verdünnungsgrad 1:4) behandelt, einem äußerst effektiven und relativ schonenden Verfahren, das nach den Wirkprinzipien der Homöopathie funktioniert. Oft können nach einer derartigen Behandlung die Patienten die Stoffe, auf die sie allergisch reagieren, zumindest in kleineren Mengen wieder vertragen.

Außerdem muß meistens sofort eine Behandlung gegen Hefepilze (*Candida albicans*) erfolgen, die praktisch bei allen Patienten mit gestörter Immunabwehr übermäßig stark angesiedelt sind. Im Zentrum der Hefepilztherapie steht eine streng zucker-, alkohol- und hefefreie Diät; daneben gibt man Medikamente, um den Pilz abzutöten, und Bakterienpräparate zur Regeneration der vom Hefepilz überwucherten Darmflora (näheres dazu in Kapitel 5 d).

Das Vitamin- und Mineralungleichgewicht wird durch hochdosierte Spezialpräparate (die hefe- und allergenfrei sein sollten) behoben, die körpereigene Abwehr mit einer Reihe von immunstärkenden Naturheilmitteln gekräftigt, die Schwermetallbelastung durch Homöopathie, Chelattherapie und Vitamingaben verringert (vgl. Kapitel 5 b)

In den meisten Fällen geht es den Patienten dank dieser Maßnahme nach wenigen Wochen oder Monaten deutlich besser. Durch die Entlastung des Immunsystems verschwinden oft viele Allergien ohne weitere Behandlung. Langfristig können die meisten Patienten wieder ein relativ beschwerdefreies Leben führen.

Eine Rückkehr zu den «normalen» Lebensgewohnheiten der industriellen Leistungsgesellschaft aber wäre ihnen kaum anzuraten. Denn das, was heute als «normal» gilt, also Kaffee, Kuchen, Alkohol, Schnellimbiß, Plastikmöbel usw., macht krank. Wer erwiesenermaßen empfindlich ist und zu einer solchen Lebensweise zurückkehrt, wird unweigerlich wieder krank werden.

Schon heute leidet die Mehrheit der Menschen in den Industriestaaten an umweltbedingten Krankheiten. Wer gesund werden will, muß aus dem Zug zu frühem Siechtum bei stark verminderter Lebensqualität aussteigen. «Aussteigen» also auch aus vielen (noch) allgemein anerkannten Lebensgewohnheiten. Auch wer aktiv versucht, Schadstoffe weitgehend zu vermeiden, nimmt noch genügend davon auf, um das Immunsystem zu gefährden. In einer derart verschmutzten Umwelt kann daher auch die Umweltmedizin kaum Heilung bewirken, aber doch einen Zustand herstellen, in dem man sein Leben genießen kann und mit der allgemeinen Verseuchung gut fertig wird.

5. Die Krankmacher aus der Umwelt

a. Chemische Gifte in der Wohnung und am Arbeitsplatz

Die Zahl der synthetischen Chemikalien geht in die Millionen. Schon deshalb lassen sich die schädlichen Wirkungen einzelner Substanzen kaum noch abgrenzen und genau definieren. Trotzdem haben eine ganze Reihe chemischer Stoffe traurige Berühmtheit erlangt, weil sie unübersehbar und rasch akute Schäden bei lebenden Organismen hervorrufen, etwa *DDT*, *Dioxin*, *Asbest* und die *polychlorierten Biphenyle* (PCB). Im folgenden Überblick wollen wir uns auf diejenigen beschränken, denen man durch Veränderungen in der persönlichen Lebensführung ausweichen kann. Interessanterweise ist die Schadstoffkonzentration oft gerade da am höchsten, wo wir uns vor der verschmutzten Umwelt am liebsten verkriechen würden: in der Wohnung. Im Rahmen einer US-Studie zeigte sich, daß die Schadstoffkonzentration nicht etwa auf der Straße oder im Auto, sondern gerade in geschlossenen Räumen wie Kantinen, Küchen, verrauchten Restaurants, aber auch Wohn- und Schlafzimmern besonders hoch ist.[25]

Gegen die meisten chemischen Schadstoffe gibt es kein direktes Gegenmittel und keinerlei ursächliche Therapie. Die Autoren der umfangreichen amerikanischen Studie *Chemical Hazards of the Workplace*[26] gehen auf die Toxizität von insgesamt 438 chemischen Substanzen ein, mit denen Industriearbeiter und -angestellte häufig am Arbeitsplatz konfrontiert werden. Nur in verschwindend wenigen Fällen aber können sie eine Therapie empfehlen.

Die Umweltmedizin geht davon aus, daß wir alle ständig mit

einer Vielzahl von Karzinogenen und potentiellen Allergenen belastet sind, zu unserem Glück vorerst meist noch in «subtoxischen» Mengen, die keine akuten Symptome hervorrufen. Da es kaum Gegenmittel gibt, beschränken sich Umweltmediziner darauf, die Gesamtbelastung des einzelnen zu vermindern. Sie raten ihren Patienten, chemischen Schadstoffen, soweit es irgend in ihrer Macht steht, auszuweichen. Und sie entlasten das Immunsystem mit verschiedenen Methoden, die wir weiter unten näher beschreiben werden, so daß es mit den Schadstoffen, denen man nicht ausweichen kann, besser umgehen kann.

Eines der größten Umweltprobleme stellen nach wie vor die lindan- oder pentachlorphenolhaltigen Holzschutzmittel dar. Zwar sind sie mittlerweile in der Bundesrepublik verboten, aber die Altlasten in Möbeln und Räumen bleiben. *Pentachlorphenol* wird als Insektizid, Entlaubungsmittel, Herbizid und Holzschutzmittel genutzt. Sicher erfüllt es seinen Zweck, Bau- und Möbelholz vor Insektenfraß zu schützen, glänzend und über viele Jahre hinweg – gerade weil es so schwer abbaubar ist. Aber in all diesen Jahren werden auch beträchtliche Mengen davon aus dem Holz wieder in die Umgebung, vor allem in die Luft, abgegeben. Die Vertäfelung in unserem Wohnzimmer, die Stühle und der Eßtisch, das Gitterbett des Babys, sie alle könnten durchaus mit diesem Holzschutzmittel behandelt sein, wenn man nicht bereits beim Kauf auf biologisch verarbeitete Hölzer Wert gelegt hat.

Der menschliche Organismus nimmt PCP durch die Atemwege und über die Haut auf. Schon wenige Milligramm PCP können zu ernsten Atembeschwerden und Hautreizungen führen, größere Mengen rufen gravierende Krankheitssymptome hervor und können sogar innerhalb weniger Stunden zum Tod führen. Arbeiter, die über längere Zeit mit dieser Chemikalie in Kontakt kamen, klagen häufig über Bindehautentzündung, Nebenhöhlenbeschwerden, Bronchitis, Nervenentzündungen und dermatologische Schäden. Bei Tierversuchen zeigte sich, daß PCP das Immunsystem von Mäusen schwächt und das Leben von Rattenföten gefährdet. Die Substanz reichert sich im menschlichen und tierischen Organismus immer mehr an, so daß bei Dauerbelastung stets mit ernsten Schäden gerechnet werden muß.

Lindan, ebenfalls oft als Insektizid und zum Holz- und Lederschutz verwendet, gilt als Karzinogen und steht im Verdacht, Knochenmarksschäden hervorzurufen. Obwohl sich Lindan im Körper nicht anzureichern scheint, reagieren viele Menschen, die längere Zeit mit diesem Gift in Kontakt waren, darauf hochallergisch; deshalb darf geschlossen werden, daß eine chronische Belastung mit Lindan zu Immunschäden führt. Achtung: Lindan ist auch in einem häufig verschriebenen Mittel gegen tierische Parasiten wie Läuse und Krätzemilben enthalten![27]

Phenol und *Phenolderivate* wie Hexachlorophen, Bromchlorophen, Fluorophen usw. werden heute bei den verschiedensten industriellen Herstellungsprozessen eingesetzt und freigesetzt, zum Beispiel bei der Produktion von Duftstoffen und Kosmetika, in der Holzverarbeitung und als Lösungsmittel. Die schlimmsten Vertreter sind die Dioxine wie TCDD, aber auch die berüchtigten Alkylphenylethyloxilate, nichtionische Tenside, die in Gewässern kaum abbaubar sind, zählen dazu. Phenolderivate sind zum Teil hochgiftig und können auch schon in geringen Dosen Allergien hervorrufen.

Formaldehyd ist ein hochwirksames, vielseitig einsetzbares Konservierungsmittel, das – für die Industrie – den Vorteil hat, nicht nur Viren und Bakterien, sondern auch Pilze, Sporen und Keime abzutöten. Diese universelle Wirksamkeit erklärt sich dadurch, daß Formaldehydmoleküle sehr klein sind und deshalb in der Lage, Zellmembranen zu durchdringen, auch die von menschlichen Zellen. Formaldehyd ist äußerst reaktionsfreudig und kann sich mit einer Vielzahl anorganischer und organischer Substanzen verbinden. Auf diese Weise erzeugt Formaldehyd im menschlichen Organismus entartete Eiweißstoffe und behindert die normale Funktion der Zellreproduktion und der Immunzellen. Da Formaldehyd sich im Körper mit den verschiedensten Molekülen und Molekülketten verbindet, kommen auch die verschiedensten körperfremden Eiweiße dabei heraus, allesamt potentielle Allergene, allesamt Herausforderungen und Belastungen für das Immunsystem. Nicht umsonst hat sich der Stoff im Tierversuch wiederholt als krebserzeugend erwiesen. Leider wird Formaldehyd trotz diverser Skandale wegen zu hoch angesetzter Grenzwerte immer noch in Kosmetika, Desinfektions- und Reinigungsmitteln eingesetzt (auch wenn drauf steht «formaldehydfrei»), und leider befinden sich immer noch eine ungeheure Zahl formaldehydhaltiger Spanplatten in Wohnungs- und Büroeinrichtungen. Formaldehyd wird ferner bei der Herstellung und Verarbeitung von Kunststoffen, Lederwaren, Gummi und Metallen verwendet.

Polychlorierte Biphenyle (PCB) kommen vor allem in Kühlschränken, Kondensatoren, Hydrauliköl und diversen Kunststoffen und Schutzanstrichen vor. Sie haben sich mit der globalen Schadstoffzirkulation um die ganze Erde verbreitet und sind heute überall zu finden, auch in der Muttermilch. PCBs werden durch die Haut, mit der Nahrung und aus der Atemluft aufgenommen, reichern sich im menschlichen und tierischen Organismus an (besonders im Fettgewebe und im Blut), reizen Augen und Haut, sind lebertoxisch und rufen die Berufskrankheit vieler Chemiearbeiter, Chlorakne, hervor. Sie haben sich im Tierversuch und in Langzeitstudien an Industriearbeitern als karzinogen erwiesen und beeinträchtigen die embryonale Entwicklung. Nach einer Massenvergiftung mit polychlorierten Biphenylen in Japan brachten 90 Prozent der betroffenen Mütter Babys mit entstellter, schwarzer Haut zur Welt.

Zu den gefährlichsten Giften gehört auch die Gruppe der *Lösungsmittel* (z. B. Trichlorethan, Trichlorethylen, Tetrachlorethylen, Toluol, Xylol und Styrol), die in Lacken, Farben, Klebstoffen, Teppichen, chemischen Reinigungen, in Fleckwassern und zur Entfettung von Metallen eingesetzt werden. Sehr gefährdet sind Arbeiter in der Druckindustrie, wo pro Jahr schätzungsweise zehn Millionen Liter dieser Substanzen verbraucht werden. Besonders giftig sind die chlorierten Kohlenwasserstoffe wie Tetrachlorethylen (PER) oder Trichlorethylen (TRI). Die meisten Lösungsmittel bedrohen Nerven, Leber und Nieren, stehen im Verdacht, Krebs zu erzeugen, können bei Schwangeren fruchtschädigend wirken und unter Umständen bei Männern Unfruchtbarkeit hervorrufen. Kürzlich wies der finnische Arbeitsmediziner Kari Hemminki nach, daß Frauen, deren Männer mit organischen Lösungsmitteln arbeiten, überdurchschnittlich oft Fehlgeburten in den ersten drei Schwangerschaftsmonaten erleiden.[28]

Asbest kommt in Isolier- und Baumaterialien, Wärmeschutzstoffen und Wasserleitungsrohren vor. Asbest ruft gravierende Lungenschäden und Krebs an Atmungs- und Verdauungsorganen hervor. Aufgrund ihrer geringen Größe dringen Asbestfasern tief in die Lunge ein. Zwar wird es heute erheblich weniger eingesetzt als früher; die Altlasten in noch nicht sanierten älteren Gebäuden dürften aber sehr hoch liegen.

Nitrat kommt vor allem im Wasser und im Boden vor. Als Folge der intensiven Landwirtschaft mit konzentrierter Stickstoffdüngung (vor allem Gülle) liegen die Nitratwerte in der Umwelt heute sehr hoch. Da es von vielen Pflanzen eingelagert wird, landet es unweigerlich auf unserem Tisch. Besonders belastet sind Treibhausgemüse und einige von Natur aus nitratreiche Pflanzen wie Spinat und rote Bete. Bei starker Erhitzung (etwa beim Grillen oder Braten) und durch bestimmte Vorgänge im menschlichen Körper verwandelt sich Nitrat in *Nitrit*, welches eine Vorstufe der für ihr karzinogenes Potential berüchtigten *Nitrosamine* ist.

Sehr bedenklich sind auch *Dieselabgase*. Zahlreiche Untersuchungen legen nahe, daß Menschen, die beruflich bedingt sehr viel Dieselqualm eingeatmet haben, häufiger an Lungenkrebs sterben als der Durchschnitt. Erst kürzlich hat die Biologin Susanne Hippeli vom Institut für Botanik und Mikrobiologie der Technischen Universität München nachgewiesen[29], daß Ruß, aber auch die ebenfalls in den Dieselverbrennungsrückständen enthaltenen Sulfite die Zellmembran schädigen. Offensichtlich wirken die Schadstoffe in Kombination noch aggressiver. In die Praxen der Umweltmediziner kommen immer wieder Patienten, die über Beschwerden bei langen Fahrten mit Auto, Bus oder Bahn (die ja oft von Dieselloks gezogen wird) klagen. In vielen Fällen werden diese Phänomene durch Dieselabgase verursacht. Betroffen sind vor allem Menschen, die bei der Arbeit mit Dieselabgasen konfrontiert sind oder – zum Beispiel als Vertreter – beruflich viel mit dem Auto unterwegs sind. Interessanterweise finden wir in der umweltmedizinischen Praxis trotzdem mehr Menschen, die auf Normal- und Superbenzin allergisch reagieren, als Personen, die gegen Dieselkraftstoff sensibilisiert sind.

Schließlich trägt auch das *Rauchen* in allen seinen Varianten ganz wesentlich zur Vergiftung der eigenen Innenwelt und der der Mitmenschen bei. Daß Raucher häufiger an Lungenkrebs sterben als Nichtraucher, ist bekannt. Ebenso weiß man, daß Nikotinmißbrauch zu Gefäßverengungen und Durchblutungsstörungen führt. Gleichzeitig aber ist das Rauchen vielfach Kofaktor bei der Entstehung der in diesem Buch beschriebenen Krankheiten.[30]

Die Diagnose

Leider gibt es gegen die erwähnten Chemikalien praktisch kein direktes Gegenmittel. Es ist in den meisten Fällen sehr schwierig, mit Gefahren für die Gesundheit des Patienten verbunden oder einfach unmöglich, sie wieder aus dem Körper zu entfernen. Dennoch kann die Umweltmedizin einiges tun, um die Beschwerden des Betroffenen zu beseitigen oder zumindest zu lindern. Liegt eine Schädigung vor, müssen nicht unbedingt im Blut oder im Gewebe von Patienten überhöhte Mengen chemischer Schadstoffe feststellbar sein, denn wenn Gifte wie Lindan, PCB, PCP, Pestizide, Asbest und Nitratverbindungen im Körper *nachweisbar* sind, handelt es sich meist schon um handfeste Vergiftungen. Empfindliche Personen reagieren auch auf geringste Mengen allergisch, also mit krankhaften Veränderungen.

Beim normalen Allergietest werden geringe Mengen des verdächtigen Stoffes in die Haut (intrakutan) injiziert – ein Vorgang, der praktisch keine Schmerzen bereitet. Wenn sich dann nach einiger Zeit (manchmal erst nach vielen Stunden) um den Einstichpunkt herum eine größere rötliche «Quaddel» bildet, gilt die Allergie als nachgewiesen. Wenn der Umweltmediziner diesen Test bei Substanzen anwenden will, deren Toxizität oder Karzinogenität ohne jeden Zweifel erwiesen ist, steht er vor einem ethischen Problem: der Entscheidung, als Arzt wissentlich einen Stoff in den Körper des Patienten einzuführen, dessen Giftigkeit bekannt ist.

Deshalb verlassen sich Umweltmediziner lieber auf eine gründliche Anamnese, die Eigenbeobachtung des Patienten und auf Testverfahren, mit denen anhand von Zellkulturen aus dem Blutserum des Patienten festgestellt wird, ob dessen Organismus allergisch auf diverse Chemikalien reagiert. Das funktioniert jedoch nur, wenn der Körper auf den Schadstoff mit einer erhöhten Ausschüttung bestimmter Immunglobuline reagiert, deren Menge man dann im Labor messen kann. In vielen Fällen zeigt sich dabei, daß die Betroffenen nicht nur auf eine Chemikalie, sondern auf eine ganze Reihe der modernen Industriegifte allergisch reagieren.

Außerdem ist es möglich, die Belastung durch bestimmte Giftstoffe zu eruieren, indem man in der alltäglichen Umgebung des Patienten Messungen vornimmt, zum Beispiel ein Stück Tapete, einen Anstrich oder einen Teppichboden auf verdächtige Chemikalien hin überprüft.[31]

Die Therapie

Wichtigster Bestandteil der Behandlung ist das Vermeiden von Schadstoffkontakten. Menschen, die auf Chemiegifte allergisch reagieren, müssen sich soweit wie möglich vor den zivilisatorischen Belastungen schützen. Sie werden sozusagen zu unfreiwilligen «Aussteigern». Um wieder zu gesunden, müssen sie versuchen, bessere Bedingungen an ihrem Arbeitsplatz zu bekommen (was leider bisher selten gelingt, weil die Schädlichkeit der erwähnten Substanzen nicht in allen Fällen allgemein akzeptiert ist), die Versetzung in einen weniger belasteten Produktionsbereich beantragen oder gar den Arbeitsplatz ganz aufgeben.

Außerdem heißt es, die Wohnung gründlich nach potentiellen Belastungen abzusuchen. Ist die Garage durch eine Tür direkt mit dem Haus verbunden? Oft liegt die Garage genau unterm Schlafzimmer, und der heißgelaufene Wagen wird beim Nachhausekommen gleich hineingefahren. Es lohnt sich, ihn im Freien abkühlen zu lassen, dann gelangen weniger Ausdünstungen in den Wohnbereich. Ist die Tür zum Ölheizungskeller wirklich dicht? Hat die Heizung kein Leck? Woraus bestehen die Teppichböden? Mit welchen Holzschutzmitteln sind Möbel und Holzbalken oder -verkleidungen behandelt? Befinden sich formaldehydhaltige Spanplatten im Haus? Welche Farben und Lacke wurden für die Anstriche verarbeitet? Ist der Patient gegen die Kunststoffe, aus denen die Küchengeräte bestehen, allergisch? Dr. Randolph berichtet von einem kleinen Mädchen, das auf die Weichmacher im Plastikbehälter sensibel reagierte, in dem ihm die Mutter das tägliche Schulbrot mitgab.[32] Woraus besteht der Kühlschrank und mit welchen Kühlmitteln arbeitet er? Was ist mit Schaumstoffmöbeln und -matratzen? Mancher Allergiker, der sich auf ärztlichen Rat hin angeblich «allergenfreie» Kunststoffbettdecken, -matratzen und -bettbezüge gekauft hat, um Hausstaubmilben und Schimmelpilze zu vermeiden, hat sein blaues Wunder erlebt, weil ihm die darin enthaltenen Chemikalien noch mehr zu schaffen machten. Die Konsequenz besteht oft darin, daß man die Hälfte der Möbel entfernen, Teppichböden und Tapeten herausreißen und alles durch «biologische» Produkte ersetzen muß. Vorher sollte man aber genau prüfen, ob man nicht auch gegen sogenannte «Bio»möbel und -farben allergisch ist. Viele Menschen reagieren nämlich empfindlich auf die natürlichen Harze verschiedener Hölzer und auf die Farben, in denen solche Harze verarbeitet werden. Die Erklärung dafür liegt auf der Hand: Natürliche Harze und Kunstharze (die ja aus Erdöl hergestellt werden) haben letztendlich dieselbe pflanzliche Herkunft und eine ähnliche chemische Struktur.

Auch die Fortbewegungsmittel, die der Patient benutzt, müssen in die Überlegungen einbezogen werden. Verträgt er die Plastikarmaturen und die Schaumstoffsitze seines Autos? Wäre er mit einem Auto mit Benzinmotor statt eines Dieselfahrzeugs besser bedient? Sollte er den Weg zur Arbeit vielleicht lieber auf dem Fahrrad oder in der Straßenbahn zurücklegen?

In extremen Fällen, vor allem wenn der Betroffene in einer Region mit starker Luftverschmutzung durch Industrieanlagen wohnt, muß auch ein Umzug in eine weniger schadstoffreiche Umgebung erwogen werden.

Weiter müssen sämtliche Gebrauchsartikel des Alltagslebens auf eine mögliche Allergenbelastung hin überprüft werden: Kunststoffgegenstände (z. B. Haarbürsten, Zahnbürsten, Personal Computer, Kofferradios, synthetische Textilien etc.), Kosmetika, Reinigungsmittel, Medikamente (verdächtig sind nicht nur die Wirkstoffe, sondern z. B. auch Salbengrundlagen auf Erdölbasis oder gefärbte Drageehüllen).

Und schließlich sollte die Nahrung möglichst wenig chemikalienbelastet sein. Die Patienten dürfen keine abgepackten Lebensmittel mit chemischen Farb-, Konservierungs- und Aromastoffen essen und sollten sich mit Erzeugnissen aus biologischem Anbau ohne Einsatz von Pestiziden, Fungiziden und chemischen Haltbarmachern versorgen.

Gleichzeitig findet die bereits mehrmals erwähnte allgemeine umweltmedizinische Behandlung statt: Hefepilzbehandlung, Schwermetallausleitung, gezielte Versorgung mit Vitaminen und Mineralstoffen. Dadurch wird das Immunsystem in der Regel mit den chemischen Schadstoffen besser fertig. Leider müssen die Umweltmediziner aber immer wieder beobachten, daß Krankheitssymptome, die durch Chemikalienbelastung hervorgerufen werden, weit hartnäckiger sind als etwa Schimmelpilz- oder Tierhaarallergien.

In einem Fall habe ich mich über alle ärztliche Bedenken hinweggesetzt und bei einem Patienten mit Formaldehydempfindlichkeit eine «Neutralisationsbehandlung», sozusagen eine umweltmedizinische «Desensibilisierung», durchgeführt. Diese darf nicht mit dem in der schulmedizinischen Allergologie eingesetzten Verfahren verwechselt werden. Ich hielt die Behandlung in seinem Fall für unumgänglich, da er in sehr alten Räumen mit hoher Formaldehydbelastung arbeiten mußte. Die Büros sollten zwar demnächst saniert werden, doch bis dahin hätte er wegen seiner intensiven Symptome unbehandelt nicht mehr weiterarbeiten können. Ich injizierte ihm äußerst geringe Mengen stark verdünnter Formaldehydlösung in die Haut, bis bei sehr hohem Verdünnungsgrad – eine fast schon homöopathische Dosis – keine Quaddelbildung mehr stattfand. Nachdem ich die Injektionen mehrmals wiederholt hatte, verschwanden seine Symptome vollkommen und er konnte beschwerdefrei die Zeit bis zur Sanierung überbrücken. Die Wirkung dieser Neutralisationsbehandlung läßt sich nur mit homöopathischen Prinzipien erklären.

In diesem Zusammenhang sollte nicht unerwähnt bleiben, daß

eine Reihe homöopathisch und isopathisch[33] arbeitender Ärzte und Heilpraktiker chemikalienempfindliche Patienten mit sehr hohen homöopathischen Potenzen der verdächtigen Schadstoffe behandeln. Dadurch soll es angeblich zumindest teilweise zu einer «Ausleitung» der im Körper eingelagerten Gifte kommen.

b. Krank durch Schwermetalle

Der 35jährige Jerry P. arbeitete bei der New Yorker Polizei. Er stammte aus Irland und war zwei Meter groß und zwei Zentner schwer, ein wahrer Hüne also. Als er das erste Mal in meine Praxis kam, klagte er über Muskel-, Gelenk- und Rückenschmerzen. Außerdem litt er unter Konzentrationsschwierigkeiten, was ihm bei seiner Arbeit als Verkehrspolizist im Zentrum der Stadt schwer zu schaffen machte. Noch vor zwei Jahren, erzählte er, hatte er dreimal wöchentlich zehn Kilometer gejoggt, es machte ihm Freude und er fühlte sich danach gut. In den letzten beiden Jahren aber war es mit ihm bergab gegangen, und er fühlte sich schlechter und schlechter.

Ich vermutete zunächst, daß die verschiedenen Streßfaktoren (Abgase, Staub, Regen, das ständige Hupen) zusammengenommen für seinen schlechten Zustand verantwortlich seien. Im Rahmen unserer Routineuntersuchung führte ich einen kurzen Allergietest durch, der aber ohne besonderen Befund blieb. Dann aber stellte sich heraus, daß seine Bleiwerte um etwa 300 Prozent höher lagen als normal. Das war angesichts seiner Arbeit inmitten bleihaltiger Abgasschwaden wenig verwunderlich. Erhöhte Bleibelastungen hatten wir im Rahmen unserer Studien auch bei Kurierfahrern beobachtet, die inmitten der Staus auf dem Fahrrad Briefe ausliefern mußten, und bei Tänzern, die in Übungsräumen entlang dem Broadway trainierten. Auf näheres Befragen gab Jerry P. an, er hätte auch sein Jogging immer entlang einer stark befahrenen Straße betrieben. Außerdem mußte er wie alle seine Kollegen einmal im Monat zum Training in den Schießstand. Vermutlich hatte er auch dabei gewisse Mengen an Bleidämpfen aus bleihaltiger Munition eingeatmet.

Durch eine systematische Chelattherapie mit EDTA (der Patient erhielt 25 Wochen lang zweimal wöchentlich eine Infusion) konnten wir den größten Teil des Bleis entfernen. Auch bei späteren Tests blieben die Werte niedrig normal. Gleichzeitig verschwanden alle seine Beschwerden.

Unter den Schwermetallen, die unsere Umwelt verseuchen und einen schädlichen Einfluß auf das Immunsystem ausüben, sind besonders *Quecksilber, Cadmium* und *Blei* hervorzuheben. Durch die Einführung des bleifreien Benzins dürften die Bleiwerte zwar langfristig zurückgehen, doch darf man nicht vergessen, daß hohe Altlasten im Boden lagern, daß weiterhin Millionen älterer Fahrzeuge mit verbleitem Benzin fahren und daß nach wie vor in vielen Gegenständen des alltäglichen Gebrauchs größere Bleimengen enthalten sein können, zum Beispiel in Batterien, Farben, Tinte, Keramikglasuren, Munition und alten Wasserleitungen.

Die typischen Anfangssymptome einer *Blei*vergiftung sind Müdigkeit, Antriebslosigkeit, Magendruck, Kopf- und Gliederschmerzen, Verstopfung, Magen-Darm-Koliken und blaßfahle Verfärbung der Haut. Später kommt es oft zu gehäuften Angina-pectoris-Anfällen, Nervenlähmungen und schweren Gehirnschäden. Besonders gefährlich sind gerade diejenigen Giftstoffe, die aus der Verbrennung von verbleitem Benzin entstehen. Das *Bleitetraäthyl*, das bisher dem Treibstoff als Antiklopfzusatz beigemischt wurde, verbrennt nämlich zu hochgiftigen Bleiverbindungen wie Bleichlorid, Bleibromid und Bleioxid. Der Schweizer Toxikologe Moeschlin hat schon in den sechziger Jahren nachgewiesen, daß die gasförmigen Rückstände aus mangelhaft verbranntem Bleitetraäthyl zehnmal giftiger sind als Bleistaub. Mit der Luft dringen sie auch in geschlossene Räume, also zum Beispiel in Wohnungen und ins Autoinnere ein und verweilen dort wesentlich länger als im Freien. Gerade das ständige Einatmen von kleinen Bleimengen in feinster Verteilung bedeutet nach Moeschlins Meinung die größte Gefahr für die Gesundheit.[34] In einem Informationsbericht im Auftrag der US-Regierung erklärte R. M. Hicks, daß schon eine Minimalmenge von 2 μg pro Kubikmeter Körpervolumen gesundheitsschädigend sei.[35] Beim Durchschnittseuropäer beträgt die Bleibelastung in den Knochen je nach Alter 20 bis 250 mg pro Kubikmeter Körpervolumen.

Der Schweizer Mediziner Walter Blumer sieht einen Zusammenhang zwischen zunehmender Bleibelastung und dem Anstieg im Verbrauch von nichtrezeptpflichtigen und rezeptpflichtigen Tranquilizern, Schmerz- und Schlafmitteln.[36] F. Borbely warnt davor, die Beschwerden der Patienten als neurotisch und psychosomatisch abzutun, und verweist darauf, daß die Behandlung mit schwachen oder auch starken Tranquilizern in der Regel keine guten Ergebnisse bringt.[37]

Die Obergrenze für die gesundheitliche Unbedenklichkeit von Bleibelastungen ist nach Meinung verschiedener Experten zu hoch angesetzt. Als Begründung für die geltenden Grenzwerte wird angeführt, daß die Bevölkerung schon seit Jahrzehnten der Bleibelastung ausgesetzt sei, ohne daß es zu eindeutigen Schäden gekommen sei.[38] Immer wird auch damit argumentiert, daß bei Arbeitern der bleiverarbeitenden Industrie die Bleiwerte im Blut erhöht seien, ohne daß es zu Krankheitssymptomen komme. Moeschlin ist der Meinung, daß eine gewisse Adaptation erfolgt; vieles spricht jedoch dafür, daß auch relativ geringe Bleibelastungen großen Schaden anrichten können, zumindest in Kombination mit der Palette all der anderen Umweltschadstoffe, die heute auf uns eindringen.

Dr. Walter Blumer hat anhand einer Untersuchung mit fünfzig Patienten festgestellt, daß Menschen, die an oder in der Nähe von Hauptverkehrsstraßen wohnen, mehr Blei aus Auspuffgasen resorbieren als die übrige Bevölkerung.[39] Das deckt sich im übrigen mit den Aussagen der Schweizerischen Bundesanstalt für Landwirtschaft[40] und des Woods Hole Laboratoriums in den USA[41]. Die Bleibelastung vervielfacht sich im Laufe des Lebens durch Akkumulation im Körper.

Da sich mit den in der Schulmedizin üblichen Meßmethoden eine relativ geringe chronische Bleibelastung leider kaum nachweisen läßt, bedient sich die Umweltmedizin der Meßverfahren der Chelattherapie.[42] Dabei werden Substanzen, die mit Blei eine feste Verbindung eingehen (vor allem EDTA – Äthylendiamintetraessigsäure) infundiert und danach die Bleiausscheidung im Urin gemessen. Immer wieder stellt sich dabei heraus, daß auch Patienten, den «normalen» Blut- und Urinuntersuchungen zufolge nicht bleibelastet, doch in ganz erheblichem Maße mit diesem Schwermetall verseucht waren (vgl. hierzu auch S. 72ff.).

Die Wissenschaftler Knutti und Schlatter von der Eidgenössischen TH in Zürich kamen zu folgenden Ergebnissen:

a) Im Vergleich zur Gesamtbevölkerung fällt ein statistisch erfaßbarer höherer Anteil der durch Krebs verursachten Todesfälle auf den Teil der Bevölkerung, der in der Nähe von Verkehrsadern wohnt.
b) Bei einer Patientengruppe, die prophylatisch mit EDTA gegen Bleivergiftung behandelt wurde, kamen im Vergleich zur Gesamtbevölkerung wesentlich weniger Krebstodesfälle vor.[43]

Ich selbst führte bis vor kurzem eine fortlaufende Studie an Patienten durch, die mit diversen Beschwerden wie Kopfschmerzen, Erschöpfung, Schlafstörungen, verschiedenen Magen- und Darmbeschwerden, Krämpfen, Übelkeit und allgemeiner Muskelschwäche in meine Praxis kamen. Ziel der Studie ist es, eine eventuelle Beziehung zwischen bestimmten Symptomen, immunologischen Werten und mit normalen klinischen Methoden nicht meßbarer Bleibelastung aufzudecken. Für die Studie wurden hundert Patienten mit vergleichbaren Beschwerden herangezogen. Das entspricht etwa zehn Prozent aller Patientenneuzugänge in einem Zeitraum von zwei Jahren.

Im Laufe meiner Untersuchungen wurden von den 100 Patienten 15 als krebskrank diagnostiziert; 7 litten unter Symptomen, die auf Migräne oder Neuropathien schließen ließen; 13 hatten kardiovaskuläre Beschwerden; 12 klagten über Kopfschmerzen, Angstzustände und Niedergeschlagenheit; 15 litten an Allergien; 15 an allgemeiner Unpäßlichkeit und Schlafstörungen; 12 an Muskel- und Gelenkschmerzen; und 11 klagten über Magen- und Darmbeschwerden sowie Übelkeit.

Die Ermittlungen wurden in meinen Praxisräumen vorgenommen. Ich verabreichte 50 mg Ca-EDTA pro Kilogramm Körpergewicht per Infusion. Danach wurde der Urin über einen Zeitraum von 24 Stunden gesammelt. Zur Bestimmung der Toxizität wurde der allgemein in der Pharmakologie übliche Bezugswert von 500 μg/72 Std. gewählt.[44] Nach meinen Erfahrungen liegen diese Grenzwerte noch zu hoch. Als «normal» würde in meinen Augen gerade noch ein Urinbleispiegel von 80 μg auf 24 Stunden durchgehen.

Bei 40 von den 100 Patienten lag der Urinbleispiegel unter 80 μg/24 Std. Bei den übrigen 60 Patienten fand ich überhöhte Bleispiegel. Besonders bemerkenswert ist dabei, daß 13 der 15 Krebskranken (also 87 Prozent aus dieser Untergruppe) einen ungewöhnlichen hohen Bleispiegel aufwiesen. Bei ihnen und auch bei den übrigen 47 Personen mit hohem Bleispiegel fanden wir stark veränderte Immunwerte (Näheres dazu S. 75 f.). Ich bin überzeugt, daß diese Immunitätsanomalien eines der frühen Warnsignale einer Bleivergiftung sind. Ein Teil der Patienten litt unter Allergien, vor allem gegen luftgetragene Stoffe, Hefe- und Schimmelpilze und auch direkt gegen Blei. Mit Hilfe von EDTA-Infusionen und einer umfassenden umweltmedizinischen Behandlung gingen die Beschwerden bei den meisten von ihnen deutlich zurück.

Blei ist heute ein allgegenwärtiges Gift unserer Zivilisation. Es ist zu hoffen, daß die Bleibelastung durch das Verbot von bleihaltigem Benzin und durch Geschwindigkeitsbeschränkungen zurückgehen wird. Gleichzeitig aber ist die Ärzteschaft zur Krankheitsvorbeugung aufgerufen, indem sie die Patienten oder Patientengruppen ermittelt und behandelt, die jetzt oder in Zukunft der Gefahr einer Bleivergiftung ausgesetzt sind. Wenn Patienten mit den so oft vorgebrachten «unbestimmten» oder «streßbedingten» Leiden in die Praxis kommen, sollten die Ärzte lieber eine Bleibelastungsuntersuchung mit 24stündiger Ausscheidungsstudie vornehmen statt Tranquilizer zu verordnen. Das würde den Betroffenen wesentlich mehr nützen. Wenn sich auf diese Weise auch nur ein kleiner Teil der Menschen vor Herz- und Kreislauferkrankungen schützen läßt – und unsere Ergebnisse zeigen, daß der Teil recht bedeutend sein kann –, dann hat die Ärzteschaft ihre Aufgabe pflichtbewußt erfüllt.

Beim *Quecksilber* ist offensichtlich, daß es in höheren Dosen stark giftig wirkt. Was aber ist mit den Amalgamplomben, die die meisten von uns im Mund tragen? In den letzten Jahren mehren sich die Hinweise darauf, daß Amalgamplomben nicht nur wenig stabil sind, sondern auch sehr gefährlich für den menschlichen Organismus sein können. Über den Speichel gerät Quecksilber in den Magen-Darm-Trakt, über die Atemluft in Lunge und Nebenhöhlen, durch den Zahnhals sickert es in Kieferknochen und Gehirn. Außerdem verbreitet es sich in alle Richtungen innerhalb der Zahnsubstanz, so daß um eine Amalgamplombe herum immer eine schwärzlich gefärbte, quecksilberverseuchte tote Zone entsteht. Typische Gesundheitsstörungen infolge von Amalgam können sein: Kopfschmerzen, Gesichtsneuralgien, Migräne, Schwindel, Ohrensausen, Herz-Kreislauf-Störungen, Darmerkrankungen, Hautkrankheiten, rheumatische Beschwerden, Allergien und vieles andere mehr.[45] Manche Mediziner machen die Amalgamfüllungen auch verantwortlich für schwerste Erkrankungen wie Colitis ulcerosa, Morbus Crohn, multiple Sklerose, Glaukome, Neurodermitis, Mund-Zungen-Karzinome, Lupus erythematodes, Sklerodermie und schwerste Psychosen.[46] Die Befürworter der Amalgambehandlung führen oft zu deren Gunsten an, die wenigsten Menschen würden durch Amalgam ernstlich krank. Das mag, isoliert gesehen, durchaus zutreffen. Denn nicht jeder reagiert gleich empfindlich auf eine Einzelsubstanz, und anscheinend entscheidet auch die je individuelle Speichelzusammensetzung über die Frage, wieviel Amalgam sich aus den Legierungen löst und in den Körper wandert.[47] Trotzdem zählen Argumente dieser Art nicht viel, weil man sie ebensogut auf jeden anderen Giftstoff in unserer Umwelt anwenden könnte: Nur die wenigsten Menschen sterben durch Pestizideinsatz,[48] nur die wenigsten werden durch Lebensmittelzusatzstoffe ernstlich krank usw. Aus der Sicht der Umweltmedizin ist Amalgam ebenso ein Gift wie alle anderen, durch die der zivilisierte Mensch belastet ist. Da es darum geht, die Gesamtbelastung möglichst niedrig zu halten, erscheinen ein Verzicht auf Amalgam und das Entfernen vorhandener Amalgamplomben dringend geboten.

Ich habe oft beobachten können, wie sich bei Patienten, die das gesamte Amalgam in ihrem Mund durch Kunststoff oder Gold ersetzen ließen, die Krankheitssymptome (z. B. Depressionen, Gelenk- und Muskelrheumatismus, nervöse Störungen etc.) schlagartig besserten.

Quecksilber wird außerdem in Schutzanstrichen, Meßinstrumenten, als Katalysator, in elektrischen Geräten und in Agrargiften eingesetzt. Salzwasserfische und Meeresfrüchte aus Regionen, in denen stark quecksilberhaltige Industrieabwässer ins Meer geleitet werden, können ebenfalls mit Quecksilber belastet sein. Zweifellos ist die direkte Belastung durch Amalgam die größte Gefahr, aber die anderen Gefahrenquellen sollten nicht unterschätzt werden, da sich das Gift in verschiedenen Körpergeweben über die Jahre hinweg anreichern kann. Es durchdringt die Plazenta und überwindet die Blut-Gehirn-Schranke, um bis zu zwanzig Jahre im Gehirn zu verweilen.[49]

Nach Ansicht des Sachverständigenrats für Umweltfragen bewegt sich die *Cadmium*belastung der Bundesbürger hart an der Grenze des Zumutbaren. Zwar wurde in den letzten Jahren in Teilbereichen ein Rückgang der Cadmiumemissionen erreicht, doch immer noch fehlen durchgreifende politische Maßnahmen, um das Problem wirklich zu lösen. Insbesondere die Akkumulatorenhersteller haben bisher keine Alternative zur Verwendung des giftigen Schwermetalls gefunden. Der Cadmiumeinsatz für Nickel-Cadmium-Akkus ist in den letzten Jahren stetig gestiegen, obwohl man sich der Gefährlichkeit des Metalls seit langem bewußt ist. In der neuesten Fassung der bundesdeutschen Vorschriften über «Maximale Arbeitsplatzkonzentration» (MAK) werden alle Cadmiumverbindungen als krebserzeugend eingestuft. Cadmium ist zehnmal giftiger als Blei, nicht abbaubar und reichert sich über die Nahrungskette im tierischen und menschlichen Körper an. Die Anreicherung findet vor allem in Niere, Nebenniere, Leber, Haut und Haar statt.

Der überwiegende Teil der Bevölkerung scheint nicht besonders stark mit Cadmium belastet zu sein. «Bestimmte Bedingungen erhöhen jedoch», hieß es im Cadmiumbericht des Umweltbundesamtes Anfang der achtziger Jahre, «die Belastung des Menschen: so zum Beispiel die überwiegende Ernährung mit landwirtschaftlichen Produkten aus hochbelasteten Gebieten, einseitige Ernährungsgewohnheiten, Mangelernährung und Rauchen». Experten rechnen deshalb mit Störungen der Nierenfunktioin bei 0,1 bis 1 Prozent der Bevölkerung über 50 Jahre.

Die wahrscheinlichsten Cadmiumquellen sind Zigarettenrauch, Atemluft (besonders in der Nähe von Metallwerken) und Pilze oder Gemüse aus cadmiumbelasteten Böden. (Phosphatdünger enthält trotz neuer verschärfter Grenzwerte immer noch erhebliche Cadmiummengen.)

Die typischen Anfangssymptome einer chronischen Cadmiumvergiftung sind Trockenheit im Nasen-Rachenraum, Störungen der Geruchsempfindung und die Bildung eines gelblichen Rings am Zahnhals. Manche Betroffene klagen auch über Kopfschmerzen, Schwindel, Magenbeschwerden, Brechreiz, Schlafstörungen und Gewichtsabnahme. In späteren Stadien kommt es zu schweren Nierenstörungen, Emphysemen, Blutarmut und anderen Symptomen. In Japan starben mehrere hundert Personen durch cadmiumkontanimiertes Flußwasser.

Bedrohlich könnte eine erhöhte Cadmiumbelastung auch deshalb werden, weil das Schwermetall ein Antagonist des lebenswichtigen Spurenelements Zink ist. Auf dem letztjährigen Kongreß der British Society for Allergy and Environmental Medicine in Buxton, Derbyshire, wurde eine Untersuchung vorgestellt, derzufolge hohe Cadmium- und Bleiwerte und der damit einhergehende Zinkmangel die Wahrscheinlichkeit von Mißbildungen am Fötus erhöhen.

Die Diagnose

In der konventionellen Medizin wird die Bleibelastung meist anhand von Blutuntersuchungen gemessen. Diese Methode ist jedoch unzweckmäßig, da in die Praxis des Allgemeinarztes vorwiegend Patienten kommen, die unter langfristiger chronischer Belastung leiden. Der Blutbleispiegel aber zeigt lediglich die akute und meist anorganische Bleibelastung, die unter Umständen sehr gering sein kann und keinerlei Aussagen über die in organischen Verbindungen gebundenen Bleimengen zuläßt. Auch Urinmessungen bringen keine zuverlässigen Ergebnisse. Prof. Dr. R. Calderone von der Universität Kentucky bemerkt dazu: «Bei ständiger Aufnahme von geringen Mengen lagert sich der größte Teil des Bleis in den Knochen ab... In diesen Fällen zeigen Blut- und Urinspiegel trotz erhöhter Belastung ‹normalen› Befund. Die einzig zuverlässige Methode zur Erstellung einer spezifischen Diagnose ist – mit Ausnahme von Gewebeentnahmen – eine Chelatuntersuchung mit Ca-EDTA.»[50] Eben dieser Methode bedient sich die Umweltmedizin, um überhöhte Bleiwerte zu messen. Die Patienten erhalten den Chelatbildner Ca-EDTA und werden 24 Stunden lang auf die Bleimenge im Urin hin überwacht. Da sich EDTA mit dem in den Knochen eingelagerten Blei verbindet, kommt es nach Einnahme dieser Substanz zu einer erhöhten Ausscheidung von Blei über den Urin – falls die Knochen des Patienten tatsächlich bleibelastet sind.[51] Dr. Walter Blumer behandelt seine Patienten seit Jahrzehnten erfolgreich mit Ca-Na_2-EDTA. 1980 berichtete er von einer Langzeitstudie an 231 Erwachsenen aus derselben Stadt und konnte dabei einen statistisch erfaßbaren Rückgang der Krebssterblichkeit bei denjenigen Patienten nachweisen, die mit EDTA gegen Bleivergiftung behandelt worden waren.[52]

In einer Studie aus dem Jahre 1984, die seine Beobachtungen an 343 Betroffenen über einen Behandlungszeitraum von sechs Jahren wiedergibt, berichtet Blumer von Patienten mit unspezifischen leichteren Beschwerden, wie sie jedem praktischen Arzt in seiner Praxis tagtäglich vorgetragen werden: Herzklopfen, Schmerzen und Beklemmungen im Brustkorb, Kopfschmerzen, Schwindelgefühle – Beschwerden also, die eigentlich für beginnende kardiovaskuläre Störungen typisch sind.[53] Im Normalfall – ohne weitere Behandlung – entwickeln sich aus solchen Störungen häufig Herzinfarkte, Gehirnschläge und Thrombosen. Blut- und Urinbefunde, Röntgenaufnahmen des Brustkorbs und verschiedene andere Untersuchungen ergaben im großen und ganzen normale Werte. Nachdem Blumer alle diese Patienten mit EDTA behandelt hatte, konnte er eine allgemeine Reduzierung des Cholesterinspiegels im Blutserum und einen Rückgang der von der Norm abweichenden EKG-Befunde konstatieren. Blumer zitiert Ergebnisse anderer Forscher, die die Bedeutsamkeit seiner Behandlungserfolge bestätigen.[54] Sie berichten für unbehandelte Gruppen von einer erhöhten Sterblichkeit durch Herz-Kreislauf-Krankheiten und einem Anstieg der krebsbedingten Sterbefälle bei einer Latenzzeit von bis zu 30 Jahren! Von den Patienten aber, die Blumer im Laufe von sechs Jahren beobachtete, erlitt fast keiner aus der mit EDTA behandelten Gruppe einen Gehirnschlag mit bleibender Lähmung. Kein Patient brauchte eine Bypass-Operation, und nur einige starke Raucher bekamen einen Herzinfarkt.

Schon geringfügige Bleispuren schwächen die Makrophagen (die «Freßzellen») in der Lunge und beeinträchtigen damit die Ausscheidung der karzinogenen Benzpyrene. Folglich erhöht sich durch die Bleibelastung die Krebsgefahr.[55] Außerdem ist nachgewiesen, daß schon kleine Bleimengen die DNA-Synthese stimulieren können, was zu bösartigen Zellveränderungen, also wiederum zu Krebs, führen kann.[56]

Informationen, die im Vergleich zur traditionellen Blut- und Serumanalyse recht zuverlässig sind, erhält man auch durch *Vollblutanalyse* auf Mineralstoffe und Schwermetalle. Die Vollblutanalyse ist meines Erachtens wesentlich genauer als die Haarmineralanalyse, die von vielen Umweltmedizinern propagiert und angewendet wird. Mit diesem Verfahren läßt sich nicht nur die Belastung durch Blei, Quecksilber und Cadmium messen, sondern auch sämtliche Mineralstoffmängel und -überschüsse. Besonders bedeutsam sind dabei die Relationen zwischen Calcium, Magnesium, Zink und Kupfer. (Die beiden letztgenannten Elemente sind zum Beispiel von großer Bedeutung für die enzymatischen Prozesse im Körper; mehr zu diesem Thema in Kapitel 9).

Die immunologische Bewertung

Der Zustand und das Reaktionsvermögen des Immunsystems lassen sich anhand der zellulären und der hormoralen Immunfaktoren bewerten. Bei den zellgebundenen Teilen des Immunsystems handelt es sich im wesentlichen um die weißen Blutkörperchen, die sich entweder in der Blut- oder Lymphbahn oder in bestimmten Geweben (wie Thymusdrüse, Lymphknoten, Milz, Leber, Dünndarmwand und Mandeln) aufhalten. Man unterscheidet dabei vor allem zwei Arten von Zellen: Die B-Zellen, die aus dem Knochenmark stammen, dienen vorwiegend der Produktion von

Immunglobulinen (Antikörpern), die T-Zellen (die in der Thymusdrüse aktiviert werden) sind das «immunologische Gedächtnis», das auch nach vielen Jahren noch Antigene wiedererkennt. Weitere Immunzellen sind die Phagozyten, die «Freßzellen», die Fremdkörper, abgestorbene Gewebeteile und Mikroben «fressen» und verdauen. Die weißen Blutkörperchen werden unterschiedlich nach Neutrophilen, Eosinophilen, Monozyten, Basophilen und Lymphozyten.

Diese zellgebundenen Elemente des Immunsystems kommen im wesentlichen bei der Abwehr von Viren, Pilzen und Parasiten zum Einsatz. Bei den T-Zellen unterscheidet man drei Untergruppen: Die Killerzellen greifen Tumorzellen, Parasiten, Pilze und bestimmte Viren direkt an und zerstören sie. Die T-Helferzellen (bzw. T-4-Zellen) erkennen die Eindringlinge im Frühstadium der Immunantwort und leiten weitere Abwehrschritte ein, indem sie zum Beispiel die B-Zellen zur Produktion von Antikörpern anregen. Die T-Suppressorzellen kontrollieren Menge und Einsatzstärke der Helferzellen, damit es nicht zu einer unangemessenen starken Immunreaktion kommt. Sie schalten sozusagen das Immunsystem nach getaner Arbeit wieder ab.

Das humorale, an die Körperflüssigkeiten Blut und Lymphe gebundene Immunsystem basiert auf den B-Lymphozyten. Sie produzieren die verschiedenen Immunglobuline bzw. Antikörper IgG, IgA, IgE und IgM. Die Antikörper IgG, IgA und IgM schützen den Körper vor bakteriellen Infektionen sowie gegen toxische chemische Substanzen und Drogen. Eine weitere Instanz des Immunsystems, das Komplement, unterstützt (insbesondere mit seinen Bestandteilen C-3 und C-4) die Antikörper IgG und IgM.

Bei meiner bereits erwähnten eigenen Studie an 60 Patienten mit erhöhtem Urinbleispiegel fanden wir in allen Fällen eine mehr oder minder starke Immundysfunktion. Der typische Befund war: eine verhältnismäßig niedrige Gesamtzahl an weißen Blutkörperchen, nämlich 4000 (normal wären 5000–10 000); dafür aber häufig eine Erhöhung der B- und T-Zellenzahlen, nämlich 35 Prozent der Gesamtzahl anstatt des Normalwerts von 25 Prozent. Das Verhältnis zwischen T-Helferzellen und T-Suppressorzellen war bei vielen Patienten gestört, was entweder auf eine krankhafte Verringerung der Helferzellen oder eine krankhafte Erhöhung der Suppressorzellen hindeutet.[57] Das Komplement C-4 lag in der Regel im Normalbereich, relativ häufig fand ich jedoch eine Abnahme des C-3-Komplements. Bei vielen Patienten waren die IgG- und IgM-Werte abnorm verändert. Die IgA-Werte waren nur selten anomal. In einigen Fällen lagen die Zahlen der weißen Blutkörperchen im Normalbereich, obwohl wir im Urin einen hohen Bleispiegel festgestellt hatten.

Ich möchte betonen, daß alle diese Patienten, bevor sie in meine Praxis kamen, nicht mit Chemo- oder Strahlentherapie behandelt worden waren, auch nicht die 15 Krebskranken. Ich habe absichtlich keine AIDS- oder derart vorbehandelte Krebspatienten in die Studie mit aufgenommen, weil deren Immunstörungen entweder kausal durch das Virus oder durch Chemo- bzw. Strahlentherapie hervorgerufen werden. Im letzteren Falle wären sie als iatrogen, also vom Arzt verursacht, zu bezeichnen.

Die Therapie

Schwere Quecksilbervergiftungen werden in der Schulmedizin mit BAL (British Anti-Lewisit) behandelt, einer Substanz, die ursprünglich als Schutz gegen den arsenhaltigen chemischen Kampfstoff Lewisit entwickelt wurde. BAL geht im Körper sehr feste Verbindungen mit Schwermetallen ein und wird dann gemeinsam mit diesen ausgeschwemmt. Ich behandle Quecksilbervergiftungen mit EDTA (Äthylendiamintetraessigsäure), einem Chelatbildner, der in der Verbindung mit Schwermetallen Chelate ergibt und dann ebenfalls ausgeschieden wird.

Im Rahmen meiner bereits erwähnten Studie zur Bleibelastung behandelte ich sämtliche Patienten mit Ca-EDTA-Infusionen, um das Blei aus dem Körper zu schwemmen. (Bei geringer Belastung genügen schon 10 Infusionen, in Einzelfällen muß man 40 oder mehr Infusionen verabreichen.) Ernste Begleiterscheinungen traten während der Chelattherapie niemals auf, wenn man von gelegentlicher Übelkeit absieht, die nach Reduzierung der infundierten Menge rasch wieder nachließ. Bei erneutem Test durch 24stündige Urinüberwachung konnte ich in allen Fällen einen deutlichen Rückgang der Bleibelastung feststellen.

Die durchschnittliche Bleimenge, die bei einer Infusion mit EDTA entfernt wird, beträgt 1 mg.[58] Diese Menge erscheint auf den ersten Blick gering, denn die Gesamtbelastung des Körpers kann leicht 200 mg oder mehr betragen. Doch sind nur etwa 2 Prozent des Bleis in organischen Verbindungen gebunden und somit biologisch aktiv.[59] Der Großteil ist in den Knochen gelagert und biologisch nicht aktiv. Bei Belastungen aber wird Blei in den Kreislauf ausgeschwemmt und kann so eine akute Gefahr für den Organismus bedeuten. Wenn es gelingt, auch nur einen kleinen Teil des in den Knochen gelagerten Bleis durch EDTA-Infusionen auszuspülen, verringert sich die Gefahr, daß in Belastungssituationen bedrohliche Bleimengen in den Kreislauf geraten. Dies ist im Tierversuch bestätigt worden.[60] Da es mehrere Jahre dauert, bis die Bleiablagerung in den Knochen wieder kritisch wird, gewährt diese prophylaktische Behandlung ein gewisses Maß an Sicherheit.

Cadmiumbelastete Patienten werden am besten mit $CaNa_2$-EDTA behandelt. BAL ist hier nicht zu empfehlen, da bei der dadurch ausgelösten raschen Cadmiumausscheidung die Niere zu stark belastet wird. Studien zur präventiven Therapie von cadmiumbelasteten Personen durch $CaNa_2$-EDTA liegen bislang nicht vor. Wichtig bei der Vorbeugung gegen Cadmiumvergiftungen scheint auch eine ausreichende Versorgung mit dem Cadmiumantagonisten Zink zu sein.[61]

c. Chronische Müdigkeit – sind Viren Auslöser oder «nur» Kofaktor?

Seit ihrem dreiundzwanzigsten Lebensjahr fühlt Corinna O. sich krank. In den letzten Jahren traten bei ihr immer neue Allergien auf. War es anfänglich nur eine leichte Empfindlichkeit gegen Pollen, so kamen bald Hausstaubmilben und andere luftgetragene Stoffe hinzu. Seit zwei Jahren reagiert sie auch auf verschiedene Nahrungsmittel allergisch. Die Symptome: Kopf-, Gelenk- und Muskelschmerzen, verstopfte Nase. Dauernd fühlt sie sich müde und abgeschlagen.

Ihre Ärzte (sie hat mittlerweile eine ganze Reihe aufgesucht) betrachten ihr Leiden als psychosomatisch und empfehlen Psychotherapie. Denn bei gewöhnlichen Untersuchungen und Blutbildern ist nichts zu finden. Allerdings: Als 25jährige hatte sie einen Bläschenausschlag am Genital. Und fünf Jahre später diagnostizierte man krankhafte Veränderungen am Muttermund, die stationär behandelt werden mußten.

Im Zuge immunologischer Tests fanden wir bei Corinna stark erhöhte Antikörperwerte gegen das Epstein-Barr-Virus. Auch eine Herpesinfektion lag vor, die sich offensichtlich durch die Bläschen an den Geschlechtsteilen manifestiert hatte. Außerdem waren die Schwermetallwerte überhöht. Nach einer umfassenden umweltmedizinischen Behandlung, zu der auch immunstimulierende Maßnahmen gehörten, ist Corinna heute wieder beschwerdefrei und kann essen und trinken, was sie will.

In den USA beschäftigt seit einigen Jahren ein neues Krankheitsbild die Medizin. Die Patienten fühlen sich in kaum vorstellbarem Maße ständig erschöpft, können keiner Arbeit mehr nachgehen und bewältigen nur mit Mühe kleinere Alltagspflichten. Daneben leiden sie unter diversen weiteren Beschwerden wie Gelenkschmerzen, Halsentzündungen, Kopfschmerzen, Benommenheit, Ohrensausen, Atemnot, verschlechterter motorischer Koordination, Lymphknotenschwellungen, Verdauungsbeschwerden, Übelkeit, Schlaflosigkeit, nächtlichen Schweißausbrüchen, wiederholten Anfällen von leicht erhöhter Temperatur, Depressionen, Angstzuständen, Konzentrationsschwäche, Hitze- und Lichtempfindlichkeit u. a. (eine Liste, die sich erstaunlich ähnlich liest wie die der typischen durch Umweltgifte ausgelösten Beschwerden). Mittlerweile hat man sich zur Bezeichnung der Krankheit auf den Begriff *Chronic Fatigue Syndrome* (CFS) geeinigt.[62] Die Ursachen sind nach wie vor unbekannt. Im Verdacht steht eine ganze Reihe von Viren, allen voran das Epstein-Barr-Virus (EBV),[63] aber auch das Zytomegalievirus, ein kürzlich entdecktes Herpes-Virus (HHV-6) und abgeschwächte Viren in Röteln-Impfstoffen (wie Studien von Dr. Al Allen von der California Medical School und Dr. H. Hugh Fudenberg von der South Carolina Medical School vermuten lassen[64]). Bei CFS-Patienten finden sich zwar häufig erhöhte Antikörperwerte gegen diese Viren, aber es ist unklar, ob die Viren als Reaktion auf eine durch andere Faktoren ausgelöste Erkrankung aktiv werden und dann womöglich verschlimmernd wirken, oder ob sie die Erkrankung selbst verursachen.[65]

Das Epstein-Barr-Virus, das lange als Hauptverdächtiger galt, schlummert anscheinend jahrelang inaktiv im Körper und wird dann aktiviert, wenn das Immunsystem zusätzlich belastet ist. Besondere Bedeutung kommt dabei meiner Erfahrung nach toxischen Bestandteilen von Lacken, Farben und Holzschutzmitteln zu. Wer häufig oder über längere Zeit mit solchen Stoffen arbeitet, muß mit einer Reaktivierung des EBV (bzw. der anderen in Frage kommenden Viren) und dem CFS-Syndrom rechnen. Außerdem konnte in der Praxis ein Zusammenhang zwischen chronischem Epstein-Barr-Virus und verschiedenen Autoimmunerkrankungen sowie den rheumatischen Krankheiten nachgewiesen werden. Es wurde auch die Vermutung geäußert, daß möglicherweise multiple Sklerose und chronisches Epstein-Barr-Virus miteinander in Zusammenhang stehen oder einander verstärken könnten.

Ein möglicher Grund für das parallele Auftreten könnte darin liegen, daß das Epstein-Barr-Virus die Antikörperproduktion der B-Zellen direkt, ohne den normalen Umweg über die steuernden T-Helferzellen, anregt.[66] Allerdings sind derartige Wechselbeziehungen zwischen gleichzeitig auftretenden Krankheitsbildern und Immunbefunden schwer zu interpretieren.

Vieles spricht dafür, daß die verschiedenen Viren selbst nur Kofaktoren für die Erkrankung sind. Ich habe vor einigen Jahren in den USA eine aufschlußreiche fortlaufende Studie begonnen. Wir testeten den Zustand des Immunsystems (*Immunstatus*), die Reaktion auf diverse Virusantigene (also auf virale Organismen, die im Körper eine Immunantwort auslösen) und auf eine Reihe von häufigen Allergenen. Die Patienten klagten zum Teil über diffuse allgemeine Beschwerden (wie Abgeschlagenheit, chronische Müdigkeit, wiederkehrende leichte Fieberanfälle, Gelenk- und Rückenschmerzen, Magen-Darm-Beschwerden), es waren aber auch andere mit fortgeschrittenen Immunschäden wie Krebs darunter. Dabei stellte sich heraus, daß über 90 Prozent der

Patienten erhöhte B-Zellen- und IgG(Immunglobulin G)-Werte gegen das herpesähnliche Epstein-Barr-Virus hatten.

Gleichzeitig litten alle unter multiplen Allergien (etwa auf Candidapilze, Hausstaub, Hausstaubmilben und viele andere luftgetragene Stoffe), die zum Teil nur versteckt auftraten, ohne daß sie bislang als allergische Symptome ausgemacht worden wären. Außerdem war bei vielen Krebspatienten die Bleibelastung erheblich erhöht (insgesamt 15 Prozent der Patienten hatten Krebs).

Direkt läßt sich das Epstein-Barr-Virus mit den gegenwärtigen Mitteln der pharmazeutischen Wissenschaft nicht beeinflussen. Medikamente wie Aciclovir bringen keine Besserung der Grunderkrankung. Eine konsequent durchgeführte Allergiebehandlung mit Neutralisation der Einzelallergien, Hefepilzbehandlung und Ernährungsumstellung aber beeinflußt die Symptomatik des schlechten Allgemeinbefindens von Grund auf positiv. Also ist zu vermuten, daß das Epstein-Barr-Virus (ebenso wie andere *Lentiviren*, also «langsame» Viren, die lange latent bleiben und erst bei besonderer Beanspruchung des Immunsystems aktiv werden) das Immunsystem so zu schwächen bzw. zu schädigen vermag, daß die Allergiebereitschaft erhöht wird und der Ausbruch von Umwelterkrankungen, die auf Schwermetallvergiftung oder chemischer Schadstoffbelastung beruhen, begünstigt wird. Umgekehrt läge auch der Verdacht nahe, daß Vorbelastung mit Schadstoffen aus der Umwelt den Verlauf einer Epstein-Barr-Infektion negativ beeinflußt.

Vor kurzem habe ich noch einmal 65 Patienten in der Bundesrepublik mit ähnlich ungeklärten Beschwerden den entsprechenden Tests unterzogen. Dabei fanden wir bei einer Untergruppe von 19 Personen in 18 Fällen Antikörper gegen das Epstein-Barr-Virus. Gleichzeitig wiesen 17 Personen aus dieser Gruppe erhöhte Werte bei B-Lymphozyten auf sowie ein gestörtes Verhältnis von T-Helfer- und T-Suppressor-Zellen, also eine eindeutige Immunstörung. Außerdem verlief der Anticandida-IgG-Antikörpertest bei allen 19 Patienten positiv,[67] das heißt ihr Immunsystem reagierte auf Hefepilze mit der Produktion von Antikörpern in hoher Zahl, was auf vorausgegangene Candida-Infektionen schließen läßt.

Darauf begannen 17 Patienten eine Allergiebehandlung unter besonderer Berücksichtigung von Candida und anderen mit der Luft eingeatmeten Pilzen, außerdem von Hausstaub und Hausstaubmilben. Dadurch besserte sich bei allen das Allgemeinbefinden schlagartig. Als wir nach drei Monaten erneute Tests auf Anticandida-Antikörper und EBV-Antikörper durchführten, hatten sich die Anticandida-Werte bei vielen Patienten mehr als halbiert. Außerdem war eine Normalisierung der Immunwerte zu beobachten, was indirekt auf eine verminderte EBV-Aktivität schließen läßt.

Interessanterweise hat Dr. Theron Randolph schon in den vierziger Jahren einen Zusammenhang zwischen der chronischen Form der Mononukleose (einer durch das EBV ausgelösten Lympherkrankung) und Umweltbelastungen in Erwägung gezogen. Doch erst vor wenigen Jahren gelang es dank der fortgeschrittenen Diagnoseverfahren, die wissenschaftlichen Grundlagen für seine Hypothese nachzuliefern. Epstein-Barr-Virus und Umweltschäden stehen anscheinend in einer sich gegenseitig verstärkenden Wechselbeziehung. Schwer zu sagen, wo die Ursache und wo die Wirkung liegt. Cranton und Brecher sehen das Wiederaufflakkern des EBV durch Umweltbelastungen bedingt.[68] Wer besonders starken Schadstoffbelastungen ausgesetzt ist, bei dem wird die Reizschwelle herabgesetzt, und es machen sich chronische Krankheitsphänomene bemerkbar.

Ebenso verhalten sich ja die dem Epstein-Barr-Virus ähnlichen Herpesviren, die auch jahrzehntelang inaktiv bleiben können. Plötzlich aber, bei Immundepression, Streß oder während der Behandlung einer Krebserkrankung mit Zytostatika oder Bestrahlungen kann dann eine durch Herpesviren (*Herpes zoster*) verursachte Gürtelrose auftreten und sich ausbreiten. Auch von den Erregern *Herpes labialis* und *Herpes genitalis*, die die allgemein bekannten Bläschenausschläge an Lippen und Genitalien verursachen, weiß man, daß sie immer in Streßsituationen aktiv werden. Nach der Theorie der Umweltmedizin ist die Gesamtbelastung für das Immunsystem in solchen Situationen einfach zu groß geworden – und das Faß läuft über.

Beim parallelen Auftreten mit Multipler Sklerose aber könnte ein anderer Mechanismus eine Rolle spielen: Man geht im allgemeinen davon aus, daß die durch das Epstein-Barr-Virus verursachte infektiöse Mononukleose (auch Pfeiffersches Drüsenfieber genannt) in unterentwickelten Ländern meist in der frühen Kindheit auftritt und daß der Mensch daraufhin lebenslang immun gegen diese Erkrankung ist. In Mitteleuropa und den USA aber tritt die Krankheit aufgrund der besseren hygienischen Bedingungen und ausreichender Ernährung eher später, nämlich nach dem fünfzehnten Lebensjahr auf. Damit läge die Erstinfektion zeitlich in der Nähe der Entwicklung der Multiplen Sklerose, die ja in Regionen mit hohem Lebensstandard auch vor allem bei älteren Kindern und jungen Erwachsenen vorkommt.[69]

Die Diagnose

Schätzungen zufolge dürften etwa 90 Prozent aller Menschen latent mit dem Epstein-Barr-Virus und verschiedenen Herpesviren infiziert sein. Bei einer akuten Epstein-Barr-Infektion kommt es zu einer Erhöhung des Antikörpertyps IgM (Immunglobulin M). Die Werte gehen allerdings nach kurzer Zeit zurück, weshalb die IgM-Werte bei chronischen EBV-Infektionen keinen Anhaltspunkt bieten. Die Werte für IgG (Immunglobulin Gamma) aber bleiben auf Dauer erhöht und somit diagnostisch verwertbar.

Ob ein Mensch mit dem Epstein-Barr-Virus infiziert ist, läßt sich bestimmen, indem man im Labor das Blutserum mit Epstein-Barr-Viren konfrontiert. In eine bestimmte Menge Blut gibt man eine bestimmte Menge Viren, die in Zellkulturen gezüchtet werden. Daraufhin kommt es im Serum zu einer Antikörper-Antigen-Reaktion, das heißt die vorhandenen Antikörper verbinden sich mit dem Antigen (in diesem Fall dem Epstein-Barr-Virus) zu einem Komplex, der nach einiger Zeit «ausgefällt» oder «präzipitiert» wird und dann mengenmäßig bestimmbar ist. Wird wenig ausgefällt, spricht man von einem niedrigen *Antikörpertiter*. Das bedeutet, daß im Körper relativ wenige Antikörper gegen das Antigen vorhanden sind, daß er also vermutlich in letzter Zeit nicht damit belastet war und auch nicht chronisch belastet ist. Ist der Antikörpertiter hoch, so ist zu vermuten, daß das Immunsystem ständig mit dem betreffenden Antigen kämpfen muß, also chronisch belastet ist, oder daß vor kurzem eine Infektion stattgefunden hat. Wenn sich im Blutserum viele IgG-Antikörper befinden, die auf das Epstein-Barr-Virus reagieren, darf man auf eine chronische Belastung schließen.

Die Therapie

Da es ein direktes Gegenmittel gegen das Epstein-Barr-Virus und andere Viren nicht gibt (sieht man einmal ab von gewissen Erfolgen, die bei bestimmten Viruserkrankungen mit dem Medikament Aciclovir erzielt wurden), geht es bei umweltmedizinischen Behandlungen einmal mehr darum, die Gesamtbelastung des Immunsystems zu verringern, so daß es besser mit Virusinfektionen umgehen kann und eventuell schlummernde Lentiviren weniger leicht «geweckt» werden. Ernährungsumstellung, Hefepilztherapie, Schwermetallausleitung, Allergiebehandlung und Vitamin- und Mineralstofftherapie sind die Stützen der Umweltmedizin. Mit Hilfe dieser Maßnahmen bessern sich Allgemeinbefinden und Immunwerte EBV-infizierter Patienten meist binnen kurzem.

d. Candida albicans – Hefepilze greifen an

Als Kind wurde Anna B. häufig mit Antibiotika gegen Jugendakne und Erkältungen behandelt. Als junge Frau nahm sie mehrere Jahre lang die Pille. Nach ihrer Heirat brachte sie zwei gesunde Kinder zur Welt. Kurz nach der ersten Geburt fingen die Schmerzen an den Geschlechtsteilen an. Dazu gesellten sich häufige Blasenentzündungen und immer stärkere Verstopfung verbunden mit schmerzhaften Blähungen. Jahrelang fühlte sie sich krank, wußte aber nicht, warum. Zu den Beschwerden an den Genitalien gesellten sich ständige schlechte Laune und Depressionen, so daß der eheliche Verkehr praktisch zum Erliegen kam. Allgemeinärzte und Internisten suchten im Magen-Darm-Trakt nach Entzündungen und anderen inneren Krankheiten. Trotzdem litt sie weiter unter chronischer Verstopfung und fühlte sich rundum krank. Blähungen und Bauchschmerzen waren fester Bestandteil ihres Alltags. Urologen behandelten den ständigen Drang zum Wasserlassen durch Dehnung der Harnröhre – ohne Erfolg. Die Blasenentzündungen wurden immer wieder mit Antibiotika bekämpft. Gegen das Jucken und den Scheidenausfluß fanden die Frauenärzte kein Mittel. Die Unterleibsbeschwerden wurden als Entzündung der Tuben und Eierstöcke diagnostiziert und ebenfalls mit Antibiotika behandelt. Schließlich – Anna B. war mittlerweile 45 – stellte sich die Monatsblutung nur noch unregelmäßig ein. Der Gynäkologe tippte auf «frühzeitigen Beginn des Klimakteriums» und verschrieb Östrogene. Dadurch verschwanden zwar die Beschwerden, aber die Ergebnisse der Vorsorgeabstriche veränderten sich so stark, daß das Präparat abgesetzt werden mußte. Im Laufe der letzten fünfzehn Jahre hat Frau B. in der Hoffnung, von ihrem Leiden befreit zu werden, mehr als ein Dutzend Ärzte aufgesucht. Keiner konnte ihr entscheidend helfen.

Als sie in meine Praxis kam und von ihren Leiden berichtete, stand für mich sofort fest: Verdacht auf Candidiasis. Die lange Krankengeschichte, der typische Verlauf und die Tatsache, daß die leicht übergewichtige Frau bekannte, am liebsten Brot, Kuchen, Sekt und Süßigkeiten zu sich zu nehmen – alles sprach dafür, daß sie seit Jahren unter dem Hefepilz *Candida albicans* litt. Wirklich gingen ihre Beschwerden durch konsequente Anti-Candida-Diät[70] und pilzabtötende Medikamente binnen kurzem deutlich zurück. Die langandauernde Scheideninfektion hatte tatsächlich zu einem chronischen Tuben- und Eierstockkatarrh geführt. Dieser sprach gut auf eine Mesotherapie nach Pistor[71] an. Die Blasenbeschwerden ließen sich kurzfristig durch dranglindernde Medikamente mildern. Mittlerweile sind alle ihre Beschwerden deutlich zurückgegangen, und Anna B. fühlt sich wieder wie ein leidlich gesunder Mensch, der problemlos an den Dingen der Welt teilnehmen kann.

Candida albicans ist ein Hefepilz, der in der Darmflora jedes Menschen vorkommt. «Normalerweise» verursacht er keine Beschwerden, aber was ist heute schon noch «normal». Ein befreundeter Gynäkologe erzählte uns, vor zwanzig Jahren habe die Gegenwart von Candida albicans im Milieu der weiblichen Scheide noch als «pathologisch» gegolten, heute betrachte man die Hefepilzbesiedelung als «normal». Candidiasis ist mittlerweile zur häufigsten Geschlechtskrankheit avanciert, Geburtshelfer finden den Pilz bei mindestens acht von zehn Frauen im Vaginalbereich. Was fast jeder hat, kann zwar zutreffend als «normal» bezeichnet werden, das heißt aber nicht, daß es auch gesundheitlich unbedenklich ist. 40 Millionen Amerikanerinnen, beinahe jede dritte US-Bürgerin, so schätzt man, hat Probleme mit den bedrohlichen Hefe-Organismen. Der Wiener Internist Felix Perger fand bei routinemäßig durchgeführten Stuhluntersuchungen von 705 Patienten in sechzig Prozent der Fälle abnorm erhöhte Pilzmengen.[72]

Die Candida ist ein *opportunistischer Erreger*. Sie wartet auf einen günstigen Augenblick, in dem die Immunfunktion des Körpers gestört ist. Antibiotika zum Beispiel töten im Darm die Bakterien, die den Pilz sonst als Nahrungskonkurrenten im Zaum halten. Cortisonpräparate und alle anderen Wirkstoffe, die das Immunsystem schwächen, tragen dazu bei, daß sich die Hefepilze gelegentlich über die Blut- und Lymphbahnen im ganzen Körper ausbreiten.

Umweltbelastungen aller Art, Schwermetalle, Wohngifte und Amalgam – alle diese Faktoren schaffen ein ideales Terrain für die Ausbreitung der Candida. So erklärt sich, daß in einem Buch über Umweltmedizin ein Kapitel über Candida auf keinen Fall fehlen darf. Denn die Hefepilze greifen erst an, wenn der Körper durch Umweltschadstoffe oder Allergisierung durch chemische Schadstoffe vorgeschwächt ist. Plötzlich ist auch die Candida da, verbreitet sich, falls sie nicht erkannt wird, hemmungslos im gesamten Magen-Darm-Trakt und den Nachbarorganen, streut ihre Gifte aus und ruiniert die Gesundheit.

Neugeborene infizieren sich schon im Geburtskanal oder nach kurzer Lebenszeit durch die Nahrung mit Candida; der Pilz gelangt in den Darm und siedelt sich dort in – zunächst – gutmütiger Koexistenz mit anderen Mikroorganismen an. Wird aber die Darmflora gestört, greift er rasch über auf das Nächstliegende: den weiblichen Genitalbereich. Der ist warm und feucht – ein idealer Schlupfwinkel für die Candida.

Bald schon melden sich Symptome: Scheidenausfluß (weißlich und nach Hefe oder Essig riechend), quälender Juckreiz. Dann folgen Harnröhrenkatarrh und Blasenentzündung. Von dort aus ist es nicht mehr weit zu Eierstock und Eileiter. Auch sie können sich entzünden; und oft ist die Monatsblutung gestört.

Gleichzeitig treten allgemeinere Symptome auf wie Kopfschmerzen, Migräne oder Verspannungen im Nacken. Sie sind wahrscheinlich die Folge verdeckter allergischer Reaktionen auf die giftigen Ausscheidungen absterbender Candidazellen.

Schließlich können die Candida, ihre Anhangsgebilde, die «Myzelien», sowie ihre Gifte auch die Gefäßwände angreifen, was die Durchblutung verschiedener Organe und auch des Gehirns behindert. Auch durch allergische Reaktionen kann es zu Durchblutungsstörungen kommen. Inzwischen hat der Hefepilz meist auch an seinem Ursprungsort, dem Darm, so stark zugenommen, daß es vielfach zu Verstopfung oder Durchfall und starkem Afterjukken kommt.

Der Autor des Buchs *The Yeast Connection*[73] R. W. Crook sieht überdies (bisher ungeklärte) Zusammenhänge zwischen Candida und schweren Erkrankungen wie multiple Sklerose, der Muskelschwäche *Myasthenia gravis* und Dick- und Dünndarmentzündungen.

Wegen dieser vielfältigen Symptome wird Candida in der ärztlichen Praxis oft verkannt und falsch behandelt. Bei Scheidenausfluß verschreibt der Arzt Pilzmittel zur lokalen Anwendung – was bei einer weiteren Ausbreitung nicht ausreicht. Gegen Harnröhren- und Blasenkatarrh werden auf Verdacht Breitbandantibiotika eingesetzt, was gegen den Pilz nicht hilft, sondern nur seinem weiteren Vordringen Vorschub leistet. Cortison gegen die allergischen Symptome schwächt das Immunsystem zusätzlich. Andere Warnsignale wie Migräne, Kopfschmerzen, Verspannungen, allgemeine Mattigkeit oder Depressionen werden von vielen Ärzten als «psychosomatisch» abgetan.

Leider klären nicht alle Ärzte ihre Patienten darüber auf, daß die Candida durch bestimmte Ernährungsgewohnheiten gefördert wird: Hefekuchen und -brot, zuckrige Schleckereien, Bier, Wein, Sekt, Essig, Käse mit Schimmelpilzen und vieles andere läßt den Pilz wachsen und gedeihen.

Wir betonen: Die Candidiasis ist weit verbreitet und kann zu einer sehr gefährlichen Krankheit werden. Sie muß unbedingt ernstgenommen werden, damit das Immunsystem nicht langfristig schweren Schaden nimmt. Bei Personen, die unter Candida leiden, ist das Immunsystem bereits geschwächt. Man muß nicht nur die Pilzerkrankung behandeln, sondern auch nach den Ursachen für die Immunschwächung suchen (Giftbelastung aus der Umwelt, schlechte Ernährung, Antibiotika etc.) und diese soweit wie möglich ausschalten. Nur eine umfassende umweltmedizinische Behandlung ist in der Lage, eine Candidiasis zu heilen oder auf ein ungefährliches Maß zurückzudrängen.

Die Diagnose

Der wichtigste diagnostische Anhaltspunkt für den Patienten und den Arzt ist die Anamnese. Im folgenden geben wir die Hauptfragen zur medizinischen Vorgeschichte wieder, an deren Beantwortung sich ablesen läßt, ob eine Hefepilzerkrankung vorliegt. Wer zehn oder mehr Fragen mit Ja beantworten muß, bei dem liegt mit einiger Wahrscheinlichkeit eine Candidiasis vor.

Welche der folgenden Symptome haben Sie bei sich schon einmal beobachtet:

1. Jucken an Augen oder Nase?
2. Verstopfung?
3. Blähungen?
4. Mißmutigkeit?
5. Gedächtnisstörungen?
6. Juckreiz am After?
7. Schleimhautentzündungen im Nasen- und Rachenraum?
8. Sehstörungen – Probleme durch doppeltes Sehen?
9. Hautausschläge?
10. Belegte Zunge?
11. Allergische Reaktionen?
12. Nahrungsmittelunverträglichkeiten?
13. Empfindlichkeit gegen Haushaltschemikalien?
14. Starke Müdigkeit?
15. Schlafstörungen?

Nur für Frauen:

16. Juckreiz an den Schamlippen?
17. Starken Scheidenausfluß?
18. Häufige Blasenentzündungen?
19. Häufigen Harndrang, verbunden mit dem Gefühl, die Blase nicht ganz entleeren zu können?
20. Unterleibskrämpfe?[74]

Wichtige Fragen sind weiter: Wie sehen Ihre Ernährungsgewohnheiten aus? Wurden Sie in Ihrer Jugend wegen Akne oder Erkältungen mit Antibiotika behandelt? Hat man Ihnen schon einmal gegen Allergene oder Gelenkschmerzen Cortison verschrieben? Für Frauen: Nehmen Sie die Pille?

Daneben kann selbstverständlich durch Scheidenabstriche und Stuhluntersuchungen, wie sie auch in der konventionellen Medizin üblich sind, festgestellt werden, ob Genitalien und Darm infiziert sind. Allerdings geben diese Untersuchungen keinen Aufschluß darüber, ob eine systemische (also über das System von Blut- und Lymphbahnen verbreitete) Candidiasis vorliegt. Selbst wenn sie negativ ausfallen, kann man nicht mit Sicherheit sagen, ob nicht irgendwo im Körper die Candida wütet.

Ein deutlicher Hinweis auf Candidiasis ist ferner, wenn die Beschwerden nach ein paar Wochen strenger «Hefepilzkontrolldiät» (kein Alkohol, kein Zucker, keine Hefe, nichts Vergorenes, keine Schimmelpilze) zurückgehen. Manche Menschen erkennen ihre Candidiasis erst dann, wenn es schon fast zu spät ist: wenn sie nämlich mit ernsten Beschwerden im Krankenhaus liegen, nur noch über den Tropf ernährt werden und gezwungenermaßen auf ihre gewohnte zuckerreiche Nahrung und ihr abendliches Bierchen verzichten müssen. Dann geht es ihnen aus Gründen, die den Krankenhausärzten meist mysteriös erscheinen, plötzlich besser – weil dem Hefepilz im Darm die Nahrung entzogen wird.

Um zu bestimmen, wie weit die Belastung des Immunsystems durch Candida fortgeschritten ist, müssen immunologische Antikörpertests durchgeführt werden. Dabei stellt sich oft heraus, daß die Patienten stark erhöhte Antikörperwerte gegen Candida und andere Stoffe aufweisen. Außerdem reagieren die meisten Betroffenen bei den intrakutanen Allergietests (vgl. Kapitel 6 b) mit starken Symptomen auf Candida.

Die Therapie

Zur umweltmedizinischen Basistherapie der Candidiasis gehören die Austestung und Behandlung der Allergien; der Wiederaufbau des geschädigten Immunsystems; die direkte Candidakontrolle; die Ernährungsumstellung und die Darmsanierung. Der wichtigste Bestandteil der Candidatherapie ist das Austesten und Behandeln der Hefepilzallergie und anderer verwandter Allergien. Denn die durch Candida hervorgerufene Immunschwäche führt mehr und mehr zur Ausbreitung und Entwicklung der verschiedensten Allergien. Diese sind zum größten Teil für das subjektive Krankheitsgefühl verantwortlich. Besonders häufig findet man bei Candida-Patienten Allergien gegen Milchprodukte, Weizen, Körner, Hausstaub und Hausstaubmilben. Diese Symptome lassen sich durch weitgehendes Vermeiden der riskanten Stoffgruppen umgehen, können aber durch eine umweltmedizinische Allergieneutralisierung (vgl. Kapitel 6 b) verschwinden.

Wenn die immunologischen Tests eine Immunschwäche ergeben, muß das Immunsystem systematisch wiederaufgebaut werden. Dabei kommen Infusionen mit hochdosiertem Vitamin C und Inhalationstherapie mit ionisiertem Sauerstoff, Eigenblutbehandlung, aber auch Mittel wie Mistel, Peptide und Enzyme zum Einsatz.

Die direkte Candidabehandlung erfolgt durch orale Gabe von Nystatin, einer Substanz biologischen Ursprungs, welche der Überbesiedlung des Magen-Darm-Trakts durch Candida entgegenwirkt. In der letzten Zeit arbeite ich auch erfolgreich mit Natamycin. Unterstützend können Caprylsäurepräparate, Paramicrocidin und andere Mittel gegen Pilze (u. a. auch Lapachotee) eingesetzt werden.

Bei der Ernährungsumstellung geht es vor allem darum, raffinierte Kohlehydrate (Zucker und Weißmehl), Vergorenes (Essig, manche Käsesorten, sauer eingelegte Gemüse, Alkoholika) und hefehaltige Produkte (Bier, Wein, Sekt, Brot, Würzbrühe, Suppenwürfel etc.) zu vermeiden und durch vollwertige Produkte zu ersetzen.

Die Umstellung auf vollwertige Kost ist wesentliche Voraussetzung für das Gelingen einer Darmsanierung. Außerdem wird der Darm durch Fasten und Spülungen[75] gereinigt und die Darmflora mit Bakterienpräparaten wiederaufgebaut. Auch Buttermilch, Kefir und Joghurt (mit lebenden Bakterienkulturen!) unterstützen die Bildung einer normalen Darmflora.

Schließlich ist zu berücksichtigen, daß das jahrelang unerkannte Leiden viele Patienten in tiefe Depressionen getrieben hat. Manche haben so oft von Bekannten und Ärzten gehört, sie bildeten sich ihre Krankheit bloß ein, daß sie langsam selbst an ihrer Gesundheit zweifeln. Hier bedarf es seitens des Arztes besonderer Sensibilität und großen Einfühlungsvermögens, damit die Rückkehr zu einem normalen Leben möglichst reibungslos vonstatten gehen kann.

6. Unser täglich Brot vergiftet uns heute . . .

Frau Verena K. leidet seit langer Zeit an schwerster Migräne. Zeitweise muß sie jede Woche mindestens einen Tag deswegen im Bett bleiben. Sie berichtet, sie habe einmal eine Fastenkur gemacht, um dem Leiden auf die Spur zu kommen. Dabei habe sie zunächst jeden Tag Haferschleim in geringen Mengen gegessen. Als der Haferschleim dann abgesetzt wurde, kam es prompt zum Ausbruch der Migräne.

Ich testete sie zunächst auf Allergien gegen Candida und luftgetragene Pilze. Die Werte waren erhöht. Natürlich testete ich auch Hafer und erhielt eine sehr starke Reaktion. Wir begannen mit einer Neutralisierungsbehandlung (vgl. Kapitel 6 b), erlaubten ihr aber, alle vier Tage Hafer in geringen Mengen zu sich zu nehmen. Danach kam es in einem Zeitraum von achtzehn Wochen nur zweimal (während ein und derselben Woche) zu Migräneanfällen, einmal nachdem Frau K. ein Stück Kuchen gegessen hatte, das andere Mal nach dem Verzehr einer essighaltigen Salatsoße.

Wir erklären uns diesen Vorgang folgendermaßen: Solange Frau K. nur geringe Mengen Hafer aß, war das «Faß» nicht voll, es kam zu keinen Symptomen. Wenn sie ihr Immunsystem aber außerdem durch Hefe (im Kuchen!) und Vergorenes (der Essig!) belastete, lief das Faß über, und die Symptome kamen zum Ausbruch.

a. Nahrungsmittelallergien

Wir haben dieses Beispiel gewählt, weil es zeigt, daß es nicht genügt, ein Nahrungsmittel anzuklagen und zu vermeiden oder einen einzigen Schadstoffaktor zu identifizieren. Vielmehr kommt es oft vor, daß erst die Kombination oder die Häufung der Allergene eine pathologische Reaktion hervorruft. Die Allergie kommt erst dann zum Vorschein, wenn ein Schwellenwert überschritten wird.

In der allergologischen Diskussion wird oft gesagt, daß grundsätzlich jeder Lebensmittelbestandteil allergische Reaktionen auslösen könne, in der Öffentlichkeit jedoch viel zu oft den Lebensmittelzusatzstoffen die Schuld an der Allergisierung in die Schuhe geschoben werde. Dann wäre allerdings schwer zu erklären, warum in letzter Zeit eine derart gravierende Zunahme der allergischen Krankheiten zu beobachten ist. Manche Allergologen behaupten, daß gerade der Verzehr naturbelassener Kost Überempfindlichkeitsreaktionen heraufbeschwören könnte, während gekochte Kost weit ungefährlicher sei, da das Erhitzen die Eiweiße, die ja in der Regel für Nahrungsmittelallergien verantwortlich gemacht werden, umstrukturiert. Dem könnte man entgegenhalten, daß die Struktur der Eiweiße sich durch Erhitzen keineswegs so weit verändert, daß sie für den Körper nicht mehr als Allergen wirken würden. Den lebenden Beweis dafür bilden unzählige Allergiker, die «ihre» Allergene weder im rohen noch im gekochten Zustand vertragen.

Wir meinen, daß der Anstieg der allergischen Erkrankungen nicht einer einzigen Substanz oder einigen wenigen Substanzen angelastet werden kann. Ursache dürfte vielmehr die Kombination und Häufung verschiedener Belastungen sein. Dazu gehören einerseits organische Stoffe, mit denen sich der menschliche Organismus schon seit Jahrmillionen auseinandersetzen mußte, etwa luftgetragene Sporen und Pilze, Hausstaub, Milben, Tierhaare, Insekten und deren Ausscheidungen, Schimmelpilze, Pollen und Nahrungsbestandteile. Zum anderen aber sind in der letzten Zeit unzählige synthetische Chemikalien mit praktisch unerforschten Eigenschaften hinzugekommen, die pflanzlichen, tierischen und menschlichen Organismen gleichermaßen fremd sein dürften. Sie befinden sich überall in der von Menschen gemachten Umwelt, in Kunststoffen, in Farben und Lacken, in Lösungsmitteln, in Batterien, in Autoabgasen, in Desinfektionsmitteln, in Kosmetika, in der Druckerschwärze. Und natürlich in den sogenannten «Genußmitteln». Bei der Verbrennung von Tabak und Zigarettenpapier werden Karzinogene freigesetzt. In alkoholischen Getränken stecken nicht nur Alkohol, Wasser und Pflanzenrückstände, sondern auch diverse Chemikalien, die zur leichteren Verarbeitung und Konservierung beigemischt werden. Die industriell produzierten Nahrungsmittel sind mit Konservierungsstoffen, Aromastoffen, Emulgatoren und Farbstoffen geschönt. Alle diese Ingredienzen müssen in Betracht gezogen werden.

In den Vereinigten Staaten werden die Zusammenhänge zwischen Ernährung, Umwelteinflüssen und chronischen Krankheiten schon seit vielen Jahrzehnten diskutiert. Die dortige Gesellschaft für Umweltmedizin (Society for Environmental Medicine, ehemals Society for Clinical Ecology) besteht seit etwa vierzig Jahren und hat durch ihre Arbeit wesentlich dazu beigetragen, daß der Allergiebegriff heute weiter gefaßt wird als früher und daß die Auswirkungen der Umweltgifte von der Medizin ernstgenommen werden.

Wie ist es nun aber möglich, eine Nahrungsmittelallergie von anderen Umwelteinflüssen abzugrenzen? Zunächst muß man sich vom konventionellen Allergiebegriff freimachen, demzufolge nur Niesen, geschwollene Nasenschleimhaut, Augenreizungen, geschwollene Augenlider, geschwollene Lippen, Hautausschläge und asthmatische Anfälle als echte allergische Symptome gelten. Der Umweltmediziner sieht in seiner Praxis Patienten mit unklaren körperlichen Symptomen wie Migräne, Schlafstörungen, Magen-Darm-Erkrankungen, Gallenblasenproblemen, Blähungen, Durchfall, Verstopfung, Harnblasenentzündungen und nervösen Störungen wie Depressionen, Fahrigkeit, Konzentrationsschwäche, Gedächtnisstörungen usw.

Diese diffusen Symptome treten, anders als die klassischen Allergiesymptome, nicht unmittelbar nach der Konfrontation mit dem Allergen, also zum Beispiel nach dem Verzehr eines bestimmten Nahrungsmittels, auf, sondern zum Teil erst nach Minuten, Stunden oder gar mehreren Tagen. Deshalb werden sie von Betroffenen und Ärzten nur selten in Zusammenhang mit Ernährungsgewohnheiten oder Schadstoffbelastungen gebracht.

Der bekannte amerikanische Allergologe Dr. Marshall Mandell beschreibt drei verschiedene Arten von Allergien, die durch Nahrungsmittel hervorgerufen werden können. Der erste Typ wurde schon in den dreißiger Jahren von Dr. Rinkel aus Chicago beschrieben.[76] Rinkel konnte zeigen, daß Nahrungsmittel, die sehr regelmäßig genossen werden, so daß niemals eine Pause von mehr als drei bis vier Tagen entsteht, oft keine akuten Reaktionen hervorrufen, obwohl es zu signifikanten chronischen Beschwerden kommen kann. Er sprach deshalb von «verdeckten» Allergien. Hier führt eine Überdosierung zur Belastung: Durch den ständigen Verzehr eines bestimmten Nahrungsmittels erreichen wir die kritische Grenze, den Schwellenwert des Körpers, und es kommt zum Ausbruch der Symptome. Wo sie ausbrechen, ist von Individuum zu Individuum verschieden – jeder hat da seine eigene «Achillesferse».

Nahrungsmittelallergien können also durch gehäufte Einnahme einer Substanz ausgelöst oder aktiviert werden. Solange der Allergieschwellenwert nicht erreicht wird, treten auch keine Symptome auf. In der Regel kann man derartigen Allergien durch eine *Rotationsdiät* vorbeugen, bei der das Allergen nicht öfter als alle vier Tage gegessen wird (näheres dazu siehe S. 100ff.) Leider ist die Nahrung der Menschen von heute in der Regel wenig abwechslungsreich und somit im Sinne dieser Allergiedefinition in höchstem Maße gefährlich. Wir nehmen ein sehr kleines Spektrum von Lebensmitteln in großen Mengen zu uns, vor allem Weizen (über 90 Prozent der hierzulande verzehrten Backwaren sind aus Weizen hergestellt), Milchprodukte, Eier, Hefe, Bananen, Äpfel, Zitrusfrüchte, Zucker, Kartoffeln, Kakao, Coffein. In der umweltmedizinischen Praxis zeigt sich immer wieder, daß viele Patienten auf eines oder mehrere dieser Nahrungsmittel verdeckt allergisch reagieren.

Die zweite Form der Nahrungsmittelallergie zeichnet sich durch ausgeprägte Suchterscheinungen aus. Die Betroffenen verspüren immer wieder einen starken, suchtartigen Drang nach den Lebensmitteln, gegen die sie allergisch sind, und essen sie daher häufig. Dabei sind sie sich ihrer «Sucht» oft gar nicht bewußt; sie denken, sie hätten einfach nur Hunger. Die Allergie äußert sich nicht nach dem Verzehr des Allergens, sondern in Form von Entzugserscheinungen, die erst abklingen, wenn der Lebensmittelsüchtige sich seine «Droge» verschafft. Das Unwohlsein, das durch die Entzugserscheinungen zustande kommt, erreicht meist nicht die Bewußtseinsschwelle, sondern wird als normaler «Appetit» oder «Hunger» interpretiert. Die bekannteste und häufigste Form dieser Allergie ist die Zucker- und Schokoladensucht.

Die dritte Form der Allergie (die ebenfalls schon von Rinkel beschrieben wurde) ist die bekannte «klassische». Die allergische Reaktion tritt jedesmal, wenn man mit dem Allergen in Kontakt kommt, ein. Häufige Allergieauslöser sind Erdbeeren, Blütenpollen, Milch und Pilze, die mit der Atemluft oder mit dem Essen in den Körper gelangen.

Die Stärke der Reaktion ist abhängig von Art und Menge des verzehrten Nahrungsmittels (bzw. des Schadstoffs). Symptome wie Jucken und Schwellungen im Bereich von Mundhöhle und Nasen-Rachen-Raum können sich sofort bemerkbar machen. Oft beginnt die allergische Reaktion aber erst, wenn Speisen in den Magen oder Dünndarm gelangen – manchmal Stunden oder Tage später. Dann kommt es zum Beispiel zu Übelkeit, Erbrechen, Blähungen, aufgetriebenem Leib oder Durchfall. Ebensogut können sich Nahrungsmittelallergien als atopisches Ekzem (etwa als Neurodermitis) oder als Asthma äußern. Sämtliche Reaktionen können sich von einer Minute zur anderen oder auch erst nach Stunden oder Tagen zeigen.

b. Allergisch – aber auf was?

Ob es sich um Allergien handelt, die durch das Nahrungsmittel selbst oder durch chemische Zusatzstoffe oder Pestizide verursacht sind, läßt sich auf zweierlei Wegen ermitteln. Einmal kann der Patient versuchen, möglichst schadstoffarme biologisch angebaute Nahrung zu essen. Häufig verschwinden allergische Symptome daraufhin von selbst.

Zum andern kann man den umweltmedizinischen Intrakutantest anwenden. Dabei werden winzige Mengen von Nahrungsmittelextrakten in hochgereinigter Form in die oberste Hautschicht injiziert. Wenn die entstehende Quaddel sich vergrößert, liegt eine Allergie auf das Nahrungsmittel vor. Wegen der hohen Reinheit dieser Nahrungsmittelextrakte kann man mit einiger Gewißheit davon ausgehen, daß die Allergie nicht durch Konservierungsstoffe oder Rückstände von Schädlingsbekämpfungsmitteln oder Schimmelpilzbefall ausgelöst wird.

Dennoch ist diese Möglichkeit nicht absolut auszuschließen, weil allergische Reaktionen schon durch einige wenige Moleküle provoziert werden können und weil die allergischen Symptome, die von Chemikalien oder Nahrungsmitteln ausgelöst werden, weder am Krankheitsbild noch im immunologischen Befund eindeutig voneinander zu unterscheiden sind. Beide provozieren eine Immunantwort des Immunglobulin E (IgE), welches auch im Hauttest über das Quaddelwachstum nachweisbar ist (IgG-Reaktionen allerdings äußern sich nicht unbedingt durch Quaddelwachstum, aber die Patienten fühlen sich nach der Injektion plötzlich schlecht, bekommen Durchfall, Übelkeit u. ä.). Die Aktivität der Mastzellen führt dabei zu globalen Gewebeveränderungen, verstärkter Kapillardurchlässigkeit und folglich verstärkter Durchblutung. Gleichzeitig wird mehr Schleim produziert, es kommt zu vermehrten Muskelkontraktionen, und die lokalen Schmerzpunkte werden gereizt.

Wenn man mit Nahrungsmitteltests nicht weiterkommt, kann man die Reaktion auf Zusatzstoffe ebenfalls durch den Quaddeltest überprüfen, indem man geringste Mengen von Farbstoffen, Geschmacksverstärkern, Nitriten, Nitraten, Monosodiumglutamat, Natriumbenzoat und anderen häufigen Allergenen unter die Haut injiziert. Bei Substanzen, die eindeutig als Gift ausgewiesen sind, wie Lindan, PCP, PCB, Formaldehyd etc. verbietet sich diese Methode natürlich in der Regel, weil es sich nicht mit der ärztlichen Ethik vereinbaren läßt, Gifte in den Körper des Patienten einzubringen.

IgE-bedingte Reaktionen lassen sich auch mit Hilfe des *Radio-Allergen-Sorbent-Tests* (RAST) ermitteln. Mit diesem Verfahren kann die Menge der im Blut zirkulierenden IgE-Antikörper im Labor erfaßt werden. Man gibt dabei allergieverdächtige Stoffe in das Serum des Allergikers. Daraufhin binden sich im Blut vorhandene Antikörper an das Allergen. Nun fügt man radioaktiv markierte Substanzen hinzu, die sich ausschließlich an die IgE-Antikörper heften, und mißt so deren Menge. Der RAST bietet die Möglichkeit, Allergien zu ermitteln, ohne den Patienten zu belasten.

Zuverlässiger ist allerdings die Diagnose, die man aus dem klinischen Bild, der Anamnese und dem Hauttest gewinnt, weil dabei nicht nur die IgE-Antikörper, sondern sämtliche körperlichen Reaktionen des Patienten beobachtet oder erfragt werden können. Außerdem läßt sich nur durch den Hauttest gleichzeitig die genaue Dosis feststellen, mit der sich die Nahrungsmittelallergie neutralisieren und somit erfolgreich behandeln läßt.

Grundsätzlich müssen während der Allergiediagnose andere Krankheitsursachen wie etwa Hiatushernie (eine Form des Zwerchfellbruchs), Entzündungen, Geschwüre oder Tumorbildungen ausgeschlossen werden. Auch muß man sorgfältig zwischen echten Allergien und Überempfindlichkeitsreaktionen unterscheiden, die zum Beispiel durch aggressive Substanzen wie Coffein, Alkohol oder Natriumbenzoat verursacht werden können, ohne daß es sich um eine Allergie im eigentlichen Sinne handelt.

Die Diagnose

In meiner Praxis benutze ich seit langem mit ausgezeichnetem Erfolg die intrakutane Testung. Mittlerweile konnte ich mit dieser Methode Erfahrungen an über 20 000 Patienten sammeln. Man injiziert eine geringe Menge des allergieverdächtigen Stoffs in die Haut, so daß eine kleine gerötete «Quaddel» entsteht. Ich selbst setze in der Regel drei Quaddeln von vier Millimeter Durchmesser und warte dann etwa zehn Minuten, bevor ich die nächsten setze. Wenn eine oder mehrere Quaddeln in diesem Zeitraum mehr als zwei Millimeter wachsen, gilt die allergische Reaktion als erwiesen. Vielfach treten trotz der starken Verdünnung die dem Patienten vertrauten Symptome auf, die den gesamten Körper betreffen: Kopfschmerzen, Übelkeit, Gereiztheit, Hautirritationen, Gelenkschmerzen und vieles mehr.

Um dieses Verfahren zu vereinfachen, arbeiten Umweltmediziner in der Regel mit Gruppentestungen, wobei mehrere Allergene in einer Injektion zusammengefaßt sind. So teste ich etwa luftgetragene Pilze, Hausstaub und Hausstaubmilben oder Hunde-, Katzen-, Pferde-, Kaninchen- und Menschenhaare gemeinsam. Wenn dabei die Quaddel wächst, muß durch Injektion der Einzelsubstanzen erneut eruiert werden, gegen welche davon die Patienten allergisch sind. Weitere Gruppen sind: Phenol und Phenolderivate, die ja in sehr vielen chemischen Schadstoffen enthalten sind (etwa 1 Prozent meiner Patienten reagiert darauf allergisch, allerdings oft nur geringfügig: Nach ein bis zwei Verdünnungen um den Faktor Vier hört die allergische Reaktion auf); Candidapilze, Bier- und Backhefe, Schimmelpilze und Pollen, welche in insgesamt fünf Untergruppen getestet werden (Blumen, Bäume, Gräser, Getreide und Kräuter).

Bemerkenswert ist in diesem Zusammenhang, wie oft ich schon von Patienten zunächst erfuhr, sie hätten keinerlei Probleme mit Heuschnupfen, es aber während der Tests häufig zu stärksten Reaktionen auf die eine oder andere Pollengruppe kommt. Oft können sich die Patienten dann nachträglich doch noch an verschiedene körperliche Reaktionen erinnern, die mit saisonalem Pollenflug zusammenhängen könnten.

Nachdem wir diese luftgetragenen Allergene durchgetestet haben und die Neutralisierungspunkte (vgl. S. 104) identifiziert sind, gehen wir zu Nahrungsmitteln über. Zunächst einmal teste ich die große Gruppe der Getreidearten, die zum Brotbacken oder im Müsli Verwendung finden. Weizen wird separat getestet, weil sehr viele Patienten darauf stark reagieren. Nach den Körnern gehen wir zur Milch über und danach zu den Milchprodukten wie Joghurt, Quark, Käse und Schokolade. Als nächstes werden Eier getestet, und dann systematisch die verschiedenen Früchte, Gemüse, Nüsse, Fisch, Fleisch, Geflügel und Schalentiere. Sehr bewährt hat sich bei dieser Art des Testens die Unterteilung nach botanischen und zoologischen Familien, denn immer wieder stellt sich heraus, daß Allergiker auf die verschiedensten Angehörigen derselben botanischen oder zoologischen Gruppe reagieren, während andere, ähnlich schmeckende oder ähnlich aussehende Pflanzen oder Tiere keine Reaktion auslösen (eine Aufschlüsselung der Nahrungsmittelgruppen finden Sie unter 14 d). Zum Beispiel gehören Erdnüsse einer völlig anderen Gruppe an als Haselnüsse, und Walnüsse und Pistazien gehören zu wieder anderen Familien.

Wenn der Patient zum Beispiel auf die Gruppe der Früchte reagiert, muß ermittelt werden, welche Frucht diese Reaktion hervorruft. Also testen wir dann im einzelnen Erdbeere, Apfel, Apfelsine, Banane u. a. Auch bei Getreidearten ist die Differenzierung sehr wichtig, weil heute sehr viele Mischbrote auf dem Markt sind. Selbst wenn beim Bäcker ein Brot die Aufschrift «Roggenbrot» oder «Haferbrot» trägt, ist es durchaus möglich, daß andere Getreidesorten in mehr oder minder geringen Mengen darin enthalten sind. Häufig sind Patienten nur gegen einzelne Getreidesorten allergisch, etwa Roggen oder Mais. Insgesamt reagieren Europäer am ehesten auf Weizen allergisch, weil dieser das hierzulande mit Abstand beliebteste Getreide ist. Bei Amerikanern hingegen findet man öfter Maisallergien, und bei Asiaten sind Reisallergien keine Seltenheit. Ein Beweis für die Allergietheorie von Dr. Rinkel!

Da praktisch bei allen Patienten in der umweltmedizinischen Praxis die Hefepilzbesiedlung des Darms ein bedeutendes Problem darstellt, testen wir auch die Wirkstoffe *Nystatin* und *Natamycin*, die zur Pilzbehandlung eingesetzt werden. Da es in Einzelfällen zu Allergien gegen diese Substanzen kommt, überprüfe ich mittels des Quaddeltests, ob der Patient sie verträgt.

Lebensmittelzusatzstoffe testen wir zunächst im Gruppentest, bei erwiesener Empfindlichkeit aber auch einzeln: Sorbinsäure, PHB-Ester, Natriumsulfit, Glycerin, Äthanol, Natriumglutamat (das in der chinesischen Küche viel verwendet wird und bei vielen Menschen Kopfschmerzen verursacht) etc.

Zur Zeit besteht in meiner Praxis die Möglichkeit, weit über hundert Substanzen einzeln oder in Gruppen zu testen. Wenn ein Patient gegen Weizen, Hafer und Roggen allergisch ist, testen wir auch Dinkel und Buchweizen, um zu sehen, ob er sein Ernährungsspektrum risikolos in diese Richtung erweitern kann.

Natürlich könnten wir noch viel mehr Substanzen einzeln testen, um ein noch umfassenderes und differenzierteres Bild zu erhalten, aus Gründen der Wirtschaftlichkeit müssen wir uns jedoch meist auf die wichtigsten Substanzen und Lebensmittel beschränken, mit denen die Menschen hierzulande in Kontakt kommen.

Lebensmittelallergien lassen sich auch ohne Hilfe des Arztes mittels einer *Rotationsdiät* selbst testen. Allerdings muß man dabei damit rechnen, daß es gelegentlich zu extremen Reaktionen kommt – starken Migräneanfällen, Ohnmachten etc. –, Symptome, die man in dieser Form noch nie erlebt hat, weil die Allergien bislang «verdeckt» waren. Vielleicht wäre es deshalb ratsam, vorher mit einem erfahrenen Umweltmediziner darüber zu sprechen. Sollte es trotz aller Vorsichtsmaßnahmen plötzlich zu einer sehr starken allergischen Reaktion kommen, hilft in der Regel «Dr. Randolphs Rohrreiniger», eine Mischung aus ⅔ Natriumbicarbonat und ⅓ Kaliumbicarbonat. Davon gibt man einen gehäuften Teelöffel auf ein Glas Wasser und trinkt dies. Diese Soforthilfe kann man dreimal täglich wiederholen. Falls die Symptome nach zwei oder drei Tagen nicht zurückgegangen sind, sollte man sich an einen Arzt wenden.

Die Rotationsdiät funktioniert folgendermaßen: Wer meint, daß ihm bestimmte Bestandteile der täglichen Nahrung nicht bekommen, fastet zunächst vier bis fünf Tage mit Quellwasser, um Allergenreste weitgehend aus dem Körper zu entfernen, und ißt dann zu jeder Mahlzeit nur ein oder zwei Nahrungsmittel, am ersten Tag zum Beispiel morgens Äpfel, mittags Fisch mit Kopfsalat und abends Reis mit Zucchini-Gemüse, am zweiten Tag morgens Haferbrei mit Rosinen, mittags Rinderbraten mit Kartoffeln und abends Gemüse aus Mohrrüben und Kohlrabi usw. Wenn es ihm in den Stunden zwischen den Mahlzeiten seelisch oder körperlich irgendwie schlechter geht, sollte sich der Verdacht auf das zuletzt verzehrte Lebensmittel richten. Falls die Symptome sich bei wiederholten Selbstversuchen bestätigen, muß er diese Speise (zunächst) weglassen. Wobei noch zu klären wäre, ob die allergischen Symptome durch das Nahrungsmittel selbst oder durch Lebensmittelzusatzstoffe oder Pestizidrückstände ausgelöst werden.[77]

Denkbar ist auch eine sogenannte *Eliminationsdiät*, bei der man zunächst auf alles verzichtet, wovon man vermutet, daß man darauf allergisch reagieren könnte. Nach etwa einer Woche beginnt man Stück für Stück die Nahrungsmittel, die man verdächtigt, wieder einzuführen, und beobachtet die Reaktion. Die Basisnahrung sollte dabei am besten vorwiegend aus Fleisch oder Fisch bestehen (falls man nicht darauf allergisch ist).

Manche Menschen können nur schlecht sagen, wann sie sich besser und wann schlechter fühlen, werden also auch allergische Symptome nur schwer ausmachen können. Wer seinen Wahrnehmungen zur eigenen Befindlichkeit nicht traut, ist mit dem *Pulstest* nach Dr. Coca besser bedient als mit der Rotationsdiät. Man mißt zunächst vor der Mahlzeit und dann direkt nach der Mahlzeit, eine halbe Stunde später, eine ganze Stunde später etc. den eigenen Puls. Normal sind Werte zwischen 55 und 65 Schlägen pro Minute. Erhöht sich der Puls nach dem Essen auf über 84 Schläge pro Minute, liegt mit Sicherheit eine allergische Reaktion vor. Ein weniger deutlicher Anstieg (etwa von 64 auf 72) ist ebenfalls verdächtig und muß durch weitere Tests überprüft werden. Die allergieauslösenden Lebensmittel müssen bis auf weiteres vom Speiseplan gestrichen werden. Beim Verzehr von Lebensmitteln, auf die man nicht allergisch ist, sollte sich der Puls überhaupt nicht beschleunigen. Übrigens: Mit dieser Methode läßt sich auch feststellen, wie man auf andere Schadstoffe wie Dieselabgase, Kosmetika, Teppichböden, Lacke etc. reagiert. In diesem Fall sollte man an den verdächtigen Substanzen «schnüffeln» und dann die Pulsreaktion zunächst minütlich, später alle fünf Minuten überprüfen.[78]

Manche Ärzte lassen die verdächtigen Substanzen in geringen Mengen unter die Zunge legen, so daß sie durch die Venen im Mundboden absorbiert werden, und beobachten danach die körperlichen Symptome. Dabei ist schwer zu verhindern, daß der Patient sieht oder schmeckt, welcher Stoff ihm in den Mund gelegt wird. Es ist dann vorstellbar, daß er seine allergische Reaktion geistig bzw. «psychoimmunologisch» dämpft oder verstärkt, weil er zu wissen meint, worauf er allergisch ist und worauf nicht. Bei Kindern allerdings, die man natürlich nicht mit den vielen Einstichen und Quaddeln quälen will, ist diese Methode eine gute Ersatzlösung.

Kinesiologen testen Allergien, indem sie den Patienten die Allergene in die Hand geben, auf den Bauchnabel oder auf die Thymusdrüse legen und testen, ob bestimmte (oder alle) Muskeln im Körper dabei stark bleiben oder schwächer werden.[79] Auch dieser *Muskeltest* kann sehr leicht durch subjektive Unwägbarkeiten auf seiten des Patienten und des Behandelnden verzerrt oder unzuverlässig werden.

Die überzeugendste Methode ist und bleibt nach meiner Erfahrung die intrakutane Quaddeltestung. Sie ist zuverlässig, gestattet die Abgrenzung von chemischen und sonstigen Kontaminationen gegenüber dem reinen Nahrungsstoff, und der Arzt kann den Patienten gleichzeitig auf während der Testung auftauchende Reaktionen beobachten, die dem Patienten allein – etwa während einer Rotationsdiät – vielleicht gar nicht auffallen würden. Allerdings muß der Arzt dazu während der gesamten Testzeit anwesend sein, und der Patient muß sich entsprechend lange – zwei bis drei Tage – in die Praxis des Arztes begeben. Dafür sind die Resultate aber um so befriedigender: Bei konsequenter Durchführung kann man von einer diagnostischen Trefferquote und einem Behandlungserfolg von fast 85 Prozent ausgehen. In den allermeisten Fällen ist schon nach einer Woche eine zusammenfassende Diagnose und die Einleitung einer gezielten Behandlung möglich.

Die Therapie

Ich empfehle meinen Patienten zunächst, ihre Lebensmittel möglichst nur noch aus kontrolliert biologischem Anbau zu beziehen, oder falls möglich, selbst im Garten anzubauen (da hat man die beste Kontrolle), um Pestizidrückständen und Schwermetallen soweit wie möglich auszuweichen. Außerdem rate ich ihnen, alles Gemüse und Obst gründlich mit Seifenlauge (am besten Schmierseife oder Neutralseife) zu reinigen und dann längere Zeit unter einem starken Wasserstrahl abzuspülen, damit keine Seifenrückstände bleiben. Auf diese Weise werden zumindest ein Teil der Schadstoffe sowie Schimmel- und Hefepilze entfernt.

Außerdem müssen selbstverständlich sämtliche synthetischen

Konservierungs-, Aroma- und Farbstoffe streng gemieden werden. Die Patienten müssen folglich auf abgepackte Lebensmittel aus dem Supermarkt vollständig verzichten. Erstens stammen diese nicht aus biologischem Anbau, sind also in der Regel mehr oder minder mit Pestiziden belastet, zweitens enthalten sie meistens diverse Zusatzstoffe, drittens können sie, auch wenn dies auf der Verpackung nicht ausdrücklich angegeben ist, andere Chemikalien enthalten, die während der Verarbeitung zugesetzt wurden.

Gewürze und Tees sollte man wegen des möglichen Pilzbefalls immer nur in kleinen Mengen kaufen. Erst kürzlich berichtete die medizinische Wochenzeitung *Ärztliche Praxis* unter der Überschrift «Aspergillus – Vorsicht: im Pfeffer ist der Schimmelpilz», daß im Speisepfeffer erstaunlich hohe Konzentrationen von zwei Arten von Aspergillussporen gefunden wurden. Das Universitätskrankenhaus in Antwerpen empfiehlt, nur mit autoklaviertem (also in einem Druckkessel sterilisiertem) Pfeffer zu würzen. Meiner Meinung nach dürfte das nur von beschränktem Nutzen sein, weil dabei zwar ein Großteil der Sporen zerstört wird, aber immer noch Reste erhalten bleiben.

Ebenso läßt sich bei Allergie auf Insekten, Hausstaub, Milben etc. auch nach gründlicher Reinigung und Renovierung kaum vermeiden, daß nicht irgendwo in Teppichen oder auf Tapeten noch Rückstände davon vorhanden sind oder neu hinzukommen, die weiterhin eine gewisse allergisierende Wirkung ausüben können. Trotzdem lohnt es sich, alle diese Vorbeugungsmaßnahmen zu ergreifen, denn die Erfahrung der Umweltmedizin zeigt, daß es immer sinnvoll ist, etwas Flüssigkeit aus dem «Faß» abzulassen, auch wenn es nicht gelingt, es völlig zu entleeren, man sich vielmehr damit abfinden muß, daß es wohl stets zu drei Vierteln gefüllt bleibt. Es ist bei der heutigen Umweltbelastung unmöglich geworden, den Schadstoffen völlig zu entgehen. Also gilt es, die Belastung möglichst gering zu halten, damit das Immunsystem nicht ständig «volle Kraft voraus» fahren muß.

Ein wesentlicher Stützpfeiler der umweltmedizinischen Allergiebehandlung ist die bereits mehrmals erwähnte *Allergie-Neutralisationsmethode*. Dieses Verfahren bietet nicht nur zuverlässige diagnostische, sondern auch hervorragende therapeutische Ergebnisse. Nachdem man durch Beobachtung des Quaddelwachstums (und eventuell an anderen Symptomen) festgestellt hat, ob der Patient allergisch reagiert, verdünnt man die injizierte Allergendosis um das Vierfache (zum Verdünnen dient dabei Kochsalzlösung mit geringfügigen Mengen Phenol zur Konservierung). Wächst die Quaddel auch dann noch, verdünnt man erneut um das Vierfache. Reagiert der Patient weiterhin mit Quaddelwachstum, geht man wieder einen Verdünnungsschritt weiter. Bis schließlich jener Punkt erreicht ist, an dem die Quaddel nicht mehr wächst und auch keine anderen allergischen Phänomene zu beobachten sind: der *Neutralisationspunkt*.

Dieser Punkt ist zugleich Ansatzpunkt für die Behandlung. In vielen Fällen genügt es jetzt, die Injektionen mit der nun gefundenen Neutralisationsdosis (die oft so gering ist, daß man sie fast homöopathisch nennen könnte[80]) in gewissen Abständen mehrmals zu wiederholen, um das Immunsystem «umzustimmen»: Die Patienten reagieren dann plötzlich auch auf größere Mengen des Allergens nicht mehr allergisch. Auf diese Weise können die Betroffenen schon nach relativ kurzer Zeit eine wesentliche Besserung ihres Krankheitsbildes, ihrer Immunlage und ihres Allgemeinbefindens feststellen.

Gegenüber den traditionellen «Desensibilisierungen» der Allergologie zeichnet sich diese Methode dadurch aus, daß sie den Patienten praktisch nicht belastet. Man arbeitet ja mit einer Dosis, die erwiesenermaßen keine beobachtbare allergische Reaktion mehr hervorruft, ja diese sogar neutralisiert. Deshalb kann sich der Patient auch risikolos ohne ärztliche Aufsicht zu Hause weiterbehandeln und dem Arzt die Ergebnisse telefonisch mitteilen. Ich verschreibe meinen Patienten in der Regel kleine Fläschchen mit auf Neutralisationsdosis verdünnten Allergenen, die sie sich in einer Apotheke zubereiten lassen und dann selbst injizieren.

Wen die allergische Reaktion schon bei der dritten oder vierten Verdünnungsstufe abklingt, kann man davon ausgehen, daß die Überempfindlichkeit nicht sehr ausgeprägt ist und der Patient das betreffende Nahrungsmittel zumindest gelegentlich ohne größeren Schaden verzehren kann. In diesem Fall bietet sich die *Rotationsdiät* als Dauertherapie an: Man bemüht sich, sämtliche Lebensmittelgruppen (geordnet nach botanischen und zoologischen Kriterien) jeweils nur im Abstand von vier Tagen zu sich zu nehmen. Es lebe die Abwechslung! Man läßt dabei sämtliche Nahrungsmittel, nicht nur die erwiesenen Allergene, rotieren. Damit beugt man einem Phänomen vor, daß sich leider als Folge der unter Allergikern beliebten «Weglaß-» oder «Eliminationsdiäten» immer wieder beobachten läßt: Die Patienten lassen ein oder zwei Substanzen weg (etwa Weizen und Roggen) und essen daraufhin um so mehr von bestimmten Ersatzstoffen (in diesem Fall zum Beispiel Dinkel und Hafer). Durch diese Überdosierung und einseitige Belastung des Körpers entstehen wieder neue Allergien: Plötzlich müssen die Patienten auch Hafer und Dinkel streichen. Bis dann immer weniger übrigbleibt, was man essen darf ... Parallel führe ich selbstverständlich die beschriebenen Neutralisierungen durch.

Mit diesen Maßnahmen stellt sich meist innerhalb weniger Monate ein eindeutiger Erfolg ein. Als Erfolg werte ich es auch, wenn die Patienten nach zehn oder zwölf Wochen bei uns anrufen und berichten, es gingen ihnen plötzlich schlechter als zuvor. Das ist für mich ein klares Zeichen dafür, daß die Neutralisationsdosis mittlerweile zu hoch liegt, so daß die Neutralisierungsbehandlung keine Wirkung mehr erzielt. In diesem Fall müssen die Neutralisierungsdosen erneut ausgetestet werden, um neue Werte für die Weiterbehandlung zu gewinnen. Manchmal müssen die Neutralisationspunkte auch noch ein drittes Mal eingestellt werden, danach aber kann man in der Regel die Neutralisationsbehandlung absetzen. In jedem Fall aber ist es empfehlenswert, die Rotationsdiät beizubehalten.

Nach einer gewissen Zeit (etwa nach drei bis sechs Monaten) überprüfe ich im allgemeinen die Immunparameter. Sehr häufig kann ich dann feststellen, daß sich die Immunwerte insgesamt zum Positiven hin verschoben haben. Ein deutliches Indiz dafür, daß das «Faß» leerer geworden ist, daß das Immunsystem weniger unter Druck steht.

Man muß allerdings auch darauf gefaßt sein, daß besonders kranke Patienten mit starken allergischen Symptomen und extremer Immunschwäche manchmal ein Jahr oder auch länger in

Behandlung bleiben müssen, bevor sich ein deutlicher Erfolg einstellt. Die Neutralisierung der Allergien ist dabei der erste und wichtigste Behandlungsansatz zur Entlastung des Immunsystems. Gleichzeitig empfiehlt sich aber oft eine Anregung der Körperabwehr mit verschiedenen immunstimulierenden Präparaten und die Verabreichung von Vitaminen und Mineralstoffen im Sinne der Orthomolekularmedizin (näheres hierzu in Kapitel 9).

c. Die Entwertung der Lebensmittel durch Bearbeitung

Was mit Lebensmitteln auf dem langen Weg vom Produzenten zum Konsumenten geschieht, wollen wir am Beispiel der Öle verdeutlichen. Nehmen wir ein typisches Öl aus dem Supermarktregal: gereinigt, raffiniert, «reich an ungesättigten Fettsäuren». Klingt doch eigentlich recht gesund, oder?

Aber: Die Ölsaaten und Nüsse, aus denen man Öl gewinnt, geben ihren Schatz nicht so ohne weiteres her. Das Öl muß «extrahiert» werden – entweder mechanisch oder mit chemischen Lösungsmitteln. Bei der mechanischen Extraktion werden die Samen zerquetscht, mit Wasser vermischt und dann längere Zeit auf mehr als einhundert Grad erhitzt. Danach gibt man die Ölfrüchte in eine Presse, die mit einem Druck von mehr als einer Tonne pro Quadratzentimeter das Letzte aus ihnen herausholt – ein Vorgang, der unweigerlich mit großer Hitzeentwicklung verbunden ist.

Bei der chemischen Methode wird das Öl mit Hilfe von Lösungsmitteln (meist Hexanen) aus den Samen oder Nüssen extrahiert. Danach wird es längere Zeit gekocht, so daß ein Großteil des Lösungsmittels (niemals alles) wieder verdampft.

Nach diesen rabiaten Verfahren wäre das Öl theoretisch bereits für die Küche verwendbar, doch leider hat es noch nicht die absolute Farb-, Geruch- und Geschmacklosigkeit erreicht, die der moderne Verbraucher angeblich schätzt. Es enthält Pigmente wie Karotin, Chlorophyll und Gossypol. Also fügt man Bleichmittel und Laugen hinzu, um dem Öl die Farbe zu entziehen, und macht es geruchlos, indem man im Vakuum heißen Dampf hindurchbläst.

Auch dann aber wird das Öl nicht zum menschlichen Verzehr freigegeben. Denn da sind immer noch diverse Fette und fettähnliche Substanzen, die dem Verbraucher nicht zugemutet werden können, in Sojabohnen zum Beispiel vor allem Lezithin. Sie werden mit Wasser ausgewaschen, getrocknet und für teures Geld an gesundheitsbewußte Menschen verkauft. «Reines Lezithin – es gibt nichts Besseres für Ihre Gesundheit», heißt es dann plötzlich. Vielleicht wäre es sowohl für das Öl als auch für das Lezithin besser gewesen, wenn man letzteres dringelassen hätte. Die kommerziellen Lezithinpräparate sind nämlich grundsätzlich durch Oxidationsprozesse und Bildung freier Radikale entwertet (vgl. hierzu Kapitel 7).

Abschließend fügt man dem Öl ein chemisches Antioxidantium (z. B. Butylhydroxianisol) – E 320, vgl. die Liste der problematischen Lebensmittelzusatzstoffe unter 14 c) zu, damit es nicht ranzig wird. (Wer sein Speiseöl selbst haltbarer machen will, sollte ein paar Vitamin-E-Kapseln ausdrücken und deren Inhalt ins Öl geben. Vitamin E ist als natürliches Antioxidans in vielen Ölfrüchten enthalten, wird aber durch das Bearbeiten und Erhitzen zerstört.)

Merkwürdig, daß all die Substanzen, die man «im Interesse des Verbrauchers» entfernt, diesen nicht im geringsten stören, wenn er Haselnüsse oder Sonnenblumenkerne kaut oder Sojabohnensprossen im Salat verspeist. «Gereinigt» nennt die Lebensmittelindustrie das Öl, dem sie all die genannten Stoffe entzogen hat. Das stimmt nicht ganz. Denn im fade schmeckenden Endprodukt dieser Behandlung befinden sich neben den unvermeidlichen Pestizidrückständen synthetische Antioxidantien, die bei manchen Menschen Allergien auslösen können, und zumindest geringe Reste von Bleich- und Lösungsmitteln.

Die Bearbeitung von Öl steht stellvertretend für die industriellen Methoden der Lebensmittelaufbereitung. Alles wird, wenn möglich, in die verschiedensten Einzelteile zerlegt, die dann einer «Mehrfachnutzung» zugeführt werden. Fische, die zu klein für die menschliche Bratpfanne geraten sind, landen als Fischmehl über den Umweg des Hühnerfutters doch noch im Magen des Menschen. Die bei der Herstellung von Weißmehl abgetrennte Kleie wird als «verdauungsfördernder Ballaststoff» zu hohen Preisen verkauft oder an Tiere verfüttert. Nicht schlecht für die Tiere, aber schlecht für uns – denn beim Ausmahlen von Weizen zu Weißmehl werden 60 Prozent des Calciums, 71 Prozent des Phosphors, 85 Prozent des Magnesiums, 77 Prozent des Kaliums und 78 Prozent des Natriums, 40 Prozent des Chroms, 86 Prozent des Mangans, 76 Prozent des Eisens, 89 Prozent des Kobalts, 68 Prozent des Kupfers, 78 Prozent des Zinks und 48 Prozent des Molybdäns sowie ein Großteil der Vitamine entfernt.

Aus Sojabohnen gewinnt man nicht nur Öl und Tofu, sondern auch Lezithin, Vitamine, Duftstoffe etc. Müttern empfiehlt man ein baldiges Abstillen ihrer Babys oder gibt ihnen gar schon im Krankenhaus nach der Entbindung Medikamente, die die Milchbildung unterdrücken, damit sie sich um so früher wieder in den Prozeß von Arbeit und Profit eingliedern können. Die Säuglinge müssen dann in der wichtigsten Phase ihres Lebens mit einem fragwürdigen Trockenmilchprodukt vorliebnehmen, das man keinem normalen Erwachsenengaumen zumuten würde.

Man zerteilt die Ganzheit unserer natürlich gewachsenen Nahrung mit groben Methoden in mehrere große Blöcke, wobei ein Großteil der Feinheiten, die wahrscheinlich erst den guten Geschmack und die Verträglichkeit des jeweiligen Nahrungsmittels ausmachen, verlorengeht. Anschließend setzt man die Blöcke mit industriellen Methoden wieder zusammen, mischt ein paar andere Bausteine von Lebensmitteln, die eigentlich gar nicht zueinander passen, darunter, frisiert alles mit Hilfe synthetischer Duft- und Aromastoffe zu einem auf den ersten Eindruck einigermaßen appetitlichen Ganzen, fügt künstliche Vitamine und Mineralien hinzu, damit die Nährstoffbilanz nicht gar so kläglich ausfällt, und setzt es dem armen Verbraucher vor. Wehe, wenn er sich darauf einläßt!

d. Das Zuckerproblem

Frau S. L. (42) leidet schon seit früher Kindheit an verschiedenen Allergien. Wenn sie unter Streß stand, traten Ekzeme am ganzen Körper auf, die oberflächlich gesehen an Neurodermitis erinnerten, im Grunde aber auf den Kontakt mit seifen-, glyzerin- und phenolhaltigen Stoffen zurückzuführen waren. Als sie Mitte Dreißig war, bekam sie kaum kontrollierbare Probleme mit Schimmelpilzen und anderen luftgetragenen Allergenen. Besonders störend wirkten dabei die häufig auftretenden plötzlichen Schwindelgefühle, Schweißausbrüche, Benommenheit und Übelkeit bis hin zum Erbrechen.

Nach einiger Zeit der Selbstbeobachtung stellte sie fest, daß sie sich sofort wieder besser fühlte, wenn sie ein Glas Orangensaft trank oder ein Bonbon lutschte. Bei dieser Krankengeschichte war mir sofort klar, daß eine funktionelle Hypoglykämie vorliegen mußte. Ein sechsstündiger Glukosetoleranztest (vgl. S. 114) bestätigte diesen Verdacht, wobei jeweils in der dritten und sechsten Stunde der Blutzuckerspiegel auf den sehr niedrigen Wert von 40 bis 50 mg% absank.

In der Umweltmedizin ist wohlbekannt, daß mit Nahrungsmitteln und Schimmelpilzen zusammenhängende Allergien häufig mit Hypoglykämie einhergehen. Offensichtlich wirkt sich die Allergenbelastung hier zunächst an den Organen aus, die für die Steuerung des Zuckerhaushalts verantwortlich sind: an der Bauchspeicheldrüse und an der Nebennierenrinde.

Ich erklärte der Patientin, daß die Bonbons und der Orangensaft ähnlich wirkten, wie wenn man einem lahmen Pferd die Peitsche gibt: Es rafft sich kurzfristig noch einmal zu gewisser Leistung auf, um dann endgültig zusammenzubrechen. Ich empfahl ihr, anstelle von drei großen Mahlzeiten sechs kleine zu sich zu nehmen, die sich am besten vorwiegend aus komplexen Kohlehydraten zusammensetzen sollten: Früchte, rohes Gemüse, Mandeln, Nüsse und Samen, Vollkorn, dazu gelegentlich konzentriertes Eiweiß in Form eines hartgekochten Eis oder eines Hähnchenschenkels.

Da Hypoglykämie und chronische Allergie bei dieser Patientin schon über lange Zeit bestanden hatten, konnte ich annehmen, daß auch die Nebennierenrinde gestreßt war und deshalb besonderer Stärkung bedurfte. Hierzu verwendete ich einen Gesamtextrakt der Nebennierenrinde (der im amerikanischen Sprachraum als ACE – *Adrenal-Cortical-Extract* bekannt ist; das österreichische Präparat heißt Cortiglanden). Dieses Produkt hat den Vorteil, daß sämtliche Bestandteile der Nebennierenrinde enthalten sind und nicht nur die nebenwirkungsreichen isolierten Kortikoide. Nach einiger Zeit besserte sich das Befinden der Patientin ganz erheblich, und ein weiterer Glukosetoleranztest zeigte ein Nachlassen der Hypoglykämie. Ähnliche Erfolge konnte ich bei Hypoglykämie-Patienten immer wieder verzeichnen.

Toleranz ist eine schöne Sache. Der Begriff bedeutet hier, daß man eine Belastung erträgt, ohne unangemessen zu reagieren oder davon Schaden zu nehmen. Wenn die Belastungen aber zu groß werden, sind auch die Stärksten mit ihrer Toleranz am Ende, es «geht ihnen über die Hutschnur», sie haben «die Nase voll», es «schlägt dem Faß den Boden aus». Manche Menschen halten viel aus, bis sie an diesen Punkt gelangen, andere werden schneller «intolerant». Niemand allerdings ist unbegrenzt belastbar; wer's nicht glaubt, der hat einfach bisher noch nicht genügend Belastungen erlebt.

Eine der größten Belastungen unter den vielen, die der menschliche Organismus in der Industriegesellschaft aushalten muß, ist der Zuckerkonsum. Und überhöhter Zuckerkonsum führt zur «Zuckerintoleranz»! Unausweichlich. Es gibt auch andere Namen dafür: Diabetes, Hypoglykämie, Naschsucht. Diabetiker wissen wenigstens, daß sie gegenüber Zucker intolerant sind. Bei Unterzucker aber wissen die Betroffenen, die wegen des chronisch niedrigen Blutzuckerspiegels ständig nach Süßem gieren, oft nicht, daß das, was sie so gerne essen, schuld an ihrem Elend ist. Manchmal helfen sie sich mit vulgärpsychologischen Erklärungen wie «Ich habe eben als Kind zuwenig Liebe gekriegt, deswegen brauche ich heute soviel Süßigkeiten». Zucker also als Liebesersatz? Tatsächlich scheint Zucker die Produktion der körpereigenen Opiate (Endorphine) anzuregen und dem Menschen auf diese Weise zu lustvollen Gefühlen zu verhelfen. Wer aber aus Liebeshunger häufig Zucker ißt, fügt sich selbst eine weitere Lieblosigkeit zu: Er mißhandelt seinen Körper und legt den Grundstein für Übergewicht und manch schwere Krankheit.

Im Jahre 1986 wurden weltweit etwa 100 Millionen Tonnen Zucker produziert. Das entspricht 20 Kilogramm pro Kopf der damaligen Weltbevölkerung, wobei die große Mehrheit der Menschen (in Asien, Afrika und Südamerika) nur wenig oder überhaupt keinen Zucker konsumiert. Die Bundesbürger verzehren im Durchschnitt 40 bis 50 Kilogramm Zucker pro Jahr, also mehr als hundert Gramm täglich. Die Menschen in der «zivilisierten» Welt haben sich angewöhnt, einen Großteil ihres Tagesbedarfs an Kalorien mit isoliertem Zucker (Rohrzucker, Fruchtzucker oder Traubenzucker) zu decken. Studien unter amerikanischen Jugendlichen ergaben tägliche Verbrauchswerte, die zwischen 400 und 700 Gramm im Durchschnitt lagen! Einzelne Jugendliche essen folglich noch weit mehr Zucker.

Einen Teil des Zuckers nehmen wir «offen» zu uns, durch Süßen des Tees oder Kaffees, in Bonbons, Pralinen, Kuchen, Keksen, Schokoriegeln. Bei diesen Produkten weiß jeder, daß Zucker drin ist. Zucker ist aber auch in Cola, Limonade, Fruchtnektaren, Fruchtsaftgetränken, Obstkonserven und Ketchup «versteckt». Zucker ist in Fertiggerichten, Salatdressings, Eierlikör und Tiefkühlpizza.

Bedenkenlos lassen viele Menschen diese Welt aus Zucker auf sich und ihre Kinder los, irregeleitet durch die jahrzehntelange Berieselung mit der verführerischen Werbung der Süßigkeitenindustrie. Ohne Zucker geht es nicht, denken manche; andere meinen, sie könnten nach Herzenslust davon essen, solange sie sich nur hinterher die Zähne putzen; wieder andere sind überzeugt, ein bißchen (ein «Stückchen» Kuchen oder eine Tafel Schokolade) könnte nicht schaden; und eine große Gruppe glaubt felsenfest daran, daß Zucker gesund sei, weil er «rasch verfügbare Energie» liefere. Mal im Ernst: Warum soll jemand, der sich zwei Stunden nach dem Frühstück oder Mittagessen abgeschlagen und müde vorkommt, nicht einen Schokoriegel essen oder ein Glas Orangensaft trinken, wenn er sich danach doch sofort wesentlich munterer fühlt?

Die Antwort lautet: Weil er sich danach zwar zugegebenermaßen besser fühlt, aber nur auf Kosten einer enormen Belastung des gesamten Stoffwechsels und des endokrinen Systems. Der Zucker peitscht zwar kurzfristig auf, schädigt bei chronischem Verzehr aber drei lebenswichtige Organe: die Bauchspeicheldrüse, die Leber und die Nebenniere. (Wie wir im Fallbeispiel gesehen haben, können Allergien ebenfalls zur Schwächung dieser Organe beitragen.)

Die Bauchspeicheldrüse wird zur Produktion von Insulin angeregt, dem Hormon, das den Blutzuckerspiegel reguliert. Wenn der menschliche Körper plötzlich eine größere Zuckermenge aufnimmt, steigt automatisch der Blutzuckerspiegel; und die Bauchspeicheldrüse muß reichlich Insulin ausschütten, um den Zuckerspiegel wieder zu senken. Die Leber verarbeitet den überschüssigen Zucker zu Glykogen, einer Substanz, die dem Körper als Energiereserve für plötzliche Anstrengungen dient. Auch in den Muskeln wird Glykogen eingelagert. Überschüssiger Zucker, der nicht zu Glykogen verarbeitet werden kann, wird in der Leber und im ganzen Körper in Fettzellen eingebaut. Die Gleichung ist einfach: Zuviel Zucker = zuviel Fett = Übergewicht. Übergewicht trägt zu Verkalkung und Herz-Kreislauf-Beschwerden bei und bedeutet eine ständige zusätzliche Belastung für Stoffwechsel und Skelettapparat.

Die übersteigerte Insulinproduktion veranlaßt die Nebenniere, unseren Haupthormonproduzenten, ihrerseits große Anstrengungen zu unternehmen, um den Hormonhaushalt wieder ins Gleichgewicht zu bringen. Ihre Hormone wirken als Insulinantagonisten. Die Nebenniere wird durch Zucker enorm gestreßt und ist nach kurzer Zeit erschöpft. Da sie durch chronischen Zuckerkonsum unter Dauerstreß steht, ist sie in echten Streßsituationen nicht in der Lage, Streßhormone wie Adrenalin und die diversen Steroidhormone auszuschütten.

Einige Zeit nach der Zuckeraufnahme sinkt dank der gewaltigen Insulinmengen der zunächst hochgepuschte Blutzuckerspiegel unter das Normalmaß: Man fühlt sich abgespannt, müde und ... bekommt erneut Lust auf etwas Süßes. Die Glykogenreserven in Muskeln und Leber werden wieder abgebaut und ins Blut ausgeschüttet, um den Zuckerspiegel dort zu heben. Ihre eigentliche Bestimmung, die akute Energieversorgung zum Beispiel für sportliche oder berufliche Höchstleistungen, verfehlen sie damit. Statt dessen wird die Leber durch das ständige Auf und Ab geschädigt.

Irgendwann einmal macht auch die Bauchspeicheldrüse nicht

mehr mit: Sie kann die zur Verarbeitung von Zucker benötigten Insulinmengen nicht mehr herstellen, der Mensch wird «zuckerkrank» – Diabetiker. Und muß, falls er nicht einschneidende Maßnahmen zur Veränderung seines Lebensstils ergreift, für den Rest des Lebens Insulin nehmen und mit stark verminderter Lebensqualität rechnen. Es gibt zwei Formen des Diabetes. Die eine davon tritt schon in früher Kindheit auf und ist anscheinend genetisch bedingt. Von dem anderen, «nichtinsulinabhängigen» Diabetes sind in den letzten Jahrzehnten immer mehr Menschen betroffen; und viele Experten sind sich mittlerweile einig, daß er durch hohen Zuckerkonsum begünstigt wird.

Die relative Hypoglykämie, die wir am Fall von Frau S. L beschrieben haben, also das Absinken des Blutzuckerspiegels in gewissem Abstand nach der Nahrungsaufnahme, ist oft ein Warnsignal, das die Entwicklung eines Diabetes ankündigt. Die Symptome dieser Unterzuckerung sind am deutlichsten im Zentralnervensystem zu beobachten: Wenn das Gehirn im Blut nicht genügend Glukose für seinen Energiehaushalt vorfindet, kommt es zu Symptomen wie Depressionen, Angstzuständen und Erschöpfung.

Hoher Zuckerkonsum fördert aber nicht nur die Entwicklung von Diabetes, sondern führt auch zu diversen Nieren- und Nervenkrankheiten, zu Leber- und Stoffwechselstörungen und Arteriosklerose. Besonders gefährdet sind die kleinen Blutgefäße, die Arteriolen. Diabetes und Herz-Kreislauf-Erkrankungen zählen heutzutage neben Krebs zu den häufigsten Todesursachen. Bei der Entwicklung all dieser Krankheiten dürfte die Überlastung des endokrinen Systems durch überhöhte Zuckerzufuhr mit Sicherheit eine Rolle spielen. Risikofaktoren sind alle einfachen Kohlehydrate wie Rohrzucker, Milchzucker, Fruchtzucker sowie weiße Nudeln, Weißbrot, Kuchen und polierter Reis.

Unser heutiges Verständnis der Zuckerproblematik geht auf die wissenschaftlichen Arbeiten des englischen Marinearztes T. L. Cleave zurück, der seine Befunde erstmals im Jahre 1956 publizierte. Nach seiner Meinung (die auf einer enormen Erfahrung und umfassenden wissenschaflichen Daten basiert) gibt es für alle chronischen Krankheiten eine Hauptursache: die überhöhte Zukkerzufuhr. Er beweist in seinen Arbeiten den Zusammenhang zwischen Zuckerkonsum und Darmerkrankungen (inklusive Hömorrhoiden), Venenkrankheiten, Herz- und Kreislaufstörungen, Paradontose und vielen anderen chronischen Krankheiten des Menschen. Während des Zweiten Weltkriegs setzte er auf seinen Schiffen Zucker, weißes Mehl und verwandte Lebensmittel vollkommen ab – mit enormem Erfolg. Der allgemeine Gesundheitszustand der Mannschaften verbesserte sich erheblich. Schade, daß man den Menschen außerhalb des Militärs nicht einfach befehlen kann, auf Zucker zu verzichten!

Cleaves Buch *The Saccharine Disease*[81] sollte Pflichtlektüre für alle Medizinstudenten sein. Cleave konnte auch zeigen, daß die sogenannten «primitiven Völker» sich dank ihrer weise gewählten Ernährung einer weit besseren Gesundheit erfreuen als die Angehörigen der westlichen Industriegesellschaften. Bei seinen Patienten konnte er immer wieder beobachten, daß sich deren Gesundheit deutlich verbesserte, sobald eine Nahrungsmittelumstellung weg von raffinierten Kohlehydraten erfolgte. Wenn es einem Arzt gelingt, einen Patienten von der Notwendigkeit einer solchen Ernährungsumstellung zu überzeugen, hat er ihm einen unschätzbaren Dienst erwiesen.

Die Diagnose

Um dem Patienten die Gefahren und Symptome der Unterzuckerung vor Augen zu führen und eine genaue Diagnose zu stellen, bedarf es eines sechsstündigen Glukosetoleranztests. Dabei werden nach zwölfstündiger Nüchternheit 100 Gramm Glukose verabreicht. Manche Ärzte geben die Glukose per Infusion, ich ziehe es vor, sie in Form einer Mahlzeit zuzuführen, die zum Beispiel aus einem Glas Milch, einem Brötchen mit Marmelade, einem Glas Orangensaft oder vielleicht einem kleinen Stück Sandkuchen besteht (die Gesamtmenge muß 100 Gramm Glukose entsprechen). Der Blutzucker wird vor der Mahlzeit, eine halbe Stunde danach und dann jede weitere Stunde gemessen. Dabei erhält man eine von drei typischen Kurven (vgl. Abbildung S. 115).

6 STD. - GLUCOSE-TOLERANZ-TEST

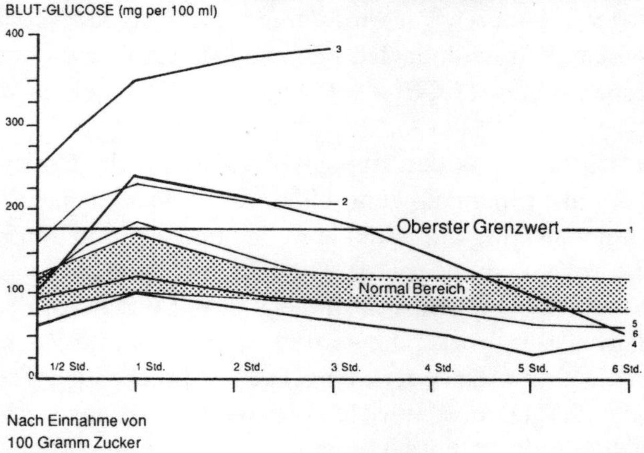

1. Grenzwert-Diabetes (kann durch Diät unter Kontrolle gehalten werden).
2. Mittelstarker Diabetes.
3. Extreme Form von Diabetes: Der Blutzucker steigt nach dem Essen an und sinkt nicht mehr ab.
4. Hypoglykämie: Zuviel Insulin drückt den Blutzucker unter den Normalwert.
5. Geringfügige Hypoglykämie.
6. Dysinsulinismus Hypoglykämie: Blutzucker steigt unkontrolliert auf, fällt dann stark durch Abgabe von zu großen Mengen Insulin ab.

Im ersten Fall kommt es in der ersten halben Stunde zu einem raschen und steilen Abstieg des Blutzuckerniveaus. Nach kurzer Zeit fällt der Blutzucker dann unter den Ausgangswert, um sich schließlich langsam wieder auf den Normalwert um 100 mg% zu bewegen. Die Betroffenen leiden unter besonders starken Gemütsschwankungen, die sich vor allem nach Mahlzeiten negativ bemerkbar machen. Das liegt daran, daß die Bauchspeicheldrüse übermäßige Insulinmengen ausschüttet, die die Blutzuckerwerte kurzfristig weit unter das Normalniveau drücken. Man spricht in diesem Fall von *Dysinsulinismushypoglykämie* (s. Kurve 6).

Im zweiten Fall steigt der Blutzuckerwert langsam über den Normalwert. Dann kommt es zu einem langsamen Absinken, und in der sechsten Stunde normalisieren sich die Werte wieder (vgl. Kurve 5). Die Patienten fühlen sich zwei Stunden nach dem Essen sehr müde und energielos und gieren zitternd nach einer Mahlzeit. Diese Art von Unterzucker wird durch Störungen der Nebennierenrindentätigkeit bedingt. Ich behandle sie erfolgreich mit Nebennierenextrakten (ACE – vgl. Fallbeispiel zu Beginn dieses Kapitels).

Beim dritten Typus der Hypoglykämie beobachtet man eine Kurve, die nicht mehr als zehn bis fünfzehn Prozent nach oben oder unten vom Ausgangspunkt abweicht und dauernd unter dem Normalwert liegt (vgl. Kurve 4). Die Patienten leiden unter chronischer Müdigkeit, fühlen sich oft gelangweilt und neigen häufig zu niedrigem Blutdruck. Der Grund ist mangelhafte Zuckerresorption aus dem Darm oder Mangel an entsprechenden Verdauungsfermenten. Dafür ist in vielen Fällen ein Ungleichgewicht der freundlichen Bakterien im Verdauungstrakt verantwortlich, was vielfach durch Hefepilzbesiedelung nach Cortison- oder Antibiotikabehandlungen entsteht.

Die Therapie

Eine bedeutende Verbesserung der Hypoglykämie und des Allgemeinbefindens läßt sich in der Regel erzielen, indem der Patient vorwiegend hochkomplexe Kohlehydrate, wie sie in Vollkorn und Rohkost enthalten sind, zu sich nimmt. In diesem Sinne empfehle ich eine Ernährung, die zu 70 Prozent aus komplexen Kohlehydraten, zu 20 Prozent aus Fett und zu 10 Prozent aus Eiweiß besteht (näheres zu dieser Basisdiät siehe unter 13 f). Einfache Zucker müssen weitgehend gemieden werden. Nahrungsmittel mit komplexen Kohlehydraten sind in der Regel ballaststoffreich, wodurch die Zuckeraufnahme aus dem Magen-Darm-Trakt sich verlangsamt. Somit ist der Streß für die Bauchspeicheldrüse bedeutend geringer.

Die kurzfristig wirksame Selbsttherapie, zu der so viele Menschen greifen (das Ausgleichen des Blutzuckerspiegels durch rasche Traubenzuckerzufuhr), bietet keinen Ausweg aus dem kraftraubenden Auf und Ab des Blutzuckerspiegels. Zucker bringt verbrauchte Energie *nicht* sofort zurück, sondern raubt langfristig jede Energie. Der beste Weg aus den hypoglykämischen Krisen ist eine Diät, durch die der Blutzucker ständig möglichst konstant gehalten wird. Dies erreicht man am besten und am gesündesten durch eine ballaststoffreiche Ernährung mit komplexen Kohlehydraten (verteilt auf viele kleine Mahlzeiten!), deren Zucker langsam vom Körper resorbiert wird. Selbstverständlich muß dabei Rücksicht auf mögliche (mit umweltmedizinischen Verfahren feststellbare) verdeckte und offene Allergien genommen werden.

Außerdem ist oft die Einnahme von Zink und Chrom zu empfehlen, um die Funktion der Bauchspeicheldrüse zu unterstützen. Zur Deckung des Tagesbedarfs genügt eine Zinkdosis von 40 mg und eine Chromdosis von 65μg. Auch Mangan und die B-Vitamine sollten in ausreichender Menge zugeführt werden (Näheres zur Versorgung mit Vitaminen und Mineralien in Kapitel 9).

Eine Ernährungsumstellung ist natürlich etwas völlig anderes als die Einnahme eines Medikaments, bei dem der Arzt einigermaßen sicher sein kann, daß der Patient es auch schluckt, wenn er es ihm verschrieben hat. Wie fast alle umweltmedizinischen Behandlungsmaßnahmen bedarf auch diese einer engen Kooperation zwischen Arzt und Patient und eines starken Gesundungswillens auf seiten des Patienten. Der muß sich klar darüber sein, ob er seine bisherige Lebensführung beibehalten und damit auch weiter die nachteiligen Symptome ertragen will, oder ob er seine geliebten Eßgewohnheiten für die Perspektive aufgeben will, sich in Zukunft besserer Gesundheit und eines langen aktiven Lebens zu erfreuen. Ein englisches Sprichwort sagt: Man kann das Pferd zur Tränke führen, aber nicht zum Trinken zwingen. Dasselbe gilt für die Ernährungsumstellung, die ein wesentlicher Bestandteil der Allergiebehandlung und eine entscheidende Vorbeugungsmaßnahme gegen Hypoglykämie, Diabetes und andere Zivilisationskrankheiten darstellt.

7. ...mit dem Ergebnis:

a. Gesundheitlicher Ruin durch Schäden der Darmflora

Im Mikrokosmos lauert der Feind – angeblich. Winzige, hinterhältige Organismen hocken auf Klobrillen, Duschvorhängen, öffentlichen Treppengeländern und am Fuße der Laternenpfähle, die Hunde so gern mit ihrem Urin markieren. Mit bloßem Auge nicht erkennbar, aber bereit, sich in kürzester Zeit millionenfach zu vermehren, wenn man ihnen die geringste Chance gibt. «Finger weg, da sind Bakterien drauf!» – «Leck da nicht dran!» – «Wasch dir die Hände!» – so oder ähnlich lauten die Botschaften, mit denen man Kinder für das Zeitalter der Keimfreiheit sozialisiert.

Die erlernten Vorurteile sitzen tief. So werfen hygienebewußte Zeitgenossen oft gleich alle Kleinstlebewesen in einen Topf und sähen es gern, wenn es die mikroskopischen Monstren gar nicht gäbe. Das ist sehr voreilig gedacht, denn die meisten von ihnen erfüllen unverdrossen ihre wichtige Aufgabe in den Zyklen der Natur, ohne zur Gattung Homo sapiens in Konkurrenz zu treten oder sie zu bedrohen. Viele sind dem Menschen sogar ganz unmittelbar nützlich: Kleine stäbchenförmige Bakterien (*Rhizobien*) setzen sich in Pflanzenwurzeln fest und sorgen für eine natürliche Düngung und höhere Ernteerträge, indem sie Stickstoff aus der Luft binden. Einige lösen Metalle aus Erzen heraus, andere sind in der Lage, Ölteppiche auf dem Meer und sogar Dioxin abzubauen. Ohne die Stoffwechselaktivitäten von Bakterien stünden die Klärwerke der Giftbelastung unserer Abwässer vollends hilflos gegenüber.

«Mag sein, aber in einem ordentlich geführten Haushalt haben sie nichts zu suchen», könnte man einwenden. Stimmt nicht. Mit den Menschen und den Bakterien ist es nämlich wie beim Wettlauf zwischen dem Hasen und dem Igel. «Ick bün all hier!» rufen die Bakterien, wo der Mensch geht und steht. Wir können ihnen nicht entrinnen, weil sie in uns sind: auf der Haut, im Mund, vor allem aber im Darm.

In den Eingeweiden eines gesunden Menschen befinden sich bis zu 1,5 Kilogramm Bakterien. Etwa ein Drittel der Trockenmasse des menschlichen Stuhls besteht aus lebenden und abgestorbenen Bakterien. Die Zahl der Bakterien, die sich den Menschen als Wirt ausgesucht haben, übertrifft bei weitem die Gesamtzahl der Gewebezellen des menschlichen Körpers. Grund zur Panik? Nein, denn ein Großteil dieser Kleinstlebewesen will uns nichts Böses, sondern leistet unentbehrliche Dienste für die menschliche Gesundheit.

Über 400 Bakterienarten finden im menschlichen Darm Nahrung und Schutz. Dafür lassen sie die Krankheitserreger nicht zur Ausbreitung kommen, hemmen die Produktion von Karzinogenen und bieten dem Immunsystem Gelegenheit, im ständigen Geplänkel mit ihnen den Ernstfall einer kriegerischen Auseinandersetzung mit wirklich gefährlichen Keimen zu proben. Die freundlichen Darminsassen erzeugen B-Vitamine wie Biotin, Niacin, Pyridoxin und Folsäure. Durch Produktion des Enzyms Laktase erleichtern sie die Verdauung von Milchprodukten und die Calciumresorption. Eine Symbiose im besten Sinne also.

Trotz dieser unbestreitbaren Nützlichkeit hat es sich jedoch bisher nicht herumgesprochen, daß man pfleglich mit ihnen umgehen sollte. Die Darmflora des zivilisierten Menschen ist mittlerweile ebenso in Gefahr wie die Pflanzen- und Tierwelt der Erde. Immer häufiger stellen Ärzte bei ihren Patienten massiv veränderte Verhältnisse im Darm fest.

Diese Misere nimmt offenkundig schon am ersten Lebenstag ihren Anfang. Die Keimbesiedlung beginnt direkt mit der Geburt: Beim Passieren der Geburtswege kommt das Neugeborene in intensiven Kontakt mit der mütterlichen Vaginalflora. In einem «normalen» gesunden Scheidenmilieu sollten die aus der Joghurtherstellung bekannten Laktobazillen und Bifidobakterien überwiegen und dann auch den Darm des Babys bevölkern – erkennbar an dem angenehm joghurtähnlichen Geruch aus der Windel.

Bei naturgemäßer Ernährung mit Muttermilch entwickelt sich vor allem die Bifidoflora hervorragend, produziert reichlich Milch- und Essigsäure, senkt dadurch den pH-Wert und begrenzt auf diese Weise die Ausbreitung der meisten anderen Keime, die zufällig hinzukommen – etwa aus dem Analbereich, dem Mund oder von den Brustwarzen der Mutter, aus der Krankenhausumgebung usw. Auf diese Weise bleibt ihre Zahl in der Regel so gering, daß sie keine Infektionsgefahr darstellen, ist aber andererseits groß genug, um dem Immunsystem Gelegenheit zu geben, sie kennenzulernen und Antikörper dagegen zu bilden.

Wenn nichts dazwischen kommt. Schon die Flaschenfertignahrung, die trotz aller Beteuerungen der Herstellerfirmen natürlich keineswegs vollkommen «physiologisch» ist, verschlechtert die Ausgangssituation der freundlichen Bifidobakterien deutlich. Der pH-Wert steigt, fäulnisbildende und potentiell krank machende Keime wie *Bacteroides, Clostridien* und *Escherichia coli* breiten sich aus – der Stuhl des Säuglings riecht unangenehm.

Noch weitaus schlimmer sieht es für die Babys aus, die per Kaiserschnitt entbunden werden. Sie bekommen gar nicht erst die Chance, eine gesunde Darmflora zu erwerben. Unmittelbar nach der Geburt stürmen alle möglichen Keime aus der Umgebung auf sie ein: Klebsiella, Proteus, E. coli, Bacteroides, darunter sicher auch so mancher alteingesessene Bewohner des entbindenden Krankenhauses, der sich in jahrelanger Auseinandersetzung mit den verschiedensten Antibiotika für neue Aufgaben gestählt hat. Erschreckend, wenn man weiß, daß in den USA mittlerweile mehr als die Hälfte der Geburten «sicherheitshalber» per Kaiserschnitt abgewickelt wird.

Auch bei normalem Geburtsverlauf ist die optimale Besiedelung des Darms keineswegs gesichert, denn bei immer mehr Frauen ist die Vaginalflora mehr oder minder stark gestört. Mögliche Gründe dafür sind einmal die häufigen gynäkologischen Untersuchungen während der Schwangerschaft, bei denen durchaus gefährliche Keime in den Geburtstrakt gelangen können, zum anderen die in den letzten Jahren explosionsartig gestiegene Ausbreitung des Hefepilzes *Candida albicans*, der die normale Laktobazillen- und Bifidoflora zurückdrängt. Noch vor zwanzig Jahren hatte Candida im Bereich der weiblichen Genitalien Seltenheitswert, heute finden ihn Gynäkologen bei acht von zehn Schwangeren, und keiner regt sich weiter darüber auf.

Die Diagnose

Die Konsequenzen einer solchen frühen Fehlbesiedlung sind unübersehbar. Sehr häufig kommt es zu einer Überwucherung (Fachausdruck aus dem englischen Sprachraum: *Overgrowth*) des Dünndarms durch Keime, die eigentlich nur im Dickdarm etwas zu suchen haben. Als Folge davon wird die Dünndarmschleimhaut geschädigt, die Resorption von Kohlehydraten und Eiweißstoffen ist gestört, häufig tritt ein Mangel an Vitamin B_{12} auf, die Betroffenen leiden oft unter Blähungen und ständigen Durchfällen, was natürlich mit starkem Flüssigkeitsverlust und Mangel an Elektrolytsalzen einhergeht.

Auch Störungen der Dickdarmflora bedeuten ernste Gefahr: Die Darmschleimhaut entzündet sich chronisch und wird durchlässig für halbverdaute Nahrungsbestandteile, von Bakterien erzeugte Giftstoffe und nicht zuletzt für die Bakterien selbst. Verdauungsstörungen sind die Regel, es entwickeln sich je nach Keimbesiedlung die verschiedensten Nährstoffmangelzustände. Auch Dickdarmkarzinome, Brustkrebs, Gallensteine und rheumatische Beschwerden werden mit Störungen der Dickdarmflora in Verbindung gebracht. Die unkontrollierte Vermehrung von Hefepilzen kann zu Allergien, Hauterkrankungen, Hyperaktivität, Verdauungsstörungen und anderen ernsten Beschwerden führen.

Im Extremfall kann die unkontrollierte Ausbreitung krank machender Keime tödliche Folgen haben. Besonders groß ist das Risiko – wegen ihres noch unausgebildeten Immunsystems – für Säuglinge. Bestimmte Stämme der Bakterienart *Clostridium per-*

fringens zum Beispiel können eine lebensbedrohliche Darmentzündung hervorrufen. Äußerst gefährlich sind auch Infektionen mit *Clostridium botulinum* oder dem berüchtigten Krankenhauskeim *Staphylococcus aureus*.

Auch Erwachsene, die in ihren ersten Lebensjahren eine gesunde Darmflora aufbauen konnten, sind vor Störungen der Darmsymbiose, vor «Dysbiosen», nicht geschützt. Blähungen, Verstopfung und Durchfall, Beschwerden, die jeder kennt, aber kaum jemand ernst nimmt, können zum Beispiel erste Anzeichen für eine Darmdysbiose sein. Ganzheitlich orientierte Zahnmediziner wie der Münchner Johann Lechner machen Darmdysbiosen zum Beispiel für die Massenkrankheit Paradontose verantwortlich. Der Wiener Internist Felix Perger etwa ließ eine Zeitlang bei jedem seiner Patienten mit wie auch immer gearteten Beschwerden die Stuhlzusammensetzung untersuchen. Bei etwa 60 Prozent fand er stark vom Normalen abweichende Verhältnisse. Tendenz: steigend.

Wie kommt es, daß die in langer Koevolution eingeübte Harmonie zwischen Mensch und Darmbakterien heute immer schlechter funktioniert? Felix Perger sieht den ärztlichen Eingriff als wichtigsten Einzelfaktor bei der Störung der Darmflora: Antibiotika, Sulfonamide, Kortikoide, Immunsuppressiva und empfängnisverhütende Mittel schädigen über verschiedene Mechanismen das bakterielle Gleichgewicht im Körper.

Unmittelbar einleuchtend ist das bei Antibiotika und Sulfonamiden, deren Daseinszweck, wie jeder weiß, die Vernichtung von Mikroorganismen ist. Sie eignen sich nicht nur glänzend zur Bekämpfung etwa von Syphilis, Tuberkulose und weichem Schanker, sondern töten die nützlichen Darmbakterien gleich mit ab. Antibiotika werden oft verabreicht, ohne daß vorher ermittelt wird, ob ihr Einsatz wirklich sinnvoll ist, etwa wenn sie «auf Verdacht» bei Symptomen gegeben werden, die auch durch Viren oder Pilze verursacht sein können, Erreger, gegen die diese Medikamente bekanntlich machtlos sind. Auch wenn sie zur Dauerbehandlung von Pubertätsakne verordnet werden, ist zu fragen, ob ihre schweren Nebenwirkungen wirklich gründlich gegen den (vorwiegend ästhetischen) Nutzen abgewogen wurden.

Ausschlaggebend für die Entwicklung von Darmdysbiosen scheint auch einmal mehr der Siegeszug des «Junkfood» zu sein, sprich: Schokoriegel, Weißbrot, Hamburger, Fertigpizzas usw. Die nützlichen Darmbakterien können mit diesen «Lebens»mitteln wenig anfangen, schädliche Erreger wie Candida aber gedeihen davon prächtig.

Ein wesentlicher Faktor bei der Entstehung von Darmdysbiosen könnte auch die zunehmende Verseuchung unserer Umwelt und Innenwelt mit chemischen Schadstoffen sein, angefangen von Formaldehyd und PCP bis hin zu all den Lebensmittelzusatzstoffen, die in der industriellen Nahrungsproduktion eingesetzt werden. Dazu würde passen, was der Zagreber Bakterienexperte Dr. Jeremija Râsić berichtet: War noch vor wenigen Jahrzehnten der Darm gesunder Neugeborener fast vollständig mit *Bifidobacterium infantis* besiedelt, findet man heute auch bei gestillten Babys vermehrt andere Bifido-Stämme. Râsić vermutet, daß *Bifidobacterium infantis* besonders empfindlich auf chemische Gifte reagiert.

Die Therapie

Was kann man tun, wenn das ökologische Gleichgewicht im Darm verlorengeht? Ein Zauberwort macht seit einiger Zeit die Runde: «Symbioselenkung». Viele Ärzte verschreiben bei echten und vermuteten Darmstörungen gern Bakterienpräparate, ohne allerdings zu wissen, was da aus der Bahn geraten ist und welcher Eingriff nötig wäre, um die Richtung zu korrigieren. Meist wird nicht einmal eine Stuhluntersuchung durchgeführt, um zu ermitteln, welche Bakterien zuviel da sind und welche fehlen. Trotzdem werden munter Rezepte ausgestellt, vor allem für Colibakterienpräparate, obwohl die Colipopulation in einem gesunden Darm gerade 1 Prozent ausmacht und auch bei gestörten Darmverhältnissen oft noch vorhanden ist. Der Begriff «Lenkung» ist in solchen Fällen sicher ein unangebrachter Euphemismus, denn ein «Lenker» sollte doch wenigstens ungefähr wissen, was er tut.

Leider tappen die Mediziner, was exakte Diagnostik von Darmdysbiosen angeht, weitgehend im dunkeln. Nur ganz wenige Speziallabore sind in der Lage, die Zusammensetzung der Darmflora einigermaßen zutreffend zu bestimmen. Oft ist die zur Analyse entnommene Stuhlprobe zu trocken, so daß sich ein verfälschtes Bild ergibt, weil bestimmte Bakterien rasch absterben. Deshalb müssen andere Symptome, etwa Hefepilzbefall in der Scheide, Verdauungsstörungen oder auch Mangelerscheinungen als Zeichen für eine Darmdysbiose herhalten. Björn Gerber vom Institut für Mineraldiagnostik und Umweltkrankheiten in München sieht in Vitamin- und Mineralmängeln einen deutlichen Hinweis auf gestörte Darmkeimverhältnisse.

In der Therapie zieht man sich, falls man nicht Anhänger der bereits erwähnten, schwer begründbaren und selten erfolgreichen Coli-Medikation ist, in der Regel auf die Verabreichung von *Lactobacillus acidophilus* und verschiedenen Bifidobakterienstämmen zurück. Von ihnen weiß man wenigstens, daß sie, anders als die meisten anderen Darmbewohner, dem Menschen praktisch nicht gefährlich werden können. Der Körper hält es in der Regel nicht einmal für nötig, Antikörper gegen diese Keime zu bilden.

Die Therapie mit diesen Milchsäurebildnern ist oft mit großem Erfolg verbunden: Blähungen und Durchfälle gehen zurück, das Gesamtbefinden verbessert sich, Stuhluntersuchungen zeigen, daß die krank machenden Erreger mitunter zurückgedrängt werden. Auch Candida-Infektionen in der Scheide lassen sich mit Laktobazillen gut bekämpfen.

Ist jedoch der Darm mit Hefepilzen überwuchert, genügt diese Behandlung allein nicht. Die Pilze müssen durch gezielte Diät und spezielle Medikamente zurückgedrängt werden. Auch anderer Krankheitserreger wie etwa Lamblien kann man nur durch Antibiotikatherapie Herr werden. Gerade nach einer Antibiotikatherapie aber ist die Einnahme von milchsäurebildenden Bakterien besonders sinnvoll. Denn jetzt, wenn es um die «Wiederaufforstung» der von den antibiotischen Medikamenten hinterlassenen Tabula rasa geht, ist sehr wesentlich, welche Bakterien zuerst kommen.

Manche Hersteller von Bakterienpräparaten behaupten, bei einer solchen Behandlung würde die Darmflora «substituiert», die eingenommenen Keime siedelten sich also im Darm an und verdrängten andere, krank machende. Möglicherweise schaffen die zugeführten Milchsäurebildner aber auch nur ein Milieu, in dem sich ihre dezimierten Artgenossen, die schon vorher da waren, wieder ausbreiten können. Was wirklich geschieht, weiß mangels genauer bakteriologischer Unterscheidungskriterien niemand. Ein Bifidobacterium sieht dem anderen sehr ähnlich, auch wenn vielleicht bedeutsame genetische Unterschiede vorliegen mögen, die ihre Haftfähigkeit an der Darmwand oder ihre Durchsetzungsfähigkeit gegenüber anderen Keimen bestimmen.

Geschäftstüchtige Pharmafirmen machen sich eben diese Schwäche der bakteriologischen Untersuchungsmethoden zunutze, indem sie ihre Bakterienpräparate einfach mit billigen Keimen ausstatten, die eigentlich zur Joghurterzeugung bestimmt waren. Bei diesen Produkten hat niemand überprüft, ob die enthaltenen Keime im menschlichen Darm oder in der weiblichen Scheide überhaupt lebens- oder ansiedlungsfähig sind. Von manchen Präparaten ist sogar bekannt, daß sie völlig andere Bakterienstämme enthalten, obwohl *Lactobacillus acidophilus* auf der Packung steht.

Ein weiteres Problem bei der Suche nach einem guten Bakterienpräparat ist die Tatsache, daß die Bakterien bei einem Großteil der angebotenen Produkte mittels Zentrifugierung aus ihrem Nährmedium gelöst werden. Dadurch wird oft die Zellwand zerstört, so daß die nährstoffhaltige Flüssigkeit im Innern der Zelle ausläuft und die Zellen absterben. Außerdem werden beim Zentrifugieren größere Bakterienkolonien in einzelne Zellen zerfetzt, die weniger Chancen haben, sich im Darm anzusiedeln. In meiner Praxis setze ich seit Jahren mit gutem Erfolg das Präparat *Omniflora* ein, das *Lactobacillus acidophilus, Bifidobacterium longum* und einen symbiontischen *Escherichia coli*-Stamm enthält, der die Vermehrung der Bifidobakterien fördert.[82]

b. Freie Radikale terrorisieren das Immunsystem

Interessanterweise sind die physiologischen Vorgänge, die mit Immunschäden oder chronischen Erkrankungen verbunden sind, dieselben, die im Zuge des Älterwerdens ohnehin auftreten. Beim alten Menschen reagiert das Immunsystem weniger stark und flexibel, Wunden heilen schlechter, Infektionen währen länger und führen eher zum Tode. Ebenso geht es Jüngeren, deren Immunkräfte zum großen Teil in der Auseinandersetzung mit Umweltgiften, allergischen Prozessen, fehlgesteuerten Immunreaktionen und der Bekämpfung von Hefepilzen sowie latenten Viren wie Herpes und Epstein-Barr-Virus gebunden sind.

Die gemeinsame Ursache von chronischen Krankheiten und Alterungsprozessen ist die Aktivität der *freien Radikale*. Dabei handelt es sich zwar nicht, wie der Begriff nahelegen könnte, um aus dem Hochsicherheitstrakt entwichene Terroristen, aber dennoch verhalten sie sich im Körper äußerst zerstörerisch und aggressiv. Wir können im folgenden nur einen Bruchteil der durch freie Radikale ausgelösten schädlichen Wirkungen beschreiben, weil die dabei ablaufenden Prozesse sich nicht ohne kompliziertes Fachvokabular darstellen lassen. Aber auch so dürfte klarwerden, wie gefährlich diese Substanzen sind.

Als freie Radikale bezeichnet man Moleküle und Molekülbruchstücke, in deren äußerem Elektronenring sich ein oder mehrere ungepaarte Elektronen befinden, um Teilchen also, die eine negative Ladung mit sich tragen. Diese negative Ladung sucht dringend nach Ausgleich, nämlich nach Paarung mit positiv geladenen Protonen. Die Protonen nehmen sie sich, wo sie sie kriegen können, aus jeder organischen Verbindung also, die sich in ihrer Nähe befindet: Fette, Eiweißkörper, Zellwände zum Beispiel. Indem sie aus einem bislang stabilen Molekül Bruchstücke herausreißen, verwandeln sie es in ein weiteres freies Radikal: Jetzt steht das beraubte Molekül mit ungepaarten Elektronen da und sucht seinerseits aggressiv nach Möglichkeiten, sich zu verbinden. Eine Kettenreaktion beginnt.

Im Grunde gehört die Bildung von freien Radikalen zu den normalen Stoffwechselprozessen im menschlichen Körper.

Ebenso normal ist es, daß diese Minisprengsätze sofort nach Entstehung wieder entschärft werden – wenn der Organismus nicht geschädigt ist. In der Regel werden freie Radikale durch diverse Enzyme (wie Superoxid-Dismutase, Glutathion-Peroxidase und die Katalasen), aber auch durch Cholesterin neutralisiert und abgebaut.

Wenn aber zuviel freie Radikale vorhanden sind, können sie großen Schaden anrichten: Sie «vernetzen» die Eiweißstoffe im Bindegewebe, stellen also Querverbindungen zwischen normalerweise leicht verschiebbar nebeneinanderliegenden Fasern her, und schnüren auf diese Weise die Zellen ein. Sie stimulieren den Organismus zur Produktion von Cholesterin, einer Substanz, die freie Radikale vernichten kann. Cholesterin ist in der Zellwand reichlich vorhanden, um sie gegen Angriffe von freien Radikalen zu schützen. Cholesterin wird je nach Bedarf vom Körper hergestellt und zur Beseitigung von Radikalen durch Oxidation verwendet. Der Cholesterinspiegel erhöht sich weniger durch mit der Nahrung zugeführte Cholesterine als durch die Reaktion des Körpers auf die Angriffe durch freie Radikale. Insofern muß ein erhöhter Cholesterinspiegel im Blutserum immer als warnender Hinweis auf verstärkte Aktivität von freien Radikalen und drohende Arteriosklerose betrachtet werden. Cholesterin ist nicht die «böse» Substanz, als die sie in den Medien häufig dargestellt wurde. Es schützt nicht nur die Zellen gegen freie Radikale, sondern ist auch Ausgangsstoff für den Aufbau der Nebennierenhormone und des Vitamins D.

In den Industrieländern, in denen die Bevölkerung gleichzeitig unter gesundheitsschädlicher Strahlung giftigen Schwermetallen und der Versuchung zu übermäßiger Nahrungsaufnahme zu leiden hat, sind erhöhte Cholesterinwerte im Blutserum sehr häufig. Parallel dazu finden wir eine große Anzahl degenerativer Erkrankungen und vorzeitiger Alterserscheinungen. Wie ist das zu erklären?

Seine schützende Funktion gegen freie Radikale übt das Cholesterin im Körper vor allem im Nervengewebe aus. Hier gibt es keinerlei cholesterinabbauende Enzyme wie im Blut, sondern Cholesterin wird einzig und allein durch die Konfrontation mit freien Radikalen abgebaut. Die Abbauprodukte aber, das oxidierte Cholesterin, können ins Blut gelangen.

Wenn man also im Blut erhöhte Cholesterinwerte mißt, bedeutet es, daß an anderer Stelle im Körper heftige Kämpfe zwischen Cholesterin und freien Radikalen ablaufen. Wenn man in Gewebeproben niedrige Cholesterinwerte findet, ist klar, daß die freien Radikale hier übermäßig aktiv sind, da sie einen Großteil des Cholesterins zerstört haben.[83] Nur das oxidierte Cholesterin führt zu Kristallisation und Plaquebildung, also zur Arteriosklerose. Einige dieser oxidierten Cholesterin-Abbauprodukte wirken im Körper ähnlich wie Vitamin D, indem sie die Calciumresorption und -einlagerung steigern. So kommt es durch die Aktivität der freien Radikale indirekt zu einer überhöhten Ablagerung von Calcium im Gewebe. Nur das nichtoxidierte Cholesterin kann aufgrund seiner antioxidativen Eigenschaften freien Radikalen entgegenwirken.

Wenn wir den Cholesterinspiegel im Blut senken wollen, führt der sinnvolle Weg dazu nicht über eine reduzierte Cholesterinaufnahme mit der Nahrung, sondern über eine Reduzierung der freien Radikale, und der Stoffe, die zur übermäßigen Bildung freier Radikale beitragen. Eine Reduzierung der Cholesterinaufnahme ist nur insofern nützlich, als sie die Aufnahme von minderwertigen Fetten herabsetzt, die im Körper prompt Oxidations- und Peroxidationsreaktionen (Peroxide sind aggressive Sauerstoffverbindungen, die sehr leicht zu Radikalen zerfallen) zu freien Radikalen verwandelt werden. Der Cholesterinspiegel des Blutserums sollte einen optimalen Mittelwert haben. Dieser liegt anscheinend bei circa 200 mg/100 ml, also deutlich niedriger als die heutzutage in medizinischen Lehrbüchern angegebenen «Normalwerte». Ein sehr niedriger Cholesterinspiegel (etwa unter 150 mg/100 ml) deutet darauf hin, daß die zur Bildung von Cholesterin benötigten Substanzen nicht ausreichend durch die Nahrung zugeführt oder aus ihr resorbiert werden. Dann droht eine Krebserkrankung, weil das Cholesterin, welches die Bildung von freien Radikalen verhütet, nicht in ausreichendem Maße hergestellt werden kann.

Jede Reaktion von freien Radikalen, die nicht durch die verschiedenen körpereigenen Neutralisierungsmechanismen (oder durch Antoxidantien – siehe S. 133) im Keim erstickt wird, löst eine Kettenreaktion in der Größenordnung von 10^6 aus. Diesen Prozeß kann man sich ungefähr folgendermaßen vorstellen: Wenn freie Radikale die Zellwand beschädigen, verändert sich die Funktion der Zellporen. Es kommt zu einem erhöhten Zufluß von Calcium in die Zelle, was wiederum die Lipidschicht schädigt und noch mehr freie Radikale erzeugt. Die beschädigte Zellwand entzündet sich und zieht deshalb weiße Blutkörperchen auf sich, die eigentlich der Heilung dienen sollen, gleichzeitig aber mit der Eiterbildung einen noch stärkeren Überschuß an freien Radikalen verursachen, da sie den Gewebezerfall und den Tod der entzündeten Zellen beschleunigen. Auch die roten Blutkörperchen spielen bei der Entstehung von freien Radikalen eine Rolle, indem sie Kupfer und Eisen freisetzen und damit ein Milieu schaffen, in dem große Mengen von Peroxiden entstehen. Schon wenige freie Kupfer- oder Eisenionen genügen, um immer wieder neue freie Radikalreaktionen anzustoßen bzw. zu katalysieren. Unter diesen negativen Einflüssen bilden sich im Körper kleine Zusammenballungen aus abgestorbenen Zellen, Fetten, Blutklebstoffen, Calcium, Cholesterin und Bindegewebsresten. Solche Klumpen können Ausgangspunkte für Geschwüre und Embolien sein. Auch psychischer Streß begünstigt über verschiedene Vermittlungsinstanzen die Bildung freier Radikale.

Die von freien Radikalen hervorgerufenen Störungen beschränken sich nicht auf Blutgefäße und Zellwände. Ähnliche Schädigungen finden im gesamten Körper statt. Die Zellfunktionen brechen mit zunehmender Durchlässigkeit der Zellwand zusammen. Wenn auch die Erbsubstanz DNA beschädigt wird, wächst die Wahrscheinlichkeit von Mutationen und Krebs. Das Lymphgewebe und das Immunsystem werden durch Schäden am Bindegewebe beeinträchtigt, die Zellen weiter abgeschnürt. Innerhalb der Zellen brechen die Selbstreinigungsmechanismen zusammen.

Da die Zellen des Immunsystems besonders viele ungesättigte Fettsäuren enthalten, sind sie ebenso wie diese sehr anfällig für Schäden durch freie Radikale. Cholesterin im oxidierten Zustand wirkt stark immununterdrückend. Das geschwächte Immunsystem kann von außen eindringende Erreger und bösartige Gewebeveränderungen nicht mehr erfolgreich bekämpfen. Die erhöhte Durchlässigkeit der Zellwände läßt Eiweißstoffe aus der Nahrung in den Kreislauf gelangen, die eigentlich vorher im Magen-Darm-Trakt verdaut und entgiftet werden sollten. So kommt es vermehrt zu allergischen Reaktionen auf Nahrungsmittel. Mit wachsender Immunschwäche kommt es fast automatisch zur Besiedlung des Darms mit Candida albicans, wodurch das Immunsystem weiter belastet wird.

Vieles spricht dafür, daß die freien Radikale auch bei der Parkinsonschen und der Alzheimerschen Krankheit eine Rolle spielen. Im Tierversuch wurde eindeutig nachgewiesen, daß diese Krankheiten mit Streß und Arteriosklerose korreliert sind.[84] Eine gewisse Linderung der Symptome des Alzheimerschen Krankheitsbildes verschafft das Medikament Deferoxamin, das mit Eisen ein *Chelat* bildet. Eisen aber ist, wie erwähnt, Katalysator für die Bildung von freien Radikalen. Durch die Bindung des Eisens an Deferoxamin wird die Aktivität der freien Radikale geringer.

Eine der Hauptursachen für die Bildung freier Radikale im menschlichen Körper ist die übermäßige Aufnahme von Fett. Dabei sind die vielgeschmähten gesättigten Fettsäuren weit weniger gefährlich als die ungesättigten, da diese besonders anfällig für Oxidation (sprich: Ranzigwerden) sind. Ungesättigte Fettsäuren bilden im Beisein von Luftsauerstoff ständig sogenannte Lipid-Peroxide, die in der Zellwand äußerst aggressiv wirken. Durch die industrielle Bearbeitung der Nahrung werden diese Fett-Peroxide in gewaltigen Mengen erzeugt. Zum Beispiel werden bei der Extraktion von Erdnußöl Eisen und Kupfer in großen Mengen freigesetzt, die diese Reaktion auslösen und das Öl schnell ranzig werden lassen. Der Verbraucher allerdings merkt nichts davon, weil der ranzige Geschmack seiner Erdnußbutter durch Zusatz von Salz, Essig und Zucker überlagert wird.

Je größer die Anzahl der ungesättigten Fettsäuren, desto rascher kommt es zur Peroxidbildung. Eisen- und kupferhaltige ungesättigte Pflanzenöle verderben besonders schnell, wenn sie an der Luft (also unter Sauerstoffzufuhr) erhitzt werden – wie etwa beim Braten. Am gesündesten sind Speiseöle, die unter Sauerstoffausschluß kalt gepreßt werden.

Bei der industriellen Herstellung von Margarine und Pflanzenfetten werden die Fettsäuren in ihrer räumlichen Anordnung von der Cis-Form zur Trans-Form verändert. Nur die Cis-Form ist für den menschlichen Organismus nützlich. Die Trans-Form hingegen trägt in bedrohlicher Weise zur Bildung von freien Radikalen bei, weil sie die Phospholipide in der Zellwand verändert. Das hat weitreichende Konsequenzen: Die Zellwand wird durchlässiger; die Herstellung von essentiellen Fettsäuren und die Prostaglandinsynthese werden beeinträchtigt; der Transport von Natrium, Kalium und Magnesium wird gestört; es kommt zu krankhaften Veränderungen des Zellstoffwechsels.

Die Schadwirkung von Abgasen, Chemikalien und Schwermetallspuren, denen wir besonders in der Nähe von Industriegebieten ausgesetzt sind, aber auch der in der Lebensmittelindustrie verwendeten Farb-, Konservierungs- und Aromastoffe dürfte ebenfalls zumindest teilweise auf die Bildung freier Radikale zurückzuführen sein. Freie Radikale verursachen oder fördern bösartige Gewebeveränderungen. Daß zu stark erhitzte Fette und angebrannte Pfannengerichte das Krebsrisiko erhöhen, ist allgemein bekannt. Ebenfalls bekannt ist, daß gewisse Hormone (insbesondere Östrogen und DHEAS) Schäden durch freie Radikale verhüten.[85] Diese beiden Substanzen werden leider mit zunehmendem Alter vom Körper in immer geringeren Mengen produziert. Die Aufgabe dieser Hormone könnte teilweise von dem normalerweise in großen Mengen vorhandenen Enzym Superoxid-Dismutase (SOD) übernommen werden. Das jedoch setzt wiederum voraus, daß in der Nahrung ausreichend Mangan, Zink und Kupfer vorhanden sind. Aber gerade diese Spurenelemente sind in der typischen mitteleuropäischen und nordamerikanischen Nahrung eher rar. Auch die enzymatischen Prozesse werden gestört, so daß entzündliche Phänomene im Gewebe häufiger werden (z. B. Rheuma, Autoimmun- und Krebserkrankungen). Kurz gesagt: Alle typischen Erscheinungen von Alter und Degenerationen werden durch freie Radikale erzeugt oder beschleunigt.

Die Diagnose

Dr. Linus Pauling hat einmal geschrieben: «Der Tod ist unnatürlich ... Theoretisch ist der Mensch unsterblich.»[86] Je stärker die Belastungen, denen er ausgesetzt ist, desto früher zeigen sich auch Symptome für den Alterungsprozeß. Der deutlichste Hinweis auf starke Aktivität von freien Radikalen sind frühzeitige Alterssymptome. In den Zellen tauchen plötzlich Schlackenablagerungen auf und sind auch mikroskopisch nachweisbar. Die Haut wird sichtlich trockener und weniger elastisch, wenn nicht gar runzlig. An den Händen zeigen sich dunkle Flecken, wie man sie sowohl bei Schwerkranken als auch bei alten Menschen beobachtet. Die Lymphdrüsen, insbesondere die Mandeln, werden kleiner. Das Immunsystem reagiert schwächer (niedrigeres oder kaum Fieber), und die Immunwerte liegen ungünstiger. Wenn derartige Symptome erheblich früher auftreten als dem tatsächlichen Alter des Patienten nach zu erwarten wäre, liegt der Rückschluß auf verstärkte Aktivität freier Radikale nahe. Außerdem lassen sich mit entsprechend aufwendigen Laborverfahren die verschiedenen Substanzen, die bei Einwirkung freier Radikale im Körper entstehen, nachweisen (z. B. geschädigtes Bindegewebe, Lipidperoxide, oxidiertes Cholesterol, und erhöhte Melaminwerte).

Die Therapie

Die erwähnten Gegenspieler der freien Radikale benötigen zur optimalen Funktion verschiedene Spurenelemente.

Superoxid-Dismutase braucht Kupfer, Zink und Mangan, Katalase braucht Eisen, und Glutathion-Peroxidase braucht Selen. Deshalb ist es sehr wichtig, daß dem Körper diese Spurenelemente in ausreichender Menge zugeführt werden. Auf eine genügende Versorgung im Zuge der Ernährung kann man heute meist nicht mehr zählen, da die Spurenelemente im Ackerboden durch jahrzehntelange Überdüngung ausgelaugt sind.

Der Entstehung von freiem Sauerstoff (also isolierten reaktionsfreudigen Sauerstoffatomen, einem der wichtigsten freien

Radikale) kann auschließlich mit Betakarotin begegnet werden, also der Vorstufe von Vitamin A, die im Körper zu diesem Vitamin umgewandelt wird. Auch die Vitamine C und E, der Vitamin-B-Komplex und der Mineralstoff Selen helfen, die freien Radikale zu neutralisieren. Aus diesem Grund nennt man diese Vitamine und das Selen *Antioxidantien*. Sie wirken der Oxidierung von Zellwänden und anderen lebenswichtigen Elementen des Organismus entgegen.[87] Auch Selen gilt als Antioxidans. Gegen die arteriellen Spasmen sind Magnesium, Mangan und Kalium zu empfehlen. Auch schwefelhaltige Aminosäuren wie Glutathion können den Heilungsprozeß unterstützen. Bei der Behandlung ist es sehr wichtig, daß alle Antioxidantien gleichzeitig zugeführt werden, weil sie sich gegenseitig unterstützen und die Beschädigungen durch freie Radikale gegenseitig wieder ausbügeln.

Wenn aus Mangel an Antioxidantien die freien Radikale im Körper überhandnehmen, kommt es zu schweren Schädigungen der Zellwände und der Zellkerne. Zur Verhütung solcher Schäden sind Vitamin- und Mineralstoffgaben in relativ hohen Dosen notwendig. Die von den Gesundheitsbehörden verbreiteten Richtwerte für die tägliche Versorgung liegen nach den Erkenntnissen der Orthomolekularmedizin zu niedrig. Andererseits muß auch vor einer Überdosierung gewarnt werden. Die Behandlung sollte nur nach genauer Bewertung (am besten durch Vollblutanalyse) aller Mineralmängel und -überschüsse erfolgen.

Die Chelattherapie hilft nicht nur gegen Belastungen mit Schwermetallen wie Blei, Cadmium, Aluminium etc., sondern schränkt auch die Bildung von freien Radikalen entscheidend ein. Man schätzt, daß die Verabreichung des Chelatbildners Äthylendiamintetraessigsäure (EDTA) die Aktivität der freien Radikale auf ein Millionstel herabsetzen kann.[88] Dafür sind anscheinend drei Mechanismen verantwortlich:

Erstens verringert die Chelattherapie den Calciumspiegel im Blut. Dadurch erhöht sich im Blutserum der Spiegel des in der Nebenschilddrüse produzierten Parathormons. Ein chronischer Überschuß an Parathormon ist seit langem als Ursache für Knochenschwund bekannt. Eine kurzfristige Erhöhung des Parathormonspiegels aber, wie sie durch EDTA-Infusionen zustande kommt, führt zu neuer Knochenbildung. Möglicherweise werden dabei jene Calciumablagerungen zur Knochenbildung herangezogen, die sich unter dem Einfluß von EDTA aus Arterien und Weichteilen lösen. EDTA unterstützt anscheinend die Herauslösung von Calcium aus der arteriosklerotischen Plaque, macht also die Verkalkung der Gefäße rückgängig. So verbessert sich die Elastizität der Gefäßwände und anderer Gewebe. Aufgrund des verminderten Calciumvorkommens werden die Zellwände entlastet.

Zweitens bindet EDTA im Körper das giftige Blei. Blei reagiert stark mit dem Antioxidans Glutathion (einer Aminosäure) und raubt ihm dabei die Fähigkeit, freie Radikale zu vernichten. Wenn das Glutathion auf diese Weise lahmgelegt ist, können auch Vitamin C und E vom Körper schlechter verwertet werden. Blei reagiert außerdem mit Selen, wodurch die Produktion des Enzyms Glutathion-Peroxidase (welches ebenfalls freien Radikalen entgegenwirkt) in Frage gestellt wird. Mit jedem Bleiatom, das sich mit EDTA zu einem Chelat verbindet und über den Harn ausgeschieden wird, sinkt somit die Gefährdung durch freie Radikale.

Drittens entfernt EDTA freie Metallionen aus der Blutbahn, die sonst als Katalysator für die Peroxidierung von Lipiden dienen könnten (besonders reaktionsfreudig sind Eisen- und Kupferionen, die sich übrigens gern in der gefährdeten Phosphorlipidschicht der Zellwand ablagern). Kupfer und Eisen sind allerdings nur dann ohne weiteres durch EDTA zu entfernen, wenn sie nicht an aktive Enzymsysteme gebunden sind. Dennoch kann man mit Hilfe der Chelattherapie den Körper von diesen Spurenelementen, die sich häufig gerade bei älteren Menschen speichern, zumindest teilweise entlasten.

Die Chelattherapie stoppt die Lawine der Schädigungen, die von freien Radikalen und deren Folgereaktionen ausgelöst werden. Nach und nach können dann normale Heilungsprozesse das zerstörte Gewebe wieder ersetzen. Die EDTA-Chelattherapie ist nicht nur gefahrlos und seit langem bewährt bei der Behandlung von chronischen Krankheiten, sondern gibt auch eine hervorragende Prophylaxe ab.

Wer bei sich die Aktivität der freien Radikale eindämmen will, sollte außerdem auf eine ballaststoffreiche Nahrung mit komplexen Kohlehydraten umsteigen. Einfache Kohlehydrate und natürlich auch hitzegeschädigte Öle müssen gemieden werden. So ist es zum Beispiel empfehlenswert, Öl erst nach Abschluß des Garvorgangs an die Speisen zu geben. Rauchen und Alkoholgenuß müssen eingeschränkt oder am besten ganz eingestellt werden. Ein wenig Sport – aber nicht übertreiben! – ist unbedingt erforderlich, um die Stoffwechselvorgänge zu aktivieren.

8. Der Zusammenhang zwischen Allergien, Arthrosen und Rheuma

Ich hatte vor kurzem Gelegenheit, an einem schönen Sommertag eines der berühmten kleinen Bäder im Rheingau zu besuchen. Da machte ich eine verwunderliche oder vielleicht gar nicht so verwunderliche Beobachtung: Überall saßen zum Teil schwer rheumakranke Menschen herum, darunter viele junge Leute, die Kette rauchten, Bier, Wein und Hochprozentiges tranken und jede Menge Kuchen, Eis und andere Süßigkeiten in sich hineinschlangen. Ein Verhalten, das gleichzeitig auf Ignoranz der behandelnden Ärzte und auf Unwissen in der Bevölkerung schließen läßt. Denn gerade Rheumakranke sollten sich keinesfalls alles Eß- und Trinkbare wahllos einverleiben. Die richtige Zusammensetzung der Ernährung kann bei ihnen den Unterschied zwischen hilflosem Siechtum und weitgehender Schmerzfreiheit ausmachen.

Doch wer weiß das schon? Jeder vierte bzw. fünfte (je nach Altersstufe) leidet unter Schmerzen, Schwellungen und Steifheit in Muskeln und Gelenken. Wenn er zum Hausarzt oder zum Rheumatologen geht, erhält er den deprimierenden Bescheid, er müsse sich mit den Schmerzen abfinden und mit den Versteifungen leben lernen. Die Rheumatologen sind die ersten, die zugeben, daß sie die Ursache(n) des Leidens nicht kennen. Deshalb sehen sie weder Heilung noch Vorbeugungsmöglichkeiten, allenfalls Symptomunterdrückung.

Der Kontakt zwischen Arzt und Rheumapatient beschränkt sich in der Regel auf ein kurzes Gespräch, in dem der Patient um Linderung seiner Schmerzen bittet und der Arzt ihm ein chemisches Rheumamittel verschreibt. Die gesamte Rheumatologie kennt nach dem heute «anerkannten Stand der Wissenschaft» nur schmerzlindernde Mittel, also Medikamente (vor allem das nebenwirkungsreiche Kortison), Bäder, Trinkkuren, Massagen und Packungen. Diese Maßnahmen sollen die Schmerzen erträglicher machen, die Entzündung unterdrücken und die Bewegungsfreiheit verbessern, mehr nicht. Die Ursache der Erkrankung wird nicht angegangen. Keine dieser Therapien befaßt sich im Sinne des ökologischen Denkens mit Umwelteinflüssen, Ernährung und Kausalitäten.

Dagegen meint der bekannte amerikanische Pionier der Umweltmedizin, Dr. Theron Randolph, daß mehr als 90 Prozent aller Patienten mit rheumatischen Beschwerden erhebliche Linderung erfahren könnten, wenn die Prinzipien der Umweltmedizin beachtet würden. Dazu ist aber nicht nur ein kurzer Arzt-Patient-Kontakt im Rahmen der «Drei-Minuten-Medizin» erforderlich, sondern eine intensive Untersuchung der Ernährungsgewohnheiten des Patienten, Allergietests sowie häufig eine Hefepilzbehandlung.

Der Umweltmediziner gibt sich nicht mit der Symptomunterdrückung zufrieden, sondern sucht nach den Ursachen: Möglicherweise, denkt er, handelt es sich um eine rheumatische Erkrankung, die durch Nahrungsmittel, Getränke, luftgetragene Allergene (wie Hausstaub, Milben, Pilze, Tierhaare und viele andere Dinge) verursacht oder zumindest verstärkt wird. Alles, was er vom Patienten verlangt, ist ein wenig Zeit und Geduld (und manchmal auch etwas Geld – die Kassen zahlen nicht immer), damit mögliche Umweltfaktoren und Nahrungsmitteleinflüsse getestet und beobachtet werden können. Lohnt sich ein solcher Versuch nicht, angesichts der vielen Jahre qualvoller Krankheit, die den Patienten erwarten, wenn alles seinen normalen schulmedizinischen Gang nimmt?

Der Umweltmediziner hat gute Gründe für seine optimistische Sicht: Schon seit fast vierzig Jahren liegen (vorwiegend aus den USA) Studien vor, die zeigen, daß ein Zusammenhang zwischen rheumatischen Gelenkerkrankungen und Nahrungsmittelallergien bzw. dem Verzehr bestimmter Nahrungsmittel besteht. Randolph, Rinkel und Zeller berichteten bereits 1951[89] von Rheuma-Patienten, deren Beschwerden nach einer längeren Fastenperiode deutlich zurückgingen, um beim Verzehr bestimmter Lebensmittel sofort wiederzukehren. Das zeigte sich sowohl anhand objektiver Schmerzmessungen als auch in einer objektiv verbesserten Bewegungsfreiheit verschiedener Gelenke. Auslöser für die rheumatischen Beschwerden waren insbesondere tierische Eiweißstoffe, aber auch verschiedene Getreidearten, vor allem Weizen. In einer anderen Studie wurden Zusammenhänge zwischen Gelenkschwellungen und rheumatischen Schmerzen und verschiedenen Umweltbelastungen wie Phenolen, Aldehyden, Alkohol, Abgasen und luftgetragenen Pilzen aufgezeigt.[90]

Im Laufe der letzten Jahre wurden verschiedene Arbeiten veröffentlicht, die sich mit dem Zusammenhang zwischen Rheuma, Arthrose und Nahrungsmittelallergien befassen. In einer englischen Studie wurden 53 Patienten nach randomisierten Kriterien in zwei Gruppen geteilt, eine «Diätgruppe» und eine «Placebogruppe». Die Placebogruppe wurde sechs Wochen lang mit einem angeblich «neuen Rheumamedikament» nichtresorbierbarem Bariumsulfat, behandelt, also mit einem unwirksamen Placebo. Danach wurden sie ebenfalls in die Diätgruppe aufgenommen. Die «Diätgruppe» erhielt während der ersten Woche ausschließlich Nahrungsmittel, bei denen eine allergische Reaktion erfahrungsgemäß äußerst unwahrscheinlich ist. In der zweiten Woche wurden der Reihe nach verschiedene suspekte Nahrungsmittel eingeführt und eventuelle allergische Symptome beobachtet. Falls es zu Symptomen kam, wurden die auslösenden Lebensmittel wieder vom Speiseplan gestrichen. Nach Ablauf der sechs Wochen hatte sich das Befinden von 73 Prozent der Patienten aus der Diätgruppe nach subjektiven und objektiven Kriterien deutlich gebessert.[91] In der Placebogruppe kam es in dem Zeitraum, als auch hier die Ernährung umgestellt wurde, zu eindeutigen Besserungen.

An der Universität von Florida untersuchte man eine Patientin, von der bekannt war, daß sie unter rheumatischer Arthritis und Milchallergie litt.[92] Diese Milchallergie wurde klinisch durch intrakutane Hauttestung im Doppelblindverfahren nachgewiesen. Sodann verabreichte man der Patientin, wieder im Doppelblindverfahren, über einen Zeitraum von einem Jahr einmal wöchentlich eine Kapsel, in der mal Milchprodukte, mal Placebostoffe enthalten waren. Immer wenn sie Milch erhielt, konnten IgE-Antikörper, IgG-Milchantikörper und zirkulierende Immunkomplexe (also Komplexe von Antigen und Antikörper) nachgewiesen werden. Gleichzeitig traten die arthritischen Symptome verstärkt auf.

In einer dritten wichtigen Studie beobachtete man ein krankes israelisches Mädchen zwischen dem achten und fünfzehnten Lebensjahr.[93] Als es das erste Mal wegen rheumatischer Beschwerden in einer Klinik behandelt wurde, stellte man ein unerklärliches Fieber fest, begleitet von Ausschlag am ganzen Körper, einem Leukozytenwert von 18 400/mm^3 (normal sind höchstens 9000/mm^3)[94] und einer Blutsenkung von 60 mm in der ersten Stunde (normal sind bei Frauen Werte zwischen 6 und 11 mm).[95] Typische Rheumawerte[96] wurden aber nicht gefunden. Wegen der eindeutig rheumatischen Symptomatik wurde die Patientin mit antirheumatischen Mitteln behandelt und mit der Diagnose «seronegative juvenile rheumatoide Arthritis» aus dem Krankenhaus entlassen. In den folgenden Jahren wurde sie an zwei israelischen Universitätskliniken weiter untersucht. Dabei stellte man fest, daß alle Beschwerden (Fieber, Gelenkschwellungen und Schmerzen) sofort verschwanden, wenn sie drei Tage lang keinerlei Milchprodukte zu sich nahm. Da sie aber aufgrund ihrer Abneigung gegen Fleisch am liebsten Milchprodukte aß und nicht darauf verzichten wollte, wurde sie weiter mit allen üblichen Medikamenten von Aspirin bis ACTH behandelt. Mit vierzehn Jahren wurde sie nochmals an einer Universitätsklinik untersucht. Wieder litt sie unter starken rheumatischen Beschwerden, Schwellungen an den verschiedensten Gelenken, Fieber bis 39 °C. Alle Tests auf Rheumafaktoren aber verliefen wiederum negativ. Daraufhin wurde sie auf eine streng milcheiweißfreie Diät gesetzt. Alsbald verschwanden alle Symptome restlos. Nach 23 Tagen gab man ihr versuchsweise erneut Milchprodukte zu essen, worauf die rheumatischen Beschwerden sofort zurückkehrten.

Eine ähnliche Studie wurde auch am Londoner Hammersmith Hospital durchgeführt.[97] Auch in diesem Fall war die Blutsenkung der betreffenden Patientin stark beschleunigt, und sie litt unter Schmerzen und Schwellungen an verschiedenen Gelenken. Wieder konnten Antigene gegen Milch und insbesondere gegen Käse nachgewiesen werden. Sobald sie auf diese Nahrungsmittel verzichtete, klangen die Symptome rasch wieder ab.

In allen diesen Fällen besteht kein Zweifel, daß die rheumatische Erkrankung direkt mit Milch und Milchprodukten zusammenhängen muß. Doch auch andere Nahrungsmittel können die Auslöser sein. So wurden rheumatische Symptome zum Beispiel auf Mais und Maismehl zurückgeführt.[98] Auch ist bekannt, daß Fasten in vielen Fällen zu einer deutlichen Erleichterung der rheumatischen Symptome führt.[99] Vermutlich ist diese Wirkung weniger dem Fasten an sich als dem Verzicht auf das allergisierende Nahrungsmittel zuzuschreiben. Immer wieder wurden im Blut IgG- und IgA-Nahrungsmittelantikörper nachgewiesen oder auch eine allergische Reaktion über den RAST demonstriert.

Auch in meiner eigenen Praxis habe ich immer wieder erlebt, wie Muskelverspannungen, Gelenkschmerzen, Schwellungen und andere rheumatische Beschwerden zurückgingen, wenn die verursachenden Nahrungsmittel nach Quaddeltestung eliminiert wurden. Bei weniger starken Reaktionen konnten wir das Problem oft durch eine Allergie-Neutralisation mit niedrig dosierten Antigenen (vgl. Kapitel 6 b) lösen. So ist gerade das Gebiet der rheumatischen Erkrankungen für den Umweltmediziner ein sehr befriedigendes Aufgabenfeld, da die Detektivarbeit so oft zu äußerst erfreulichen Resultaten führt.

Diagnose und Therapie

In der umweltmedizinischen Praxis wird zunächst eine gründliche Anamnese erhoben: Wann traten die Symptome zum ersten Mal auf, wann kommt es zu Schmerzschüben, wie lange dauern die Anfälle, ist der Patient familiär vorbelastet, welche Nahrungsmittel bevorzugt der Betroffene, welche Speisen ißt er wann und wie häufig, welche mag er nicht? Oft findet der Patient durch eigene Beobachtung rasch ein oder mehrere Nahrungsmittel, nach deren Verzehr sich die Beschwerden verschlimmern. Wenn er sie wegläßt, erfährt er meist sofortige Linderung. Sämtliche anderen umweltmedizinischen Verfahren (Candida-Behandlung, Allergieneutralisation, Schwermetallausleitung, Vitamin- und Spurenelementzufuhr) können ebenfalls erfolgversprechend eingesetzt werden.

Die Ursache der rheumatischen Beschwerden ist zumeist nicht ein einziges Nahrungsmittel oder dessen Inhaltsstoffe, sondern eine komplexe Kombination von Nahrungsmitteln und anderen Umweltfaktoren. Wahrscheinlich ist Rheuma der Endpunkt einer Entwicklung, die mit relativ leichten Allergien begann und sich über immer stärkere Schäden des Immunsystems bis hin zur ernsten Krankheit auswuchs. Wer sich nicht rechtzeitig um Umweltfaktoren und Ernährung kümmert, handelt sich, falls er nicht eine besonders robuste Konstitution besitzt, über kurz oder lang Dauerschäden ein, die bei bewußterer Lebensweise vielleicht zu verhüten gewesen wären. Auch in diesem Fall jedoch bietet die umweltmedizinische Therapie eine Chance, die Beschwerden deutlich zu mildern, so daß andere, nebenwirkungsreiche Medikamente eher weggelassen werden können oder in wesentlich geringerer Dosis nötig sind.

9. Orthomolekularmedizin – das richtige Vitamin am richtigen Ort

Im Jahre 1968 sprach Linus Pauling, der zweifache Nobelpreisträger, zum ersten Mal von einer orthomolekularen Medizin. Er verstand darunter die Aufrechterhaltung von guter Gesundheit und die Behandlung von Krankheiten durch Verabreichung von Stoffen, die normalerweise im menschlichen Körper vorkommen und zu seiner Gesundheit beitragen – Hormone, Enzyme, Neurotransmitter, Vitamine, Aminosäuren, Mineralstoffe und andere.

Das Ziel der Orthomolekularmedizin ist aber noch höher gesteckt: Sie geht davon aus, daß unter den normalen Lebensbedingungen auf dem Planeten Erde kein Lebewesen wirklich optimale Voraussetzungen für seine Gesundheit, seine Entwicklung und sein Leistungsvermögen vorfindet. Auch die gängige Medizin und Ernährungslehre begnügen sich nach Meinung der Orthomolekularmediziner mit einem Suboptimum: Sie sind damit zufrieden, ernste Krankheiten zu vermeiden, obwohl der Mensch dank seiner wissenschaftlichen Erkenntnisse und seiner technischen Möglichkeiten die Chance hätte, mehr als eine nur durchschnittliche Gesundheit zu erreichen.

Die Orthomolekularmedizin will dem Menschen helfen, diese seine Möglichkeiten und Fähigkeiten zu voller Blüte zu bringen. Und das ausschließlich mit Hilfe von Substanzen, die erwiesenermaßen für den menschlichen Körper lebenswichtig sind: Vitamine, Mineralstoffe, Aminosäuren, Enzyme, Hormone und eine optimale Ernährung. Der wesentliche Unterschied zur Schulmedizin liegt darin, daß die Orthomolekularmediziner nicht von allgemein anerkannten Durchschnittswerten für den Vitamin- und Mineralstoffbedarf ausgehen, sondern vom je individuellen

Bedarf des einzelnen. So wie wir Menschen verschieden geformte Hände, unterschiedliche Nasen, Augen und Ohren und ganz einzigartige Fingerabdrücke haben, sagen sie, so hat auch jeder Mensch sein ganz spezielles Profil in punkto Vitamin- und Mineralstoffbedarf. Für viele mögen tatsächlich die Durchschnittswerte gelten, andere aber brauchen vielleicht das Hundert- oder Tausendfache von einem bestimmten Vitamin, um wirklich gesund zu sein. Gewährt man ihnen nur die Durchschnittsdosis, werden sie krank.

Professor Pauling leitete den Begriff *orthomolekular* vom griechischen *orthos* (deutsch: richtig oder korrekt) ab. Er meinte damit, daß das richtige Molekül in der richtigen Menge, so wie es für einen optimalen Gesundheitszustand notwendig ist, im Körper vorhanden sein sollte. Wenn aus Krankheitsgründen bestimmte Moleküle im Übermaß oder in zu geringen Mengen vorhanden sind, müssen sie konsequenterweise dem Körper in der richtigen Menge zugeführt werden. Trotzdem steht die Orthomolekularmedizin nicht grundsätzlich in Opposition zur Schulmedizin. Sie gibt zu, daß viele chronische und akute Krankheiten mit stark wirkenden und nebenwirkungsreichen Medikamenten behandelt werden müssen. Aber gerade wenn giftige Mittel angewendet werden, ist eine orthomolekulare Begleittherapie besonders sinnvoll. Die Präparate der Orthomolekularmedizin setzen die Wirksamkeit der entsprechenden Medikamente nicht herab, mildern aber deren negative Wirkung im Körper und helfen diesem, schädliche Medikamentenrückstände rasch wieder auszuscheiden.

In den Vereinigten Staaten ist die Orthomolekularmedizin bereits seit einiger Zeit gut eingeführt. Im Jahre 1971 wurde die American Academy of Orthomolecular Psychiatry gegründet, im Jahre 1975 schlossen sich die Orthomolekularmediziner zur American Society of Orthomolecular Medicine zusammen. Einen besonderen Aufschwung erhielt die Orthomolekularmedizin durch die bahnbrechenden Forschungen des Arztes und Pharmakologen Dr. Carl C. Pfeiffer vom Brain-Bio-Center in Princeton, New Jersey. Wie sein kanadischer Kollege Dr. Abraham Hoffer[100] behandelte er Schizophrene erfolgreich mit Vitamin B_3 und Vitamin C. Außerdem schrieb er grundlegende Arbeiten über die Notwendigkeit der Spurenelemente im menschlichen Körper (insbesondere Zink, Mangan und Molybdän). Die Behandlung mit hochdosiertem Zink wurde von Pfeiffer mit großem Erfolg gegen Rheuma und Arthrosen eingesetzt.

Nach Dr. Pfeiffer wirkt die Orthomolekularmedizin gleichzeitig vorbeugend und heilend. Er empfiehlt gerade heute die Anwendung von Nährstoffsupplementen als Vorbeugungsmaßnahme gegen die verschiedenen Umweltschadstoffe. Schon 1975 verwies er auf die hohen Blei- und Cadmiumbelastungen, auf das Lungenkrebsrisiko durch Asbest, auf die Bedrohung durch Erdgas und dessen Verbrennungsrückstände, auf die mögliche Verbindung zwischen Aluminiumbelastung und Alzheimer-Krankheit, auf die blutdruckerhöhende Wirkung von Kupfer aus kupfernen Wasserleitungen, auf die allergisierende Wirkung der Lebensmittelzusatzstoffe und auf das durch hohen Zuckerkonsum bedingte Hypoglykämie-Problem.

Die Orthomolekularmedizin wird von der Schulmedizin oft mit gerümpfter Nase betrachtet, dabei gehören orthomolekularmedizinische Therapien seit Jahren zum Arsenal der «normalen» Medizin: Man behandelt Zuckerkrankheit mit dem körpereigenen Hormon Insulin, verabreicht bei manisch-depressiven Erkrankungen das Metall Lithium und beugt – besonders bei Frauen – der Osteoporose durch Calciumgaben vor.

Prinzipiell wird aber von seiten der traditionellen Medizin und Ernährungswissenschaft häufig eingewendet, daß höhere Vitamingaben nur zu erhöhter Ausscheidung von Vitaminen führt, daß also die Vitamine einfach ungenutzt durch den Körper hindurchgehen. Dies ist zwar im Prinzip richtig, doch ist es keineswegs geklärt, ob nicht ein gewisser Teil der Vitamine vor der Ausscheidung im Körper dennoch wichtige Funktionen erfüllt. So gewährt anscheinend überschüssiges Vitamin C bei seiner Ausscheidung durch die Blase sicheren Schutz gegen Blasenkrebs. Die positiven Erfahrungen der Orthomolekularmedizin sprechen dafür, daß der kranke Mensch – aber auch der noch gesunde – unter den heutigen Lebensbedingungen von einer ganzen Reihe von Vitaminen und Mineralien wesentlich mehr braucht, als bisher angenommen wurde. Man sollte dabei auch bedenken, daß viele Lebensmittel auf mittlerweile mineralarmen Böden wachsen und einen Großteil ihrer Vitamine während Transport, Lagerung und Weiterverarbeitung verlieren. Wir können keineswegs sicher sein, alle lebenswichtigen Stoffe mit der Nahrung zu bekommen, auch dann nicht, wenn wir reichlich Salat, Gemüse, Obst, Vollkorn und Milchprodukte zu uns nehmen.

Als besonders wichtig haben sich die Antioxidantien erwiesen, die im Körper der Bildung freier Radikale entgegenwirken, also Vitamin A, C und E sowie das Mineral Selen. Vitamin A sollte in Form seiner Vorstufe Betakarotin genommen werden, weil es so vollkommen ungiftig ist – die Leber wandelt das Betakarotin dann in eine für den Körper bestens verträgliche Form von Vitamin A um. Auch Vitamin C ist relativ ungiftig und ruft besonders bei synthetischer Herstellung keine allergischen Symptome hervor. Bei kranken Menschen ist der Vitamin-C-Bedarf wesentlich erhöht – Orthomolekularmediziner haben Krebs- und AIDS-Kranken bis zu 200 Gramm Vitamin C täglich verabreicht und keinerlei negative Reaktionen, sondern eine Verbesserung des Allgemeinbefindens und Linderung der Symptome festgestellt. Vitamin A und C sind besonders wichtig zum Schutz der Schleimhäute und sollten deshalb im Mittelpunkt jeder Krebsprophylaxe stehen, insbesondere bei der Vorbeugung gegen Lungen-, Darm- und Gebärmutterhalstumore.

Vitamin E schützt vor allem Herz und Kreislauf, was mittlerweile durch eine ganze Reihe wissenschaftlicher Untersuchungen nachgewiesen ist. Die grundlegenden Forschungen zur physiologischen Wirkung von Selen hat Prof. G. N. Schrauzer aus Kalifornien geleistet.[101] Danach ist Selen wesentlicher Bestandteil des Enzyms Glutathion-Peroxidase, das eine wichtige Funktion in der Abwehr freier Radikale erfüllt. Außerdem hemmt auch Selen selbst auf direktem Weg die Vermehrung freier Radikale. Selen hat sich in vielen Studien als krebsvorbeugend erwiesen.

Auch die anderen Vitamine, insbesondere die der B-Gruppe, können zumindest in geringen Mengen zusätzlich zur (möglichst vollwertigen) Nahrung eingenommen werden. Auch Magnesium und Calcium, Zink und Kupfer sind für den Stoffwechsel von großer Bedeutung und sollten (in der richtigen Menge) zugeführt werden. Zink und Kupfer wirken allerdings antagonistisch: Wenn man von einem zuviel hat, wird das andere zurückgedrängt. Logischerweise dürfen diese Substanzen nur dann verabreicht werden, wenn ein tatsächlicher Mangel bzw. Überschuß festgestellt ist.

Die Diagnose

Die Diagnose von Mineralstoffmangel- oder -überschußerscheinungen geschieht zum einen mit dem umstrittenen Verfahren der *Haarmineralanalyse*, das die Minerabablagerungen im Kopfhaar mißt, zum anderen (zuverlässiger) mit einer Vollblutanalyse oder modernen Serumanalyseverfahren. Die normalen schulmedizinischen Bluttests (großes und kleines Blutbild, Blutsenkung) genügen nicht, um ein differenziertes und zutreffendes Bild von der Mineralversorgung eines Menschen zu erhalten. Insbesondere werden bei diesen Verfahren in der Regel Spurenelemente wie Selen, Molybdän und Mangan nicht mit erfaßt. Der erfahrene Arzt hat allerdings noch weitere Anhaltspunkte, um auf Vitamin- oder Mineralstoffunausgewogenheiten zu schließen: Vitamin-C-Mangel führt zum Beispiel zu vermindertem Abbau von geronnenem Blut an Wunden; Zinkmangel offenbart sich in weißen Flekken unter den Fingernägeln, Brüchigkeit von Nägeln und Haaren; Herzrhythmusstörungen, Muskelschmerzen und -krämpfe treten oft bei Magnesiummangel auf; Zahn- und Knochenprobleme lassen auf zu niedrige Calciumwerte schließen.

Die Basistherapie

Eine orthomolekularmedizinische Behandlung sollte nur unter Aufsicht erfahrener Therapeuten erfolgen, weil die richtige Dosis nicht leicht festzulegen ist und bei manchen Substanzen eine gewisse Gefahr der Überdosierung besteht. Als risikolose Basisbehandlung für relativ gesunde Menschen, die zukünftigen Schäden vorbeugen wollen, empfiehlt Dr. Carl Pfeiffer:

2 × täglich 30 mg Zink in Form von Zinkglukonat (Dr. Pfeiffer geht davon aus, daß die Menschen von heute grundsätzlich eher unter toxischer Kupferüberbelastung, nie aber unter Kupfermangel leiden und deshalb problemlos den Kupferantagonisten Zink zu sich nehmen können oder sollten)
200–400 internationale Einheiten (IE) Vitamin E täglich
20 000 IE Beakarotin täglich
2 g Vitamin C täglich

Auch ein Selenpräparat sollte man regelmäßig einnehmen sowie andere Mineralstoffe und Vitamine, deren Dosis aber individuell ausgetestet und im Laufe der Therapie immer wieder anhand neuer Tests überprüft werden muß. Vitamin C und Calcium haben sich zur Behandlung von Zahnfleischbluten bewährt; viele rheumatische Erkrankungen werden durch Vitamin E und den Vitamin-B-Komplex (insbesondere B_6) gelindert. Außerdem gibt es kaum eine Herzfunktions- oder -rhythmusstörung, die nicht durch Zufuhr von Magnesium in der richtigen Menge gebessert werden könnte. Dabei muß man besonders auf das richtige Verhältnis zwischen Magnesium und Calcium achten. Es sollte mindestens 1:1 betragen, kann aber bei ernsten Störungen auch auf 2:1 zugunsten des Magnesiums verändert werden (nur unter ärztlicher Kontrolle!)

10. Die Stärkung des Immunsystems

Werner F. war Vizepräsident einer großen Bank – ein äußerst stressiger Job! Als er zu mir kam, war er 54. Zwei Jahre zuvor hatte man ihm Digitalis-Präparate gegen seine Herzrhythmusstörungen verschrieben. Vor einem Jahr hatte man ihm ein wenig bösartiges Basaliom, also einen kleinen Hauttumor, entfernt. Seit sechs Monaten klagte er abwechselnd über Durchfall und Verstopfung, übelriechenden Stuhl und Schmerzen im linken Unterbauch. Bei einer Dickdarmspiegelung entdeckte man zwei Polypen, die gerade noch als gutartig gelten konnten. Die Frage war, ob sie demnächst bösartig werden und dann Dickdarmkrebs verursachen würden.

Werner F. war sehr besorgt. Dreimal machte er einen Termin mit mir aus, und immer wieder sagte er kurzfristig ab. Beim vierten Mal bestand ich schließlich darauf, daß er den nächsten Termin einhielt, und sagte ihm, daß ich seine Behandlung sonst nicht übernehmen würde. Der Patient sah gut und gern zehn Jahre älter aus, als er war, und hatte erhebliches Übergewicht. Er berichtete, daß er vor dem Abendessen immer zwei Cocktails brauche und tagsüber mehrere Zigarren rauche.

Bei routinemäßigen Blutuntersuchungen stellten wir keine Abnormitäten fest, und auch der Zustand des Immunsystems war im großen und ganzen normal. Antikörper gegen Epstein-Barr und Herpes waren nicht zu finden; der Allergietest zeigte einige geringfügige Empfindlichkeiten; die Bleibelastungsprobe ergab nur mäßig erhöhte Werte. Ich kam zu dem Schluß, daß der Hauptgrund für seine Beschwerden der Streß im Beruf sein mußte, von dem er sich nur mit Hilfe von Alkohol ein wenig befreien konnte. Also empfahl ich ihm vor allem anderen eine psychologische Behandlung, damit er lernte, den Streß durch Meditation abzubauen.

Trotzdem führte ich gleichzeitig alle grundlegenden Maßnahmen zur Entlastung des Immunsystems durch: 20 Chelatbehandlungen, um die Bleibelastung zu reduzieren; eine Rotationsdiät mit wenig tierischem

Eiweiß und reichlich komplexen Kohlehydraten wie Früchten, Gemüse, Vollkornprodukten, Nüssen etc. Außerdem gab der sehr kooperative Patient das Rauchen auf und begnügte sich mit einem Glas Wein am Abend. Neben den Chelatbildnern infundierten wir auch Multivitamine in hohen Dosen (insbesondere Vitamin C), und er nahm über den Tag verteilt weitere Multivitamine und Mineralstoffe zu sich.

Nach vier Monaten hatte er 20 Kilogramm abgenommen, wirkte nicht mehr älter als er war, fing an, Tennis und Golf zu spielen und machte gute Fortschritte in der Psychotherapie. Natürlich ist schwer zu entscheiden, ob sich bei diesem Mann ohne diese Maßnahmen Krebs oder eine Autoimmunerkrankung entwickelt hätte. Eins aber kann ich aus meiner medizinischen Erfahrung heraus sagen: Wenn jemand dafür prädisponiert gewesen ist, dann er. Durch die beschriebenen Maßnahmen jedoch verbesserte sich sein allgemeiner Gesundheitszustand erheblich und die Möglichkeit einer Krebserkrankung ist in weite Ferne gerückt und ängstigt ihn nicht mehr.

Wir haben gesehen, daß das Immunsystem des Menschen in der Industriegesellschaft den verschiedensten schweren Belastungen ausgesetzt ist. Die Schädigungen durch Umweltgifte lassen «normale» Erreger wie Grippe-, Herpes- und Epstein-Barr-Viren sowie Candida-Pilze höchst gefährlich werden. An der Verbreitung der «Volkskrankheit Allergie» ist abzulesen, bei wie vielen Menschen das Immunsystem bereits im Ansatz geschädigt ist. Fortgeschrittene Immunschäden sind ebenso verbreitet und schwer rückgängig zu machen: Krebs, Rheuma, Kollagenosen, multiple Sklerose etc. Das Immunsystem, das bei akuten Infektionen wie Angina, Masern oder Keuchhusten so intensiv und effektiv reagieren kann, steht durch chronische Belastungen und chronische Krankheiten unter Dauerstreß.

Dieses wundervolle Immunsystem, das sich im Laufe der Evolution an die verschiedensten Erreger und Gifte angepaßt hat, das uns immer wieder das Leben rettet, wenn wir infiziert oder verwundet sind, ist in ernster Gefahr. Die Schulmedizin tut zur Zeit wenig, um es vor dieser Gefahr zu bewahren. Zwar gibt es Vorsorgeuntersuchungen, doch ist deren Effektivität umstritten, und sie erkennen Erkrankungen meist erst in relativ fortgeschrittenem Stadium. Wir meinen, daß die Medizin und die Gesellschaft einen weitaus umfassenderen Begriff von Gesundheitsvorsorge und Vorbeugung entwickeln muß, wenn das menschliche Leben lebenswert bleiben soll.

Das Immunsystem ist einmal durch Faktoren bedroht, die zumindest teilweise im Rahmen der persönlichen Kontrolle des einzelnen liegen, zum anderen durch Faktoren, die vom einzelnen allein nicht gelöst werden können, auf die er allenfalls durch politische Betätigung und als Wähler Einfluß nehmen kann. Zu den Faktoren, die unter Umständen individuell kontrollierbar sind, zählen Ernährung, Vitamin- und Mineralstoffversorgung, Schadstoffbelastung in der Wohnung und am Arbeitsplatz und das Ausmaß an psychischem Streß, Lärm, Termindruck, Freizeithektik etc., das man sich zumutet. Individuell nicht zu kontrollieren sind hingegen übergreifende Lebensbedingungen, die ganze Nationen, Regionen, Kontinente, wenn nicht gar den ganzen Planeten betreffen: die Verschmutzung von Luft, Wasser und Boden; die Bedrohung durch Radioaktivität; der psychische Streß, dem wir in einer Gesellschaft, die vorwiegend auf Leistung, Geldverdienen und Konsum ausgerichtet ist, kaum entkommen können; die beklemmenden ökologischen und sozialen Zukunftsaussichten.

Daß die Psyche unsere Immunlage beeinflußt, ist mittlerweile mehr als hinreichend nachgewiesen. So konnte zum Beispiel gezeigt werden, daß Krebspatienten sehr häufig in den achtzehn Monaten vor der Krebsdiagnose ein heftiges emotionales Trauma erlitten haben. Entspannung, eine streßarme Lebensgestaltung, ausreichend Schlaf und Bewegung tragen andererseits eindeutig zur Verbesserung der Immunlage bei. Umgekehrt hat körperliche Krankheit natürlich auch einen starken Einfluß auf das seelische Befinden.

Zur Verbesserung der »Psychoimmunität« sind alle Formen der Entspannung – Meditation, Yoga, autogenes Training, Autosuggestion, sportliche Betätigung, Angeln, Mittagsschlaf etc. – nachdrücklich zu empfehlen. Wichtig ist bei allen diesen Aktivitäten, daß man eine gewisse Ziellosigkeit entwickelt, den Willen, etwas zu leisten oder schnellstmöglich zu erreichen, aufgibt. Außerdem sollte man alle Aktivitäten lassen, nach denen man sich eindeutig seelisch oder körperlich geschwächt fühlt (auch die Pflichtbesuche bei ungeliebten Verwandten und Bekannten zählen hierzu!). Auf starke psychische Stressoren wie den Tod eines Angehörigen, Trennung, Verlust des Arbeitsplatzes etc. hat man zweifellos nur sehr begrenzten Einfluß. Trotzdem können ein allgemein streßarmer Lebensstil und körperliche Gesundheit dazu beitragen, daß man mit solchen Erlebnissen eher umgehen kann, ohne ernsthaft krank zu werden.

Schwieriger ist es, der Umweltverschmutzung und damit der Hauptursache von Immunstörungen ersten Grades, den Allergien, zu entgehen. Also gilt es, mit Hilfe von gesunder Ernährung und gezieltem Ausgleich von Mineralstoff- und Vitaminmängeln im Sinne der Orthomolekularmedizin dem eigenen Organismus den bestmöglichen Schutz zukommen zu lassen und Umweltgifte auch sonst weitgehend zu meiden (kein Nikotin, kein Alkohol, giftfreie Hölzer und Möbel in der Wohnung, Vorsicht bei Kosmetika und Reinigungsmitteln).

Für den Arzt bedeutet diese Form der Vorbeugung ein völlig anderes Umgehen mit dem Patienten, als es im Zeitalter der «Drei-Minuten-Medizin» gang und gäbe ist. Um über die Voraussetzungen einer wirklich sinnvollen Gesundheitsvorsorge zu reden, muß das Beratungsgespräch sicher ein bis zwei Stunden dauern. Dabei geht es nicht darum, daß der Arzt dem Patienten eine Predigt über dessen vergangene Fehler und das Paradies der neuen Ernährung hält, sondern einfach um einen Erfahrungsaustausch und eine offene Atmosphäre, in der der Patient die Chance erhält, Dinge, die er vielleicht in der Vergangenheit übersehen hat, zu entdecken oder aus neuem Blickwinkel zu betrachten.

Im weiteren Sinne gehört zu dieser Form der Präventivmedizin die detaillierte körperliche Untersuchung auf Symptome wie: Verfärbungen oder Brüchigkeit von Nägeln und Haaren; Spannung der Haut und des Unterhautgewebes; Veränderungen an Schleimhäuten im Nasen-Rachen-Bereich und am Zahnfleisch; Über- oder Untergewicht; Lymph- und Venenstauungen; eventuelle Hämorrhoiden; Blähungen; Art und Frequenz des Stuhls; eventuelle Verstopfung der Nase; und die Atmung im Bereich der Bronchien (was Aufschluß über entzündliche Veränderungen oder Asthma geben kann).

Außerdem stehen neben den üblichen Blut- und Harnuntersuchungen Labortests auf Immunwerte und Antikörpernachweise gegen bestimmte Viren (Herpes I und II, Epstein-Barr). In Speziallaboratorien werden anhand von Blutproben Überschuß bzw. Mangel an bestimmten Mineralien und Vitaminen bewertet. Auf dieser Basis kann man nach einigen Monaten den Erfolg der Behandlung überprüfen: Haben sich die Immunwerte verbessert? Sind die Antikörpertiter gesunken? Sind die Mineralstoffmängel behoben?

In den ersten Monaten gebe ich in der Regel keine immunstimulierenden Medikamente, sondern warte zunächst ab, welche Wirkung die Allergietestung und die nachfolgende Allergieneutralisation zeitigt. Oft verbessert sich die Immunlage aufgrund dieser Behandlung schon nach wenigen Monaten meßbar, so daß weitere Maßnahmen zur Immunstärkung nicht erforderlich sind. Viel wichtiger als Medikamente ist, daß der Patient seinen Lebensstil und seine Ernährungsweise zu seinem Vorteil umstellt, so daß weitere Therapien überflüssig werden.

11. Wenn es (fast) zu spät ist – die ganzheitliche Krebstherapie

Oft ist das Immunsystem bereits bedenklich geschädigt, wenn der Patient in eine umweltmedizinische Praxis gelangt – etwa bei schweren rheumatischen Erkrankungen, Krebs, Bronchien- und Gelenkverschleiß, Autoimmunkrankheiten, chronischen Nieren-, Herz- und Kreislaufbeschwerden oder Schäden am Nervensystem durch multiple Sklerose oder ALS (Amyotrophische Lateralsklerose).

Die schwerste Immunstörung ist der Krebs. Bevor man einen Tumor diagnostizieren kann, geht eine Phase der Entwicklung des Krebsgeschehens voraus, die Wochen, Monate oder Jahre dauern kann. Die Krebsdiagnose findet folglich eher am Endpunkt dieser Krankheit als an ihrem Beginn statt.

Über die Entstehung von Krebs weiß man heute zwar mehr als früher, aber es fehlt immer noch eine ganzheitliche Präventionsstrategie. Andererseits ist die Bevölkerung mehr und mehr dazu bereit, an der Vorbeugung aktiv mitzuwirken und sich im Vorfeld der Krankheit zu schützen. Immer wieder erlebe ich in meiner Praxis, daß die Patienten mich fragen: «Herr Doktor, gibt es irgendeinen Weg, um sich wirklich davor zu bewahren?»

Die Antwort ist nicht einfach. Einige Krebsursachen sind erkannt und teilweise mit Erfolg angegangen worden, etwa die Belastung von Krankenhauspersonal und Patienten durch Röntgenstrahlen. Schuhgeschäfte dürfen heute nicht mehr Kinderfüße röntgen, um die richtige Größe der Schuhe zu ermitteln. Asbest, das bekanntlich Lungenkrebs fördert, wird allerorts entfernt. Auch beim Hodenkrebs der Berufsgruppen, die viel mit Ruß umgehen («Schornsteinfegerkrebs»), ist das Karzinogen identifizert und kann durch geeignete Schutzmaßnahmen weitgehend vermieden werden.

Außerdem weiß man, daß Krebs familiär gehäuft auftritt. Wenn die Großmutter Brustkrebs hatte, sind oft auch Tochter und Enkelin anfällig dafür. Der Expräsident der Vereinigten Staaten, Reagan erkrankte ebenso wie sein Bruder an Dickdarmkrebs. Wer also einer entsprechend vorbelasteten Familie angehört, sollte besonders vorsichtig im Umgang mit Karzinogenen und Streß sein.

Weitere als gefährdet identifizierte Personenkreise sind die Raucher und die Alkoholiker. Verschiedene Krebsarten (etwa Zervixkrebs und Tumore im Nasen-Rachen-Raum) scheinen durch Viruserkrankungen begünstigt zu werden. Beim Grillen von fettem Fleisch entstehen ebenso Karzinogene wie beim Erhitzen von Gepökeltem. Die im Pökelsalz enthaltenen Nitrite verwandeln sich dabei in hochgiftige Nitrosamine. In Kapitel 5 b haben wir von den Forschungen des Schweizer Arztes Walter Blumer berichtet, der eine Beziehung zwischen Bleibelastung und Krebs nachgewiesen hat. Besonders gefährdet durch Blei sind Radfahrer, Jogger, Berufsgruppen, die regelmäßig Autoabgasen ausgesetzt sind (wie Polizisten und Zöllner) sowie Personen, die an stark befahrenen Straßen wohnen. Wenn wir uns all dieser Faktoren bewußt sind, können wir zumindest versuchen, sie so gut es geht zu vermeiden. Von ganzheitlicher, systematischer Vorsorge kann deshalb noch keine Rede sein.

Ein weiterer bekannter Aspekt der Vorbeugung sind die Vorsorgeuntersuchungen. Sie sind aus gutem Grund umstritten, weil zum Beispiel regelmäßige Röntgenuntersuchungen (Mammographien) das Tumorrisiko insgesamt erhöhen oder weil die auf einen verdächtigen Abstrich folgende Gewebeentnahmen am Gebärmuttermund gelegentlich zu heftigen Komplikationen führen kann. Andererseits lassen sich ohne Zweifel durch den erfahrenen Arzt viele Tumorerkrankungen im Ansatz erkennen. Durch Dickdarmspiegelungen findet man häufig Polypen, die sich unbehandelt zu Krebs weiterentwickeln könnten; durch Magenspiegelungen läßt sich frühzeitig klären, ob Geschwüre oder Tumore vorliegen, der Zahnarzt kann neben den Zähnen auch Zunge und Mundschleimhaut auf verdächtige Gewebeveränderungen hin inspizieren; Hautkrebs oder Melanome werden heute wegen der vermehrten Aufklärung oft schon von Laien erkannt. Trotzdem wird bei den Vorsorgeuntersuchungen der Krebs meist erst dann entdeckt, wenn es zu spät oder fast zu spät ist.

Auf dem Sektor Therapie sieht es ähnlich mager aus. Die Resultate der heutigen Krebstherapie sind im allgemeinen unbefriedigender, als man uns glauben machen will, abgesehen von Erfolgen bei Leukämien im Kindesalter, der Hodgkin-Krankheit (Lymphogranulomatose) und einigen wenigen anderen Tumorarten.

Warum? Der Schwerpunkt der schulmedizinischen Behandlungsmethoden liegt seit dem 19. Jahrhundert auf der Zerstörung des Tumors selbst. Sobald der Patient Symptome bildet und die Diagnose feststeht, erfolgt ein direkter Angriff auf das entartete Gewebe. Dabei beschränkt man sich im wesentlichen auf die bekannten drei Waffen:

1. Chirurgische Eingriffe, falls der Tumor operabel ist;
2. Bestrahlung;
3. Chemotherapie und in bestimmten Fällen Hormontherapie.

Bei diesen Behandlungsmethoden wird der Gedanke vernachlässigt, daß Krebs zuallererst ein Defekt des Immunsystems ist. Statt dessen wird das Immunsystem durch solche aggressiven Therapien weiter geschwächt: Der chirurgische Eingriff hinterläßt eine klaffende Wunde, weil man sämtliche Metastasen beseitigen möchte; Chemotherapie ist bei normaler Dosierung schädlich und gefährlich; durch Bestrahlung kann es zu erheblichen Gewebeschäden und Langzeitfolgen kommen. Sicherlich ist die Bestrahlung eines Basalioms an der Nasenspitze sinnvoll – ebenso wie die Anwendung von Zytostatika bei der Hodgkin-Krankheit –, bei den meisten Krebsarten wie Lungen-, Leber- und Dickdarmkrebs aber ist die Effektivität dieses Ansatzes keineswegs bewiesen.

Wir wissen noch nicht ganz genau, wie Krebs entsteht, aber wir kennen ein Reihe von Faktoren, die daran beteiligt sind: Krebszellen sind im Vergleich zu normalen Zellen nur unreif entwickelt. Die genetischen Anweisungen, die das Wachstum der Zelle steuern, sind gestört. Das normale Programm von Zellteilung und

-regeneration ist völlig durcheinandergeraten. Krebszellen sind zelluläre Mißbildungen, die anders als normale Zellen nicht nach einer gewissen Zeitspanne absterben, sondern sich immer weiter entwickeln und vermehren.

Unser Immunsystem verfügt über wirksame Waffen, um eine gewisse Anzahl von Krebszellen in Schach zu halten. Es sind dieselben Abwehrmechanismen, die auch im Kampf gegen Viren, Bakterien und Pilze zum Tragen kommen. Die wissenschaftliche Forschung hat gezeigt, daß bei jedem Menschen abnormale Zellen vorkommen, die mit Krebszellen identisch sind.[102] Von einem gut funktionierenden Immunsystem werden sie mit Leichtigkeit «entschärft». Ein gesundes Immunsystem kann etwa eine Million abnorme Zellen zur gleichen Zeit unschädlich machen. Das entspricht einer Tumormasse von etwas weniger als einem Zentimeter Durchmesser. Vermutlich kann die Krebserkrankung erst fortschreiten und invasiv werden (also in tiefere Gewebeschichten vorstoßen), wenn das Immunsystem geschwächt ist. Erst dann erreicht der Tumor eine Größe, die durch Abtasten oder auf dem Röntgenbild erkennbar ist.

Folglich ist es zur Krebsprophylaxe und -therapie sinnvoll, das Immunsystem so zu stärken, daß es wieder in die Lage versetzt wird, mit den abnormen Zellen selbst fertig zu werden. Dazu müssen ausreichend T-Zellen (die das Immunsystem an- und abschalten), B-Zellen (die für die Antikörperproduktion verantwortlich sind) und Freßzellen (die die entarteten Zellen direkt vernichten und verdauen) vorhanden sein. Besonders wichtig ist die B-Zellenmenge, weil diese Zellen Antikörper produzieren, die die abnormen Zellen direkt angreifen können. Außerdem helfen verschiedene Enzyme, die Tumorzellen und andere geschädigte Zellen aufzulösen und aus dem Körper zu entfernen. Diese *proteolytischen Fermente* greifen den Schleimmantel der Krebszellen an und dringen auf diese Weise ins Zellinnere vor. Die Bildung und Funktion dieser Enzyme muß gezielt unterstützt werden.

Des weiteren muß die Behandlung um die Normalisierung der Genstruktur bemüht sein. Das Gen ist derjenige Zellteil, der die genetische Information enthält und unter dessen Kontrolle alle Funktionen der Zelle stehen. Nach dem heutigen Stand der Theorien über Krebsentwicklung steht fest, daß die Gene Einfluß auf das Krebsgeschehen nehmen: Es wird vermutet, daß Gene unter dem Einfluß von Giften, Radioaktivität, Seuchen, Streß, Karzinogenen und Krankheitserregern instabil werden und sich in sogenannte *Onkogene* (also in krebserzeugende Faktoren) verwandeln. Onkogene können normale Zellen in Krebszellen umprogrammieren.

Bei allen Eingriffen, Medikamenten oder anderen Substanzen, die zur Therapie eingesetzt werden, gilt als oberste Richtlinie, daß sie diese Immunfunktionen möglichst nicht oder nur wenig beeinträchtigen sollten. Die Hauptaufgabe der Behandlung ist die Wiederherstellung eines funktionierenden Immunsystems, damit der Organismus erneut in die Lage versetzt wird, die erwähnte Zahl von einer Million pathologisch veränderter Zellen unter Kontrolle zu halten.

Die Therapie

Wir halten eine multidimensionale Behandlung unter Ausnutzung aller nur denkbaren Möglichkeiten für angebracht. Dazu gehören drei Hauptfaktoren:

1. Anregung, Stützung und Wiederherstellung eines funktionierenden Immunsystems;
2. Wiederherstellung der normalen Genstruktur mit Hilfe von Biological Response Modifiers;
3. direkter Angriff auf den Tumor mit Hilfe von beschränkten chirurgischen Eingriffen, niedrig dosierten Chemotherapeutika (mit Lipiden als Trägersubstanz) und verschiedene Formen der Hyperthermie (örtliche Überwärmung des Tumors).

Die immunstützenden Maßnahmen basieren einmal mehr auf den bereits ausführlich beschriebenen umweltmedizinischen Verfahren: Ernährungsumstellung, Pilzbehandlung und Darmsanierung, Allergietestung und Vermeidung bzw. Neutralisierung der Allergene, Chelattherapie gegen Schwermetallbelastung, Vitamin- und

Mineralgaben. Bei der Ernährung müssen Krebskranke folgendes beachten:

Die Nahrung sollte zum größten Teil aus Vollkorn, Vollkornprodukten, frischem Gemüse und Hülsenfrüchten bestehen. Früchte sollte man wegen ihres hohen Gehalts an einfachen, vom Körper direkt verwertbaren Zuckern, nur in Maßen zu sich nehmen. Auf Weißmehl, Zucker, Nikotin und Alkohol sollte man vollkommen verzichten (wobei allerdings ein Glas trockener Weißwein pro Woche vertretbar ist). Geräuchertes und gebratenes Fleisch sollte man meiden. Einmal in der Woche ist eine kleine Portion Schaffleisch von älteren Tieren erlaubt. Von Geflügel ist abzuraten, weil in diesen Fleischarten immer wieder Viren nachgewiesen wurden, die auch das menschliche Immunsystem belasten können.

Käse und Sahne sollte man wenig essen, Kefir und Joghurt hingegen sind erlaubt. Der größere Teil des Eiweißbedarfs aber sollte durch frischen Fisch gedeckt werden. Auch zwei bis drei Eier pro Woche sind erlaubt. Außerdem ist es gerade für den Krebspatienten wichtig, den Körper ausreichend mit Flüssigkeit (am besten in Form von Quellwasser oder Kräutertee) zu versorgen. Das verhindert zusammen mit den Ballaststoffen der vollwertigen Ernährung Verstopfung.

Da Krebspatienten grundsätzlich unter Vitamin- und Mineralstoffmangel leiden, müssen diese nach entsprechenden Tests zusätzlich genommen werden. Der Schwerpunkt der orthomolekularen Therapie liegt einmal mehr auf der Versorgung mit Vitamin A, C und E sowie mit dem Mineral Selen. Die B-Vitamine hingegen sollte man in der Krebstherapie nicht einsetzen, da sie offensichtlich das Wachstum junger Tumorzellen begünstigen können.

Außerdem müssen je nach Art der Erkrankung immunanregende Substanzen wie Mistelpräparate (die immunstimulierend wirken und die Krebszellen auflösen können), Thymuspräparate (die nachweislich zur Reduktion von Tumoren beitragen können), Zelltherapien nach Wiedemann,[103] Vitorgantherapie (die mit verschiedenen Zellkernextrakten und Materialien aus dem Blut des Patienten arbeitet),[104] Injektionen von Nebennierenextrakten (zur Stärkung der erschöpften Hormonproduktion), Sauerstofftherapie mit ionisiertem Sauerstoff nach Engler,[105] Hämatogene Oxidationstherapie (HOT) nach Wehrli,[106] Neuraltherapie nach Huneke[107] und Mesotherapie nach Pistor[108] eingesetzt werden.

Die Biological Response Modifiers (BRM) normalisieren anscheinend die Genstruktur auf den Chromosomen.[109] Diese Präparate werden überwiegend aus Schafzellen gewonnen. Die verschiedenen Biological Response Modifiers (etwa Ney-Tumorin, AF_2, Polyerga, Elpimed, Carzodelan und Revisan) wirken offensichtlich im Körper unterschiedlich. Wie sie wirklich wirken, ist bisher nicht geklärt. Fest steht aber, daß sie in vielen Fällen helfen können, das Tumorwachstum zu stoppen.

Da Chemotherapie immer eine starke allgemeine Immunschwächung bewirkt, sollte man sie möglichst gering dosieren. Wenn die Zytostatika an fettähnliche Substanzen (Lipide) gebunden sind, kann man sie relativ niedrig dosieren, da sie in dieser Form gezielter wirken: Die Freßzellen transportieren sie direkt zum Tumor.[110]

Ein weiteres, mittlerweile vielfach mit Erfolg eingesetztes Verfahren zur Krebsbekämpfung ist die *Hyperthermie*. Dabei wird der Tumor durch Mikrowellenbestrahlung gezielt auf 42,5 bis 43 Grad Celsius erwärmt. Diese Temperatur zerstört die Krebszellen, ist aber unschädlich für die gesunden Zellen in der Tumorumgebung. Die Behandlung kann durch die Haut oder durch in eine der Körperöffnungen eingeführte Sonde erfolgen. Parallel zur Mikrowellenbestrahlung wird zur Verbesserung des Behandlungserfolges ein glukoseblockierendes Medikament infundiert, damit zuckerartige Nährstoffe vom Tumor ferngehalten werden.

Eine ähnliche Wirkung hat eine aktive Fiebertherapie. Dabei werden dem Körper biologische Substanzen zugeführt, die ein künstliches, kontrollierbares Fieber erzeugen (im Gegensatz zu der passiven Fiebertherapie, die auf von außen zugeführter Wärme basiert). Die aktive Fiebertherapie führt zu einer Stärkung des Immunsystems. Es kommt zur erhöhten Ausschüttung von Immunzellen, Interferonen und TNF (Tumor-Nekrose-Faktor – einer Substanz, die zum Absterben des Tumorgewebes beiträgt).

Schließlich ist der psychische Zustand des Krebskranken (ebenso wie bei anderen Schwerkranken) ausschlaggebend dafür, ob er die Krankheit überwinden kann. Streß, Angstzustände, Kummer, Depressionen sind oft schon da, bevor die Krebsdiagnose überhaupt gestellt wird, und stehen sicherlich mit den Krankheitsvorgängen in Wechselwirkung. In vielen Fällen kann man davon ausgehen, daß der Krebskranke unter anderem durch emotionalen Streß krank geworden ist. Nach der Diagnose kommen weitere seelische Belastungen hinzu, die ebenfalls Streß für das Immunsystem bedeuten. Die negativen Emotionen beschränken sich nicht auf die kranke Person, sondern greifen auf die ganze Familie über. Deshalb ist psychologische Betreuung unbedingt erforderlich.

Zur Entspannung bieten sich Techniken wie Antistreßtraining, autogenes Training, progressive Muskelentspannung, Meditation, Katathymes Bilderleben oder ähnliches an. Gezielt gegen die Tumorerkrankung wirken die Visualisationstechniken nach Simonton.[111] Dabei stellt man sich zum Beispiel die Krebszellen als feindliche Armee vor, die von den eigenen Soldaten (den Immunzellen) nach und nach überwältigt wird. Es gibt heute zahlreiche Belege dafür, daß der psychische Zustand des Betreffenden eine ganz wesentliche Wirkung auf sein Immunsystem hat. Mit Hilfe von Visualisationstechniken gelingt es vielen Patienten, ihr Immunsystem ganz gezielt (und ohne jede schädliche Nebenwirkung) zu mobilisieren und sich vom Krebs zu befreien.

Darüber hinaus haben die umweltmedizinischen Verfahren zur Entlastung des Immunsystems eine ausgesprochen gute Präventivwirkung gegen Krebs. Denn man kann davon ausgehen, daß ein überlastetes Immunsystem am wenigsten mit abnormen Zellveränderungen fertig wird. Jeder Belastungsfaktor, den wir ausschalten (Rauchen, Alkohol, Drogen, Schwermetalle, Karzinogene, Pilzinfektionen, Allergien etc.) verringert das Krebsrisiko. Zweifellos gibt es auch, wie bereits erwähnt, eine familiäre Disposition für Krebserkrankungen. Deshalb sollten Personen, in deren Familie gehäuft Krebsfälle aufgetreten sind, den Zustand ihres Immunsystems genauestens überwachen lassen, damit aufkommende

Probleme möglichst frühzeitig identifiziert und behandelt werden können.

Je mehr wir uns der verschiedenen karzinogenen Faktoren (von Autoabgasen über ungesunde Ernährung bis hin zu psychischem Streß) bewußt werden, desto eher können wir gesellschaftlich und individuell etwas dagegen unternehmen. Jeder Faktor, den wir abmildern oder ausschalten können, ist ein Baustein zur Krebsvorbeugung. Die Wahrscheinlichkeit, an Krebs zu erkranken, nimmt in gewissen Altersgruppen rapide zu. So ist Krebs vor allem eine Massenkrankheit, die wir durch unser eigenes Verhalten weitgehend mitverschuldet haben. Wenn wir Krebs vermeiden wollen, müssen wir unseren Lebensstil rechtzeitig ändern.

12. Optimale Ernährung in einer verschmutzten Umwelt

Arthur H. und Jonathan B. lebten in homosexueller Lebensgemeinschaft zusammen und hatten das Unglück, beide mit AIDS infiziert zu sein. Ich hatte in meiner New Yorker Praxis einige Jahre lang Gelegenheit, den Verlauf ihrer Krankheit zu verfolgen. Beide litten unter Kaposi-Sarkom und hatten ein äußerst ungünstiges Verhältnis zwischen T-Helfer- und T-Suppressor-Zellen (0,3–0,5). Wir verabreichten die üblichen Vitamin- und Mineralinfusionen, behandelten die Bleibelastung, kümmerten uns um die Allergien und bekämpften die immer wieder aufkeimende Candidiasis. Nach über einem Jahr derartiger Behandlung war mir und den Patienten klar, daß damit höchstens ein Stillstand der Krankheit, aber kaum eine Besserung zu erreichen war.

Da entschlossen sie sich, den weltbekannten Experten für makrobiotische Ernährung, Michio Kushi, der in Cambridge, Massachusetts, lebte, um Hilfe zu bitten. Daraufhin mußten sie ihre Ernährung nach den Grundsätzen der Makrobiotik umstellen: 50 Prozent gekochtes Vollkorn (insbesondere brauner Reis, aber auch Hirse, Weizen u. a.), viel Gemüse, 10 Prozent Hülsenfrüchte, 5 Prozent Suppen aus Algen und fermentierten Sojabohnen (Miso), dazu zweimal wöchentlich eine geringe Menge weißen Fisch. Da dies alles dreimal täglich frisch zubereitet werden mußte, stellten sie einen Koch an. Sämtliche anderen Vitamine, Mineralien, Enzympräparate und Medikamente wurden abgesetzt.

Es war kaum zu glauben, wie die beiden unter dieser Behandlung auflebten. Schon nach sechs Monaten konnten sie wieder ihrem Beruf nachgehen und eröffneten ein eigenes Haarstudio. Anfangs fuhren sie einmal im Monat, später nur noch alle zwei Monate zur Untersuchung und Beratung zu Kushi, der daraufhin je nach Befund die Zusammensetzung ihrer Ernährung änderte. Interessanterweise hatte sich ihr Allgemeinzustand erheblich verbessert; sie fühlten sich stark, gesund, bei guten Kräften. Bei Blutuntersuchungen hingegen war absolut keine Änderung des

Verhältnisses zwischen Helfer- und Suppressorzellen feststellbar. Ich habe den Weg dieser beiden Männer dreieinhalb Jahre miterlebt und kann nur Positives über diese Behandlungsmethode sagen.[112]

Merkwürdig, daß viele Menschen lieber glauben, daß ein paar winzige Viren oder Bakterien, die sie durch einen Nieser oder einen Händedruck aufschnappen, über ihre Gesundheit bzw. Krankheit entscheiden, während sie von einem derartigen Einfluß der täglichen Nahrung, die sie immerhin pfundweise verzehren, nichts wissen wollen. Für all jene, die immer noch nicht glauben, daß Ernährung krank, aber auch gesund machen kann, haben wir dieses extreme Fallbeispiel ausgewählt. Wer dennoch weiterhin skeptisch bleibt, kann wohl nur durch persönliche bittere Erfahrung lernen, daß der Mensch «ist, was er ißt».

Verständlich ist die Skepsis gegenüber den verschiedenen Ernährungsratschlägen und Diätvorschriften schon. Denn wenn man die Ernährungswissenschaft über die letzten vierzig Jahre hinweg beobachtet hat, kann man nur staunen, wie stark die verschiedenen Patentrezepte voneinander abweichen. Die einen empfehlen mit Atkins viel Eiweiß und Fett, aber kaum Kohlehydrate, Michio Kushi sieht das Glück in Reis und Sojabohnen, nach Gerson sollte man vorwiegend frischen Gemüsesaft zu sich nehmen, ein anderer empfiehlt täglichen Fischverzehr, wieder ein anderer lobt den gesundheitlichen Wert von Eiern, der nächste will diese ganz vom Speisezettel streichen. Selbst unter Vegetariern herrschen heftige Richtungskämpfe: Die einen trinken immerhin Milch und essen Quark und Eier, andere verzichten ganz auf tierisches Eiweiß. Angesichts dieses Ernährungschaos ist es nicht verwunderlich, wenn mancher sich sagt: Dann kann ich auch gleich genauso weiteressen wie bisher.

Wir wollen uns in diesem Buch nicht auf die eine oder andere Seite stellen, sondern eine abwechslungsreiche angepaßte Kost vorschlagen, die den modernsten medizinischen Erkenntnissen entspricht und ohne allzugroße Anpassungsschwierigkeiten durchgehalten werden kann. Diese Nahrung sollte überwiegend aus frischen Zutaten zubereitet werden, deshalb sind neben Getreide und Hülsenfrüchten Gemüse und Früchte der Saison vorzuziehen. Auf Zucker sollte man weitgehend verzichten, da hoher Zuckerkonsum erwiesenermaßen zur Entwicklung von Hypoglykämie und Diabetes beiträgt und wahrscheinlich für die Arterienverkalkung mitverantwortlich ist. Die Ernährung sollte nicht allzuviel tierisches Eiweiß und relativ wenig Fett enthalten, da eiweiß- und fettreiche Ernährung den Kreislauf stark belastet. Die Kalorienmenge sollte den Aktivitäten und dem Bedarf des einzelnen entsprechen. Der Speisezettel sollte abwechslungsreich sein, damit es nicht zu Allergenisierungen kommt. Selbstverständlich müssen Lebensmittel, auf die man allergisch reagiert, gemieden werden. Beim Kochen ist auf vitaminschonende Zubereitung zu achten. Fette und Öle dürfen nicht zu sehr erhitzt werden und müssen grundsätzlich im Kühlschrank aufbewahrt werden, damit sich keine freien Radikale bilden. Wenn eine hypoglykämische Reaktion auftritt, muß man Honig, süße Früchte und relativ einfache Kohlehydrate wie Kartoffeln weglassen.

Die von uns vorgeschlagene Ernährung besteht zu 65 Prozent aus komplexen Kohlehydraten, zu 15 Prozent aus Eiweiß und zu 20 Prozent aus Fett.

Nahrungsmittel, die im Rahmen unserer diätischen Richtlinien zu empfehlen sind

Komplexe Kohlehydrate

Samen und Kerne: Kürbiskerne, Sesam, Sonnenblumenkerne, Leinsamen.

Nüsse: Mandeln, Haselnüsse, Walnüsse, Paranüsse, Pekannüsse, Kokosnuß, Cashewkerne, Pistazien.

Getreide: Roggen, Hafer, Gerste, Weizen, Dinkel, Grünkern (Achtung: Alle diese Getreidearten enthalten Gluten und werden von vielen Menschen nicht vertragen. Außerdem reagieren viele auf Weizen allergisch), Hirse, Buchweizen, brauner Reis, Amaranth, Quinoa, (die beiden letzteren südamerikanische Getreidearten).

Hülsenfrüchte: Bohnen aller Art, Erbsen, Linsen, Erdnüsse (die botanisch auch zu den Bohnen gehören).

Sprossen: Alle Arten von Getreide, Hülsenfrüchten und Samen. Die vitaminreichen Sprossen kann man auf einfache Weise selbst zubereiten; außerdem sind sie heute oft im Supermarkt (an der Salatbar) erhältlich.

Samen, Nüsse und Körner sind nicht nur ausgezeichnete Kohlehydratlieferanten, sondern enthalten auch die verschiedensten Eiweiße und viele ungesättigte Fettsäuren, Lezithin und B-Vitamine. Außerdem sind sie eine der besten Quellen für Vitamin E. Mandeln, Buchweizen, Erdnüsse, Kürbiskerne, Sesamsamen, Sonnenblumenkerne und Sojabohnen (und der aus ihnen gewonnene Tofu) enthalten überdies alle acht essentiellen Aminosäuren, sind also in dieser Hinsicht eine vollwertige Nahrung. Alle Samen und Nüsse sollten frisch, roh, ungeschält und ungesalzen gegessen werden.

Gemüse: Gemüse ist reich an Vitaminen, Enzymen und Mineralstoffen. Damit diese Nährstoffe erhalten bleiben, sollte man Gemüse vorzugsweise roh in Salaten, leicht gedünstet, sautiert oder gebacken essen. Dünsten ist deshalb so vorteilhaft, weil dabei keine Nährstoffe im Kochwasser verlorengehen. Zwiebeln, Knoblauch und frische Gewürze (die man im Garten, aber auch auf dem Balkon oder am Küchenfenster anpflanzen kann) dürfen reichlich verwendet werden, um

	den Geschmack der verschiedenen Gemüsesorten zu unterstreichen.
Früchte:	Wie Gemüse sind auch die Früchte ausgezeichnete Quellen für Vitamine, Mineralstoffe und Enzyme. Sie sind am wirksamsten und am besten bekömmlich, wenn man sie vor dem Frühstück oder als kleinen Imbiß zwischen den Mahlzeiten ißt, ohne andere Lebensmittel (wie Müsli oder Joghurt) damit zu vermischen.
Süßungsmittel:	Honig in seiner naturbelassenen Form (nicht erhitzt und nicht gefiltert) ist ein ausgezeichnetes Süßungsmittel, falls der Zuckerverzehr nicht wegen Hypoglykämie oder Diabetes eingeschränkt werden muß. Selbstverständlich sollte man ihn nur in geringen Mengen essen. Dasselbe gilt für Ahornsirup, Birnendicksaft, Gerstenmalz und andere alternative Süßmittel. Pro Tag sollte man nicht mehr als insgesamt einen Teelöffel von diesen Süßungsmitteln zu sich nehmen.

Eiweißhaltige Nahrungsmittel

Grundsätzlich sollte tierisches Eiweiß nur einen geringen Anteil der Nahrung ausmachen. Gelegentlich aber dürfen Eier, Fisch, Geflügel und andere Fleischarten in mäßigen Mengen ohne weiteres verzehrt werden. Bei Krebs und Autoimmunerkrankungen empfiehlt es sich, ganz auf tierisches Eiweiß zu verzichten. Auch viele pflanzliche Lebensmittel enthalten hochwertige Eiweißstoffe (etwa Nüsse, Hülsenfrüchte und Vollkorn), so daß es auch bei rein vegetarischer Ernährung keineswegs zu Mangelerscheinungen kommen muß.

Am meisten zu empfehlen ist frischer Fisch. Eier sollten von freilaufenden, mit Körnern gefütterten Hühnern stammen und so frisch wie möglich sein. Bei Eiern aus Legebatterien ist die Gefahr der Salmonellenvergiftung höher. Auch Geflügel aus Freilaufhaltung, das nicht mit Antibiotika und Wachstumshormonen gefüttert wurde, dürfte deutlich schmackhafter sein als die Produkte der Massentierhaltung. Antibiotika und Hormone sammeln sich im Fettgewebe an. Deshalb sollte man bei Hähnchen aus Massenhaltung auf keinen Fall die Haut mitessen.

Vorsicht ist auch beim Braten von rotem Fleisch geboten: Bei manchen Steaks und Filets sind zwischen den Fleischfasern reichlich fetthaltige Fasern vorhanden, die beim Braten zum Teil in krebserregende Nitrosaminverbindungen umgewandelt werden. Eingeweide, insbesondere Leber, sollte man nicht essen, da sich hier Giftstoffe, Hormone und Antibiotika sammeln können.

Auch Milch enthält oft Schadstoffe aus dem Futter der Kühe und soll darum nur in geringen Mengen genossen werden. Butter, Buttermilch, Quark, Joghurt und Dickmilchprodukte sind prinzipiell erlaubt. Wenn man keine Kuhmilch verträgt oder im Sinne der Rotationsdiät Abwechslung will, sind Ziegenmilch, Ziegenkäse und Schafskäse gute Alternativen.

Fette und Öle

Alle kaltgepreßten, nichtraffinierten Öle (wie z. B. Distelöl, Sonnenblumenöl, Olivenöl, Weizenkeimöl, Maisöl, Leinöl etc.) können ohne Bedenken genossen werden. Allerdings muß man sorgfältig auf kühle und dunkle Lagerung achten, um der Bildung von freien Radikalen vorzubeugen. Ranziges Öl ist ebenso wie ranzige Nüsse zu meiden.

Bei gekochten Gerichten empfiehlt es sich, das Öl oder Fett erst zum Schluß dazuzugeben, um einer Wärmeschädigung vorzubeugen. Zum Braten eignen sich nur einige wenige Fette. Auch diese dürfen nicht zu sehr erhitzt werden. Spätestens wenn das Fett in der Pfanne raucht, entstehen krebserzeugende Verbindungen.

Die tierischen Fette sollten den kleineren Anteil ausmachen; die Hauptmenge an Fett sollte man mit Nüssen, Samen und Gemüsen (z. B. Avocados) zu sich nehmen. Es sei daran erinnert, daß man sich zusammen mit Milchprodukten und Fleisch von vornherein größere Fettmengen einverleibt. Wenn man außerdem zwei Eßlöffel Öl täglich verzehrt, kommt man ohne weiteres auf die angestrebten 20 Prozent. Margarine und ähnliches sollte man auf keinen Fall essen, da die darin enthaltenen Fette in der Regel durch aggressive Extraktionsverfahren geschädigt sind und nur durch chemische Zusatzstoffe in ihre «streichfähige» Form gebracht werden können.

Getränke

Leitungswasser sollte man auf keinen Fall trinken, da die verschiedensten Schadstoffe und Erreger darin enthalten sein können, auch wenn die Wasserwerke behaupten, alle Grenzwerte seien unterboten. Fluorhaltiges und gechlortes Wasser sind zu meiden. Statt dessen ist destilliertes oder mineralstoffarmes Mineralwasser vorzuziehen – jedenfalls wenn man genügend Mineralstoffe mit der festen Nahrung zu sich nimmt. Bei Mineralwässern ist es ratsam, gründlich das Etikett zu studieren, da in manchen bestimmte Mineralien in hoher Konzentration enthalten sind, die nicht jedermann zuträglich sind. Eine Vollblutanalyse kann zeigen, welche Minerale ein Mineralwasser enthalten darf, ohne dem Patienten zu schaden. Mit Abstand am besten zum Trinken und Kochen geeignet ist reines Quellwasser. Auch sei daran erinnert, daß man Wasser besser in Glasflaschen als in Plastikbehältern aufbewahren sollte, da Kunststoff immer geringe Mengen von Chemikalien absondert, die der Gesundheit nicht unbedingt zuträglich sind. Man kann auch einen Wasserfilter an der Leitung anbringen (Kohlefilter müssen oft gewechselt werden). Neben Suppen und anderen Getränken sollte man täglich etwa sechs bis acht Gläser Wasser trinken. Nur während der Mahlzeit sollte man nichts trinken, weil dadurch die der Verdauung dienende Salzsäure im Magen zu sehr verdünnt wird.

Am 21. Oktober 1990 erschien in der medizinischen Wochenzeitschrift *Ärztliche Praxis* ein Artikel mit dem Titel «Ernährungsmedizin – für viele Ärzte eine Terra incognita». Der Autor wies darauf hin, daß Untersuchungen auf essentielle Nährstoffe, Vitamine und Spurenelemente, aber auch Tests auf Umweltgifte wie Pestizide, toxische Metalle und Pilzgifte hierzulande nur in wenigen, speziell ausgerüsteten Labors durchgeführt werden können. Noch vor einigen Jahren hätten viele Ärzte die Auffassung vertreten, daß die große Mehrheit der Mitteleuropäer nicht unter Mangel an diesen lebenswichtigen Substanzen litte. Der Autor hingegen, der sich seit mehr als zehn Jahren mit der Analytik von Vitaminen und Spurenelementen befaßt, konnte bei vielen chronischen Erkrankungen und auch bei psychischen Beschwerden wie etwa Depressionen hochgradige Mangelzustände nachweisen.

Unter anderem zeigte sich, daß depressive Kranke zwischen 42 und 81 Prozent zuwenig von einem oder mehreren der B-Vitamine hatten. Herz-Kreislauf-Kranke, Rheumakranke und Allergiker, besonders aber Neurodermitispatienten wiesen oft ein gestörtes Verhältnis zwischen Kalium und Natrium auf. Die Gründe dafür sind nach Meinung des Autors in mangelhafter Resorption im Magen-Darm-Trakt, in Leberschäden, aber auch in Fehlernährung, die zu einer Unterversorgung bis hin zu Mangelzuständen führt, zu suchen.

Diese Erkenntnisse decken sich mit denen der Orthomolekularmedizin. Da ich persönlich auch in der scheinbar gesunden Normalbevölkerung solche Mangelzustände immer wieder erlebt habe, empfehle ich zur Sicherung der Basisversorgung mit Nährstoffen folgende Tagesrationen:

2 g Vitamin C.
25 000 Internationale Einheiten (IE) Vitamin A in Form von Betakarotin.
600 IE Vitamin E (Dr. Pfeiffer empfiehlt weniger, aber auch diese Menge wird noch sehr gut vertragen).
100 mg Selen (bei Candidiasis nicht auf Hefebasis!).

3 Kapseln eines hochwertigen Fischöl-Präparats mit ungesättigten Fettsäuren wie Linol, Linolen und Linolinsäure. Fischöle schützen den Kreislauf und sollten auf jeden Fall genommen werden, wenn man nicht normalerweise schon viel Fisch ißt.

1 gehäufter Eßlöffel Lezithin.

1 Kapsel Knoblauchpulver (auch desodoriert erhältlich).

2–3 Kapseln eines Multivitamin-Präparats, um allen anderen möglichen Mangelerscheinungen vorzubeugen (die darin enthaltenen B-Vitamine dürfen bei Candida-Erkrankung nicht auf Hefebasis erzeugt sein).

So sieht die Basisversorgung aus, die ich empfehle. Wenn sich durch Analysen ein bestimmter Mangel oder Überschuß herausstellt, muß er gezielt ausgeglichen werden. Salzsäure und Enzyme sollten nach meiner Auffassung nur dort angewandt werden, wo tatsächlich nachgewiesen ist, daß der Körper die Nährstoffe nicht ausreichend aus der Nahrung resorbieren kann.

Allgemeine Grundsätze

Es ist sehr wichtig, daß man die Mahlzeiten immer in einer friedlichen und entspannten Atmosphäre zu sich nimmt. Also: möglichst kein Fernsehen, keine Zeitungslektüre, keine aggressiven Diskussionen, kein Grübeln über Probleme während des Essens.

Die Nahrung sollte langsam genossen und gut zerkaut werden. Der Speichel enthält wichtige Enzyme, die unter die Nahrung gemischt werden müssen, damit der Verdauungsvorgang richtig ablaufen kann. Gründliches Kauen fördert die Einspeichelung und bewirkt, daß man sich rascher gesättigt fühlt.

Es ist grundsätzlich empfehlenswert, mehrere kleine Mahlzeiten anstatt drei große am Tag zu sich zu nehmen. Das gilt besonders für Hypoglykämiker und Allergiker. Auf diese Weise werden die Kalorien gleichmäßiger verbraucht, die Energieversorgung wird verbessert, und man vermeidet extreme Blutzuckerschwankungen.

Man sollte nicht zu viele Nahrungsmittel miteinander mischen, da zur Verdauung der unterschiedlichen Lebensmittel die verschiedensten Enzyme ausgeschüttet werden müssen. Wenn man nun gleichzeitig eine breite Palette unterschiedlicher Speisen zu sich nimmt, ist der Verdauungsapparat überfordert, die Wirkungen der einzelnen Enzyme können sich gegenseitig aufheben, und eine optimale Resorption ist nicht möglich.

Man sollte sich darin üben, immer etwas weniger zu essen, als der Appetit fordert. Das Essen im Übermaß ist eine der Hauptursachen für Fettsucht und vorzeitiges Altern – selbst wenn die verzehrten Lebensmittel für sich genommen alle «gesund» sind. Wer zuviel ißt, belastet das Verdauungssystem und riskiert, daß aus halbverdauter Nahrung Giftstoffe freigesetzt werden. Besonders gefährlich ist die übermäßige Zufuhr von tierischem Eiweiß.

Substanzen, die man meiden oder stark reduzieren sollte

Zucker

Raffinierter weißer Zucker sollte nur in kleinsten Mengen und selten, sozusagen bei besonderen Gelegenheiten, verzehrt werden. Ebenso sollte man auf Kuchen, Bonbons, Schokolade, Eis und gezuckerte Dosengetränke verzichten. Den natürlich in Nahrungsmitteln vorkommenden Zucker (etwa in Ost und Gemüse) kann man ruhig essen. Als Süßmittel verwende man reinen, ungefilterten, nichterhitzten Honig in kleinen Mengen. Süßen mit Süßstoff ist keine echte Alternative, da die verschiedenen synthetischen Süßungsmittel als gesundheitlich bedenklich gelten. Deshalb sollte man auch «Diätcola» und andere mit Süßstoff gesüßte Getränke nur selten trinken.

Alkohol

Alle hochprozentigen Alkoholika sind zu meiden, da sie für Schleimhäute und Gesamtorganismus giftig sind. Leute, die nicht unter Hefepilzinfektionen leiden, sollten sich – mit Maßen – an trockene Weißweine halten.

Coffein – Kaffee, Tee, Mate

Alle coffeinhaltigen Getränke sollte man nur in geringen Mengen und nicht regelmäßig trinken, da sie bei Dauerkonsum den Stoffwechsel erschöpfen. Es lohnt sich, den Ausstieg aus der Coffeinsucht zu suchen, selbst wenn es anfangs schwerfällt: Nach kurzer Entwöhnung ist man ebenso leistungsfähig wie zuvor (wenn nicht leistungsfähiger!) und kann die coffeinhaltigen Aufputschgetränke für die Gelegenheiten reservieren, da ihr Verzehr sinnvoll ist: für außergewöhnliche Belastungssituationen.

Tabak

Zigaretten, Zigarren, Pfeifen-, Kau- und Schnupftabak sollten langsam, aber sicher abgesetzt werden. Weitere Predigten über die gesundheitlichen Risiken des Tabakkonsums ersparen wir uns hier, da man diese Informationen heutzutage sozusagen an jeder Straßenecke bekommen kann.

Raffinierte weiße Mehlprodukte

Weißbrot, Brötchen, Graubrot und Nudeln, die weißes Mehl enthalten, sollten gemieden werden, da sie nicht vollwertig sind. Dagegen sind Vollkornprodukte aller Art zu empfehlen. Candida-Patienten müssen auch bei Vollkornbackwaren sorgfältig darauf achten, ob diese Hefe enthalten. Auch Sauerteigbrote enthalten oft Hefe, da Sauerteig meist mit Hefe angesetzt wird.

Gehärtete Fette

Unter Härtung von Fetten versteht man ein Verfahren, durch das bei großer Hitze (180 °C) unter Mitwirkung von Katalysatoren Wasserstoffatome an die Fette angelagert werden. Auf diese Weise verwandelt man Öle in streichfähige Margarinegrundstoffe, vernichtet aber praktisch sämtliche Vitamine und andere Vitalstoffe und zerstört die ursprüngliche Molekularstruktur. Heute weiß man, daß zumindest einige gehärtete Fette gesundheitsgefährdend sind. Als Brotaufstrich oder zum Backen ist Margarine deshalb ungeeignet. Alternativen sind Butter und Schmalz (in geringen Mengen!), kaltgepreßte Öle (Oliven-, Mais-, Distel-, Sonnenblumenöl etc.), Nuß-, Mandel- und Erdnußmus.

Chemikalien und Zusatzstoffe

Die Grundregel des umweltmedizinisch bewußten Verbrauchers sollte heißen: Immer das Kleingedruckte auf der Verpackung lesen. Denn seit einigen Jahren sind die Lebensmittelhersteller EG-weit zur «Volldeklaration» verpflichtet, das heißt, sie müssen (fast) alles angeben, was in ihren Produkten enthalten ist. Dabei sind die Lebensmittelzusatzstoffe meist in Form von «E-Nummern» vermerkt, E 214 zum Beispiel bedeutet PHB-Ester, E 250 steht für Natriumnitrit. (Siehe Liste unter 14c.)

Aus der Gruppe der *Konservierungsstoffe* sind besonders gefährlich Nitrate und Nitrite (die vor allem zur Konservierung von Fleisch, Fisch und Käse verwendet werden), weil aus ihnen krebserregende Nitrosamine entstehen können. Benzoesäure und Benzoate kommen vor allem in Mayonnaise, Salaten, Marinaden, Gemüse- und Obstkonserven vor und gelten als potentielle Allergene. Schwefeldioxid und Sulfite finden sich in Wein, Trockenfrüchten, Kartoffelerzeugnissen und in Meerrettich- und Spargelkonserven. Sie können Asthma, Kopfschmerzen, Übelkeit und Durchfall verursachen. Propionsäure und die Propionate, die zur Konservierung von Brot und Backwaren verwendet werden, haben sich im Tierversuch als krebserregend erwiesen.

Viele Farbstoffe sind potentielle Allergieauslöser. Besonders bedenklich in dieser Hinsicht ist Tartrazin (kommt in Süßwaren, Puddingpulver, Limo, Eis, Brausepulver, Senf, Sirup und Kunsthonig vor). Aber auch Chinolingelb (in Puddingpulver und Limo), Gelborange (in Konserven), Echtes Karmin (in Marmelade und Alkoholika), Azorubin (in Eis und Süßigkeiten), Amaranth (in Pudding, Eis und Likör), Cochenillerot A (in Limo, Süßwaren, Fruchtgelees und Lachsersatz), Erythrosin (in Eis und Obstkonserven), Brillantschwarz (in Süßigkeiten, Lakritz, Soßen und Fischrogen) und Bixin (in Käse, Margarine und Bonbons) können Allergien auslösen.

Auch eine Reihe weiterer Substanzen (Antioxidantien, Stabilisierungsmittel etc.) können gesundheitsgefährdend wirken. Wie gut, daß die meisten Lebensmittel, denen diese Stoffe zugesetzt werden, auch aus anderen Gründen nicht empfehlenswert sind. Es handelt sich nämlich überwiegend um Produkte, die durch industrielle Verarbeitung ihre Haltbarkeit, ihr Aroma, ihre Farbe, ihre Stabilität und vor allem ihren ernährungsphysiologischen Wert eingebüßt haben: Konserven, Abgepacktes, Süßigkeiten, Tiefkühlkost etc.

Fluor

Mineralwasser, das Fluor in größeren Mengen enthält, fluorhaltige Zahnpasta und fluorhaltige Medikamente für Kleinkinder solten nicht verwendet werden. Sollte man das Pech haben, einem Massenexperiment von staatlicher Seite in Form der Trinkwasserfluoridisierung ausgesetzt zu sein, muß Leitungswasser konsequent gemieden werden. Ob Fluorgaben für die Zahngesundheit von Bedeutung sind, ist umstritten, wenn nicht widerlegt,[113] fest steht jedoch, daß Fluor schon in geringen Mengen hochgiftig ist. In der Bundesrepublik haben sich Bürgerinitiativen der Fluoridisierung des Trinkwassers erfolgreich widersetzt. Vom umweltmedizinischen Standpunkt aus wäre ihnen trotz grundsätzlicher Anerkennung der Vorwurf zu machen, daß sie im Eifer des Gefechts gegen das eine Gift (Fluor) manchmal die anderen (Pestizide, Schwermetalle etc.) vergessen haben.

Aluminium und Teflon

Zur Zubereitung der Nahrung sollte man keine Aluminium- oder Teflontöpfe und -pfannen verwenden. Aluminium wird im Körper gespeichert und kann toxisch wirken; Teflonbeschichtungen sondern Fluoride ab. Am besten zum Kochen und Braten geeignet sind Gefäße aus Gußeisen, Edelstahl und Glas. Emailleglasuren sind im Prinzip zu empfehlen, sondern aber manchmal ebenfalls gesundheitsschädliche Substanzen ab.

13. Gezielte Ernährungsumstellung bei chronischen Krankheiten

Ernährungsgewohnheiten können krank, aber auch gesund machen. Wenn ein Mensch bestimmte Nahrungsmittel favorisiert, wächst auch sein Risiko, bestimmte Krankheiten zu bekommen. Wer zuviel Zucker ißt, läuft Gefahr, Hypoglykämie oder Diabetes zu kriegen. Eine fett- und kohlehydratreiche Ernährung erhöht das Risiko von Herz-Kreislauf-Beschwerden. Wer gern herzhaft gebräuntes Fleisch ißt, nimmt Karzinogene auf. Die Beziehungen zwischen Ernährung und Gesundheit sind schwer kausal nachzuweisen, da die Ernährung nur einer von vielen Faktoren ist, denen der Mensch ausgesetzt ist. Dennoch lassen sich aus der medizinischen Erfahrung Diätratschläge für bestimmte Krankheitsbilder formulieren, die mit einiger Wahrscheinlichkeit Besserung bringen. In diesem Kapitel unseres Buches schlagen wir Diäten für eine Reihe verbreiteter chronischer Krankheiten vor. Viele Menschen leiden darunter, daß sie sich ihrer Krankheit und dem medizinischen System hilflos ausgeliefert fühlen. Auf dem Wege der Ernährungsumstellung können Sie selbst viel zu Ihrer Gesundung beitragen, mitunter sogar den entscheidenden Schritt tun.

Bei den nun folgenden Menüvorschlägen und Rezepten wird Ihnen vielleicht auffallen, daß das Abendessen in der Regel der «dickste Brocken» ist. Dahinter steckt der Gedanke, daß sehr viele Menschen heutzutage berufstätig sind und mittags wenig Zeit zum Zubereiten einer umfangreichen Mahlzeit haben. Wer mittags Zeit und Muße zum Kochen hat, kann ohne weiteres die von uns empfohlenen Abend- bzw. Mittagessen austauschen. Im Interesse einer guten Verdauung und einer guten Nachtruhe sollte man allerdings dararuf achten, daß man das Abendessen möglichst nicht später als 18 Uhr 30 beginnt, so daß es um 19 Uhr abgeschlossen ist.

a. Diät bei Hefepilzerkrankungen

Jede Immunschwächung führt, wie bereits beschrieben, über kurz oder lang zur Besiedelung des Darms mit Hefepilzen. Da chronische Krankheiten fast immer mit einer Schwächung des Immunsystems einhergehen, kann man annehmen, daß die meisten Krebs-, AIDS-, MS- und Rheumapatienten auch Probleme mit dem Hefepilz Candida haben. Deshalb stellen wir die Anti-Candida-Diät an den Anfang.

Die Pilze wieder loszuwerden ist erheblich schwieriger, als sie zu bekommen. Die Behandlung kann unter Umständen sehr langwierig sein; die Patienten müssen über viele Monate Medikamente nehmen und ihre Ernährung einschränken. Außerdem müssen sie Schimmelpilzen aller Art (nicht nur in der Nahrung) aus dem Wege gehen, da diese den Hefepilzen sehr ähnlich sind und anscheinend im Körper eine ähnliche Immun- bzw. Allergieantwort auslösen. Meiden Sie also feuchte und dunkle Orte, wo Schimmelpilze gerne wachsen. Überprüfen Sie in Ihrer Wohnung und an Ihrem Arbeitsplatz, ob irgendwo Pilze im Gemäuer oder unter der Tapete sitzen.

Wesentlich bei der Hefepilzbehandlung ist natürlich die bereits beschriebene Allergie-Neutralisierung. Candida-Patienten reagieren fast immer auf Candida und viele andere Pilzarten allergisch. Die medikamentöse Behandlung geschieht mit Hilfe von Nystatin oder anderen Antimykotika. Nystatin ist eines der sichersten und wirksamsten Medikamente, denn es ist praktisch nebenwirkungsfrei, löst kaum einmal Allergien aus und wird von jeder Altersgruppe auch bei längerer Anwendung gut vertragen. Zu Anfang der Einnahme kommt es häufig zu Kopfschmerzen, grippeähnlichen Symptomen und Durchfällen. Diese Beschwerden verschwinden jedoch nach einigen Tagen. Sie bedeuten nicht, daß man das Mittel nicht verträgt, sondern daß es wirkt und die Hefepilze abtötet. Beim Absterben der Pilze werden Toxine freigesetzt, die vom Organismus verarbeitet und ausgeschieden werden müssen. Dieser Vorgang verursacht die genannten Beschwerden. Falls bei Ihnen während der Behandlung solche Symptome auftauchen, sollten Sie sich mit Ihrem Arzt in Verbindung setzen. Im allgemeinen wird dann die Dosis reduziert; in keinem Fall aber sollte man das Mittel absetzen. Die individuell optimale Dosis muß durch Versuche ermittelt werden; im Durchschnitt liegt sie bei 1 200 000 Internationalen Einheiten (IE). Die beste Darreichungsform von Nystatin ist das Pulver, das allerdings etwas bitter schmeckt.

Bei der Nahrungsumstellung gilt es vor allem, Hefepilze und andere Pilze zu meiden. Leider bedeutet das auch, daß man eine Zeitlang rohes Obst und rohes Gemüse nur nach diversen Vorkehrungsmaßnahmen genießen darf, weil darin häufig Pilze nisten. Besonders gefährdet sind reife Früchte, die einen hohen Zuckeranteil haben. Gemüse und Obst sollten gründlichst gewaschen werden, erst mit Seife, dann mit klarem Wasser, um möglichst viel Pilze zu entfernen. Leicht angefaultes oder angeschimmeltes Obst und Gemüse ist streng verboten. Auch Fruchtsäfte enthalten oft Pilzrückstände.

Ebenso muß man natürlich alle Produkte meiden, die erklärtermaßen Hefe enthalten: Brot, Kuchen, Keks, Bier, Wein, Sekt, Gemüsebrühe, Würzmittel etc. Lesen Sie das Kleingedruckte auf der Verpackung genau: Es gibt viele Produkte, die Hefe zur «Geschmacksverfeinerung» enthalten, bei denen man es gar nicht vermutet hätte. Auch Essig wird von den meisten Hefepilzinfizierten schlecht vertragen.

Alles, was die Hefe wachsen läßt, ist zu meiden: Zucker – also keine Süßigkeiten, keinen Kuchen, keine Fruchtsäfte, kein süßes Obst, keinen Zucker in Tee oder Kaffee, keinen Alkohol (denn Alkohol ist nur eine andere chemische Form von Zucker).

Manche Menschen reagieren, wenn sie das hören, mit Panik. Sie fragen: «Was kann ich dann überhaupt noch essen?» oder: «Muß man denn diese Hefepilze unbedingt behandeln?» Zur ersten Frage ist zu sagen, daß dem Patienten immer noch eine ganze Reihe schmackhafter Nahrungsmittel bleibt, um sich einen abwechslungsreichen und interessanten Speiseplan zusammenzustellen (mehr dazu auf den folgenden Seiten). Zur zweiten Frage ist zu sagen, daß die Candidiasis leider von vielen Ärzten heute noch unterschätzt und nicht intensiv genug angegangen wird. Es handelt sich dabei nicht nur um eine hartnäckige Erkrankung, sondern auch um ein tückisches Leiden, das unbehandelt innerhalb weniger Jahre zu äußerst bedenklichen Immunschäden führen kann. Eine gründliche Therapie ist deshalb dringend zu empfehlen.

Wenn Sie vermuten oder wissen, daß bei Ihnen eine Hefepilzerkrankung vorliegt, sollten Sie sich vom Arzt Nystatin oder Natamycin verschreiben lassen, es nach Vorschrift einnehmen und drei Wochen lang eine Candida-Kontrolldiät (Stufe 1) durchhalten. Wenn Sie dann immer noch Beschwerden haben, sollten Sie sich in einer umweltmedizinischen Praxis gegen Allergien behandeln lassen und die Diät verschärfen (Stufe 2), indem Sie auch die mit einem Sternchen (*) versehenen Lebensmittel absetzen. Eventuell eingenommene Vitamin- und Mineralpräparate müssen hefefrei sein. Noch eine Warnung: Viele Ärzte glauben erst dann an eine Candidiasis, wenn die Stuhluntersuchung positiv ausfällt. Ein negatives Ergebnis der Stuhluntersuchung ist jedoch leider kein eindeutiges Zeichen dafür, daß Sie nicht infiziert sind. Versuchen Sie es mit Antimykotika und der Diät. Wenn es Ihnen dadurch besser geht, haben Sie mit einiger Wahrscheinlichkeit ein Hefepilzproblem, sind aber auf dem besten Wege, es zu beseitigen.[114]

Nahrungsmittel, die Sie essen dürfen

Frisches Gemüse: Spargel, rote Bete, Broccoli, Rosenkohl, Karotten, Weiß- und Rotkohl, Blumenkohl, Sellerie, Gurken, Auberginen, grüne Paprika, alle grünen Salate, Tomaten, Radieschen, Kohlrüben, Zwiebeln, Spinat, Mangold, Zucchini. *Erbsen, *Bohnen, *Kartoffeln, *Mais. Alle Gemüse sind vor dem Essen gründlich zu waschen, um Hefe- und Schimmelpilze, die an der Oberfläche nisten, zu entfernen.

Kräuter:	Sämtliche.
**Getreide:*	Alle Vollkornprodukte, vorausgesetzt, sie enthalten keine Hefe und keinen Zucker oder andere Süßungsmittel. Also: Weizen, Roggen, Hafer, Gerste (brauner) Reis, Mais, Hirse, Buchweizen, Amaranth, Quinoa.
Brot:	Nur Vollkornbrot, also keine raffinierten Kohlehydrate. Matzen (das Osterbrot der Juden), Reiswaffeln, hausgemachtes Gebäck mit Backpulver, Knäckebrot ohne Hefe, türkische Fladenbrote ohne Hefe, Blätterteiggebäck ohne Zucker. Vollkornpfannkuchen, Vollkornnudeln und Kartoffelpuffer mit Vollkornmehl. Achtung: Immer darauf achten, daß keine Hefe drin ist!!!
Frisches Obst:	Pfirsich*, Ananas*, Aprikosen*, Brombeeren*, Blaubeeren*, Erdbeeren, Himbeeren, Stachelbeeren*, Grapefruit*, Orangen*, Pflaumen*, Trauben* (nicht mehr als 12 pro Tag), *Apfel, *Avocado, *Bananen, *Birnen, *Kirschen, Papaya, *Nektarinen, Mango*, Zucker-, Wasser- und Honigmelonen*, Zitronen. Alle Früchte sollen vor dem Essen gründlich gewaschen oder geschält werden.
Fleisch:	Rindfleisch (mager), Lamm, Kalb, Schwein, Huhn, Truthahn, Hase, Kaninchen, Wild, Ente, Gans, frischer Fisch, Thunfisch, Lachs, Schnecken, Muscheln, Hummer, Krabben und andere Meeresfrüchte.
Eier:	Sämtliche mit Ei zubereiteten Speisen.
Nüsse und Samen:	Mandeln, Haselnüsse, Walnüsse, Paranüsse, Kokosnuß, Cashewkerne, Erdnüsse, Sonnenblumenkerne, Sesamsamen, Kürbiskerne. Alle diese Nüsse und Samen sollten möglichst frisch sein, weil sie dann am

wenigsten oxidiert bzw. ranzig sind (freie Radikale!). Am besten ist es, Nüsse aus neuer Ernte nach Bedarf zu knacken, weil sich auf den bereits von der Schale befreiten Nüssen mit der Zeit Pilze ansiedeln.

Kaltgepreßte Öle: Sonnenblumen-, Lein-, Sesam-, Oliven- (extrafein), Soja-, Distel-, Mais-, Weizenkeimöl und andere kaltgepreßte Öle; Butter, selbstgemachte Mayonnaise, selbstgemachtes Salatdressing (aus Öl und Zitrone).
Achtung: Keinen Essig!!!

Milchprodukte: *Milch, Joghurt natur. (Wobei vorteilhaft ist, wenn er lebende Bakterienkulturen enthält, weil diese im Darm dazu beitragen können, die Pilze zurückzudrängen. Der supermarktübliche Joghurt wird oft nach der Herstellung erhitzt, so daß die Bakterien sterben.) Kefir, Quark, Schafskäse, Hüttenkäse, Schweizer Käse und Bergkäse (Gouda entsteht ebenso wie viele andere Käsesorten durch Schimmelbildung und Gärung, während der Schweizer Emmentaler durch Bakterienkulturen wächst), Camembert (nur das Innere, nicht die Rinde).

Getränke: *Milch, Mineralwasser, Kräutertee, Blütentee, Alkohol nur in geringsten Mengen (gelegentlich ein Glas trockenen Weißwein im Verhältnis 1:2 mit Wasser verdünnt), Kaffee, Tee, Mate (bei coffeinhaltigen Getränken ist allerdings zu bedenken, daß sie im Organismus eine Zuckerfreisetzung auslösen, wodurch wieder die Pilze begünstigt werden können).
Achtung: Alkohol ist im Prinzip nichts anderes als Zucker. Bleiben Sie also standhaft bei Ihrem Entschluß, der Hefe Herr zu werden.

Nahrungsmittel, die Sie absetzen sollten:

Zucker und alle zuckerhaltigen Nahrungsmittel inklusive brauner Zucker, Honig, Birnendicksaft, Gerstenmalz, Ahornsirup usw. Alle malzhaltigen Lebensmittel müssen gemieden werden (Packungsaufdruck lesen!).

Brot und *Backwaren*, die Hefe enthalten (Achtung: Auch Sauerteigbrot enthält meist Hefe, da Sauerteig in der Regel mit Hefe angesetzt wird!), dazu gehören Brötchen, Plundergebäck, Krapfen (Kreppel), Rosinenbrot, Backmischungen und die meisten Kekssorten.

*Alkohol*ische Getränke wie Bier, Wein, Sekt, Likör, Hochprozentiges, Apfelwein, Cidre, Most.

Essig und essighaltige Soßen wie Mostrich, Ketchup, Worcestersauce, Sojasoße (falls nicht durch milchsaure Gärung gewonnen), Barbecuesauce, Mayonnaise und Salatdressing.

Ranzige Nüsse (Vorsicht bei Nußbruch und bereits gemahlenen Nüssen!).

*Dosen*fleisch und Dosenwurst.

Pilze.

Fast alle *Käse*sorten (außer Schweizer), insbesondere Schimmelpilzkäse.

Eventuell *Wassermelonen*, weil sie oft – aus unbekannten Gründen – schlechter vertragen werden als andere Melonenarten. Es käme auf einen Versuch an.

Getrocknete Gewürze (weil sie grundsätzlich von Schimmelpilzen besiedelt sind).

Aufgewärmtes (weil sich darin nach kurzer Zeit Pilze bilden).

*Trocken*früchte und *Dosen*früchte (wegen des hohen Zuckergehalts und unkontrollierbarer Verpilzung).
Fruchtsäfte aus Flaschen und Dosen (wegen Zuckergehalts und möglicher Verpilzung).
Alle *Nährstoffpräparate*, mit Vitaminen und Mineralien, die auf *Hefebasis* produziert sind. Besonders die B-Vitamine und Selen werden oft aus Hefe gewonnen.

Da es fast unmöglich ist, sich aus Werkskantinen, Imbißbuden und Supermärkten so zu verpflegen, daß es diesen Richtlinien entspricht und schmeckt, sollte man die Pausenmahlzeiten zu Hause vorbereiten und zur Arbeit mitnehmen.

Durch die verschiedenen ärztlichen Maßnahmen und die Diät läßt sich die Candida in der Regel innerhalb weniger Monate zurückdrängen. In geringen Resten aber bleibt sie im Darm immer erhalten. Wir können ihr nicht ausweichen, da wir sie tagtäglich mit Nahrungsmitteln neu aufnehmen und uns so neu infizieren. Deshalb ist auch nach erfolgreichem Abschluß einer Candida-Therapie als Vorbeugung gegen Rückfälle eine zucker-, alkohol- und hefearme Diät zu empfehlen.

b. Diät bei Übergewicht

Übergewicht oder, schärfer ausgedrückt: geringe bis extreme Fettsucht, ist wahrscheinlich *das* Gesundheitsproblem unserer Tage. Die meisten Menschen in den westlichen Industriegesellschaften essen zu viel, bewegen sich zu wenig und bringen zu viele Pfunde auf die Waage. Wer diese Menschen einfach dumm, verfressen oder unbeherrscht nennt, macht es sich zu einfach. Denn das massenhafte Auftreten von Übergewicht wäre undenkbar ohne eine bestimmte Form der Umweltverschmutzung. Wir meinen die süßen und salzigen Schnellimbißlebensmittel, die zunächst die Regale unserer Supermärkte und in der Folge auch den Stoffwechsel der Konsumenten verseuchen. Wir meinen die inhaltsleeren Lebensmittel, die einzig durch künstliche Aroma- und Farbstoffe und bunte Werbung dem Verbraucher schmackhaft gemacht werden können, die schön verpackten Verführer, die den Organismus wegen ihres hohen Zuckergehalts kurzfristig hochpuschen, um ihn dann durchhängen zu lassen – bis zur nächsten Dosis. Wir meinen die eingebauten chemischen Scharfmacher und «Mehresser», die dem Verbraucher unwiderstehlich in die Geruchs- und Geschmacksnerven steigen und ihn zum Weiteressen zwingen.

Die meisten Menschen ernähren sich überwiegend von raffinierten Kohlehydraten und Fetten, deren Kalorien sie nur zum geringsten Teil tatsächlich verbrauchen. Der Rest wird in Fett umgewandelt. Fast die Hälfte der Bundesbürger überschreitet das Idealgewicht nach oben hin.[115]

Wenn wir nicht schlafen oder arbeiten, essen wir. Wir essen im Auto, im Kino, beim Spazierengehen, beim Einkaufen, beim Radfahren, frühmorgens, spätabends, kurz vor dem Mittagessen, während des Mittagessens (natürlich) und kurz nach dem Mittagessen. Erschwerend kommt hinzu, daß viele nicht einmal mit gutem Gewissen essen, weil Schlankheit nach wie vor und nicht ganz zu Unrecht als Beweis für Gesundheit, Vitalität und Jugendlichkeit gilt. So kommt es, daß unzählige Europäer und Amerikaner zwischendurch (wenn sie nicht gerade schlafen, arbeiten oder essen) immer wieder Abmagerungskuren machen. Die einen fasten, die anderen «fressen die Hälfte», die dritten trinken nur noch Fruchtsaft, die vierten schwitzen in irgendwelchen Maschinen, die fünften nehmen «sattmachende» oder «gewichtsreduzierende» Medikamente – etwa Schilddrüsenhormone oder Diuretika (harntreibende Mittel). Die Verabreichung künstlicher Schilddrüsenhormone ist für alle Menschen, die nicht gerade an einer Unterfunktion der Schilddrüse leiden, äußerst riskant; und Diuretika können den Elektrolythaushalt auf lebensbedrohliche Weise durcheinanderbringen.

Manchen Menschen gelingt es trotz härtester Kasteiungen nicht, ihr Gewicht wesentlich zu reduzieren. Das kann – aus umweltmedizinischer Sicht – zwei Gründe haben: Zum einen können sie unter verdeckten Allergien leiden, die sie immer wieder unwiderstehlich in Richtung Kühlschrank treiben; zum anderen kann es sich bei den überzähligen Pfunden um Wasseransammlungen handeln, die – da ebenfalls allergisch bedingt – allein mit Disziplin und gutem Willen nicht wegzubekommen sind, falls man nach wie vor das auslösende Allergen – auch in geringsten Mengen – zu sich nimmt.

Ob eine allergische Komponente eine Rolle spielt, kann man mit Hilfe einer Rotationsdiät (vgl. Kapitel 6 b und 13 g) ziemlich rasch selbst herausbekommen. Wenn man dabei innerhalb weniger Tage ein paar Kilo Gewicht verliert, dann aber der Zeiger der Waage (nach Verzehr eines bestimmten Nahrungsmittels) ebenso plötzlich wieder nach oben schnellt, ist höchstwahrscheinlich ein Bestandteil der Nahrung am Übergewicht (mit) schuld. Sobald man ihn wegläßt und sich auch sonst vernünftig ernährt, nimmt man automatisch ab. Auch eine Candida-Infektion kann mit Wassereinlagerungen einhergehen. Sie verschwinden erst, wenn die Candida durch Medikamente, Allergie-Neutralisierung und Ernährungsumstellung zurückgedrängt ist.

Übergewicht ist eine Vorstufe zu ernster chronischer Krankheit. Übergewicht belastet Herz und Kreislauf, Gelenke und Skelettapparat. Die übergroßen Nahrungsmengen werden schlecht verdaut und belasten die inneren Organe. Deshalb sollten wir alles tun, um es rechtzeitig, bevor ernste Symptome folgen, zu reduzieren.

Für alle, deren Übergewicht nicht durch Candida oder Allergien ausgelöst ist, sondern durch den ganz normalen Schrecken der zivilisatorischen Ernährung, empfehlen wir im folgenden eine Diät in drei Graden (1300 Kalorien, 1500 Kalorien, 1700 Kalorien), je nachdem wie dringend der Wunsch ist abzunehmen. Dabei geht es nicht darum, so rasch wie möglich abzunehmen, sondern um eine physiologisch verträgliche Abnahme von circa einem halben bis einem Kilo pro Woche.

Allgemeine Grundsätze

Die Diät gegen Übergewicht bietet eine große Vielfalt an Nährstoffen aus vollwertiger Kost. 50 Prozent der Kalorien stammen aus komplexen Kohlehydraten (Vollkorn, Früchte, Gemüse, Milch und Milchprodukte); 25 Prozent bezieht man aus Eiweiß (Fleisch, Milch und Milchprodukte, Geflügel, Fisch und Gemüse); die restlichen 25 Prozent aus Fett (Fleisch, Fett, Öl, Nüsse und Samen). Dabei gelten folgende Grundsätze:

1. Lassen Sie keine Mahlzeit aus, essen Sie aber zwischen den Mahlzeiten ausschließlich Lebensmittel aus der Rubrik *uneingeschränkt.*
2. Messen oder wiegen Sie alle Zutaten, damit die Portionen nicht zu groß werden.
3. Fleisch, Fisch und Geflügel können gebacken, gekocht oder gegrillt verzehrt werden. Die Haut muß man in jedem Fall entfernen. Braten ist nur dann erlaubt, wenn Sie den Fettanteil Ihrer Tagesration «verbraten» wollen.
4. Verzichten Sie auf Zucker und andere konzentrierte Süßungsmittel sowie auf Kuchen, Kekse, Schokolade, Bonbons und Süßspeisen. Wenn Sie wollen und es Ihnen gut schmeckt, können Sie pro Tag bis zu fünf Kaugummis ohne Zucker kauen.
5. Sie können den Mahlzeitenplan für jeden Tag und die darin angegebenen Lebensmittel nach Belieben abändern bzw. hin und her schieben, solange insgesamt die Menge für jede Kategorie von Nährstoffen (Kohlehydrate, Vollkorn, Fleisch, Gemüse etc.) gleich bleibt.
6. Von den Nahrungsmitteln aus der Rubrik *uneingeschränkt* können Sie jederzeit so viel essen, wie Sie wollen.
7. Um es Ihnen leicht und bequem zu machen, haben wir einen exemplarischen Speiseplan für Sie zusammengestellt. Für alle mit (*) versehenen Gerichte finden Sie im Anschluß an diese Übersicht Rezepte. Sie können natürlich auch Ihren eigenen Speisezettel zusammenstellen; dabei hilft Ihnen die Liste der Austauschnährstoffe.

Bevor wir in die Darstellung der Diät einsteigen, noch ein paar eher psychologische Tips:

1. Schreiben Sie alles auf, was Sie essen. Sie werden sich wundern – besonders wenn Sie mit Hilfe einer Nährwerttabelle[116] ausrechnen, wieviel Kalorien das Ganze hat.
2. Essen Sie grundsätzlich langsam. Selbst ein kleiner Imbiß darf ruhig zwanzig Minuten dauern. Wenn Sie etwas zum Munde geführt haben, legen Sie Messer und Gabel beiseite, bis Sie fertig gekaut und geschluckt haben. Genießen Sie jeden Bissen, ohne dabei schon wieder an den nächsten zu denken.
3. Horten Sie in der Wohnung oder an Ihrem Arbeitsplatz keine Nahrungsmittel, die Sie in Versuchung führen könnten, die Diät zu durchbrechen. Falls Ihre Familienangehörigen nicht auf Kuchen und Süßigkeiten verzichten wollen, lassen Sie sie essen, aber bitten Sie sie, es außerhalb (im Café oder am Kiosk) zu tun, oder halten Sie sich bei diesen Gelegenheiten woanders auf.
4. Schauen Sie während des Essens nicht fern und lesen Sie keine Bücher oder Zeitungen. Lassen Sie sich die Mahlzeit zu einem Vergnügen werden.
5. Essen Sie nur, wenn Sie wirklich Hunger haben, nicht wenn es «Zeit» ist: Vermeiden Sie es auch, aus Langeweile, Müdigkeit, Frust oder Ärger über jemanden zu essen.

Ernährungsgrundsätze

Kohlehydrate. Die Diät sollte überwiegend aus nichtraffinierten stärkehaltigen Produkten bestehen, wie zum Beispiel gebackenen oder gekochten Kartoffeln (mit Schale!), braunem Reis, Bohnen, Linsen, Erbsen, Vollkornprodukten aller Art. Wenn Sie Müsli mögen, sollte es nur aus Vollkorn oder Vollkornflocken aller Art ohne Trockenfrüchte und Zucker bestehen. Auch Nüsse und Samen sollten Sie wegen ihres hohen Fettgehalts nur mäßig hinzufügen. Auch einige nichtgezuckerte Fertigzerealien wie Cornflakes und Reis-Crispies sind akzeptabel. Weißbrot, Graubrot, weiße Nudeln und Kekse sind zu meiden. Wenn Sie Mehl zum Backen oder Kochen brauchen, nehmen Sie Vollkornmehl (eventuell statt Weizen Maismehl). Naschereien wie Kuchen, Kekse, Schokolade, Bonbons, Kartoffelchips und ähnliches sind abzusetzen.

Eiweißquellen. Mageren Fisch und Geflügel ohne Haut dürfen Sie öfters essen, rotes Fleisch möglichst nur selten. Vermeiden Sie es, Fleisch zu braten (wegen der zusätzlichen Fettmenge und der möglichen Karzinogenbildung) und dünsten oder backen Sie es lieber. Im Wok läßt sich Fleisch mit sehr geringen Ölmengen garen. Auch Eier sollten gekocht werden. Als Fleischersatz bieten sich die Soja-Erzeugnisse Tofu und Tempeh an. Achten Sie bei Milchprodukten auf niedrigen Fettgehalt. Eine weitere gute Eiweißquelle ist Quark, der allerdings recht wenig von dem für Knochen- und Zahnaufbau wichtigen Calcium enthält. Magere Käsesorten sind ebenfalls erlaubt.

Fett. Mayonnaise, Margarine, Nüsse und andere Fette sollten Sie möglichst wenig zu sich nehmen. Gehärtete Pflanzenfette (Margarine) und beim Kochen aus dem Fleisch ausgetretenes Fett sollten Sie nicht weiterverwenden. Schöpfen Sie bei Suppen, Eintöpfen, Gulasch und ähnlichem vor dem Aufwärmen das Fett ab. Statt fetter Soßen können Sie Sauerrahm, Schlagsahne und Kondensmilch in geringsten Mengen nehmen.

Frisches Obst können Sie mehrmals täglich zwischen den Mahlzeiten essen, im Winter tun es auch ungesüßte Tiefkühlfrüchte. In Zuckersirup eingelegte Dosenfrüchte sind zu meiden. Auch Trokkenfrüchte sollte man wegen des hohen Zuckeranteils nur in geringen Mengen essen.

Gemüse sollten Sie möglichst frisch verzehren, nur in Ausnahmefällen auf Konserven zurückgreifen. Am meisten haben Sie davon, wenn Sie es roh oder gedünstet essen. Die Mehrzahl der Gemüsesorten unterliegt keiner Mengenbeschränkung. Salatdressing darf nur in geringen Dosen genommen werden.

Gezuckerte *Getränke* wie Cola und Limo sind verboten. Alternativen sind: Mineralwasser, Kräutertees, gelegentlich ein coffeinfreier Kaffee und ab und zu ein Glas Fruchtsaft. Oder wie wäre es mit einer traditionellen «Limonade»: Zitronensaft und Wasser?

Salzen sollten Sie nur ganz sparsam, denn Kochsalz bindet Wasser im Körper. Probieren Sie statt dessen Knoblauch, Zwiebeln, Zitronensaft und verschiedene (möglichst frische) Kräuter zum Würzen. Manchmal kann auch ein wenig Essig einen delikaten Geschmack herbeizaubern.

Zum *Kurzimbiß* zwischen den Mahlzeiten empfehlen wir selbstgemachtes Popcorn ohne Zucker, mageren Naturjoghurt (eventuell mit frischen Früchten, Nüssen und rohem Gemüse). Auch magerer Hartkäse in geringen Mengen oder gelegentlich ein Vollkornkeks darf bei der Zwischenmahlzeit dabeisein.

Kalorienübersicht

Nach dieser Übersicht können Sie sich selbst Ihren Speisezettel pro Tag zusammenstellen, indem Sie einfach von verschiedenen Lebensmittelgruppen die entsprechende Menge einsetzen. Im folgenden steht die Abkürzung P für Portion:

1 Portion Milch steht für 125 g fettarme Milch, Milchersatz (den Sie sich nach dem Rezept auf S. 198 selbst zubereiten können) oder Magerjoghurt.
1 Portion Stärke steht für 30 g von einem Vollkorngetreide (-produkt) oder Kartoffeln.
1 Portion Frucht steht für 1 kleinen Apfel, 1 kleinen Pfirsich, 1 kleine Orange oder die entsprechende (kleine) Menge von anderen Früchten.
Gemüse bedeutet Gemüse nach Wunsch, da die meisten Gemüse keiner mengenmäßigen Beschränkung unterliegen. Falls man sich für die 1300-Kaloriendiät entscheidet, sollte man allerdings auch hier nicht übergroße Portionen verzehren.
1 Portion Fett oder Öl ist eine geringe Menge tierisches oder pflanzliches Fett (pflanzliches ist vorzuziehen) – etwa 1 gehäufter Teelöffel Butter oder 1 Eßlöffel Salatöl. Wenn Sie fettes Fleisch (etwa Lamm oder Ente) essen, ist damit die Fettration abgegolten.

1300 Kalorien	1500 Kalorien	1700 Kalorien
Frühstück		
1 P Milch	1 P Milch	1 P Milch
1 P Stärke	2 P Stärke	2 P Stärke
1 P Frucht	1 P Frucht	1 P Frucht
1 P Fett oder Öl	1 P Fett oder Öl	1 P Fett oder Öl
Mittagessen		
1 P Milch	1 P Milch	1 P Milch
2 P Stärke	2 P Stärke	2 P Stärke
Gemüse	Gemüse	Gemüse
1 P Fett oder Öl	1 P Fett oder Öl	1 P Fett oder Öl
Imbiß		
1 P Frucht	1 P Frucht	2 P Frucht
Abendessen		
120 g mag. Fleisch (Geflügel, Fisch o. Fleischersatz Tofu)	150 g mag. Fleisch (Geflügel, Fisch o. Fleischersatz Tofu)	180 g mag. Fleisch (Geflügel, Fisch o. Fleischersatz Tofu)
1 P Stärke	1 P Stärke	2 P Stärke
Gemüse	Gemüse	Gemüse
1 P Fett oder Öl	2 P Fett oder Öl	2 P Fett oder Öl
Imbiß		
1 P Frucht	1 P Frucht	1 P Frucht
Gesamtmengen		
2 P Milch	2 P Milch	2 P Milch
4 P Stärke	5 P Stärke	6 P Stärke
3 P Frucht	3 P Frucht	4 P Frucht
Gemüse	Gemüse	Gemüse
120 g Fleisch	150 g Fleisch	180 g Fleisch
3 P Fett oder Öl	4 P Fett oder Öl	4 P Fett oder Öl

Menüplan für eine Woche

Im folgenden geben wir Beispiele, wie Sie diesen Kalorienplan in wohlschmeckende Mahlzeiten umsetzen können. Die Zubereitung der mit einem Sternchen (*) versehenen Zutaten wird im Anschluß an diesen Wochenplan erläutert. Die Grammangaben bei Getreiden beziehen sich auf das trockene, noch nicht gekochte oder eingeweichte Korn.

Menü-Beispiel 1. Tag

1300 Kalorien	1500 Kalorien	1700 Kalorien
Frühstück		
125 ml fettarme Milch oder Milchersatz*	125 ml fettarme Milch oder Milchersatz*	125 ml fettarme Milch oder Milchersatz*
30 g Naturreis	30 g Naturreis	30 g Naturreis
½ Grapefruit	½ Grapefruit	½ Grapefruit
10 Mandeln	1 Sch. Vollkornbrot	1 Sch. Vollkornbrot
	1 Teel. Nußmus	1 Teel. Nußmus
Mittagessen		
2 Sch. Roggenbrot	2 Sch. Roggenbrot	2 Sch. Roggenbrot
30 g Schweizer Käse	30 g Schweizer Käse	30 g Schweizer Käse
Kopfsalat	Kopfsalat	Kopfsalat
1 Tomate	1 Tomate	1 Tomate
1 Teel. Mayonnaise	1 Teel. Mayonnaise	1 Teel. Mayonnaise
1 ger. Karotte	2 ger. Karotten	2 ger. Karotten
Imbiß		
1 kl. Apfel	1 kl. Apfel	2 kl. Äpfel
Abendessen		
120 g gebr. Huhn ohne Haut	150 g gebr. Huhn ohne Haut	180 g gebr. Huhn ohne Haut
60 g gedünstete Broccoli	125 g gedünstete Broccoli	125 g gedünstete Broccoli
1 kl. geb. Kartoffel mit Schale	1 kl. geb. Kartoffel mit Schale	1 gr. geb. Kartoffel mit Schale
1 Teel. bess. Butter*	2 Teel. bess. Butter*	2 Teel. bess. Butter*

125 g Salatinnenblätter mit Zitronensaft und Kräutern* oder anderem kalorienarmem Dressing	125 g Salatinnenblätter mit Zitronensaft und Kräutern* oder anderem kalorienarmem Dressing	125 g Salatinnenblätter mit Zitronensaft und Kräutern* oder anderem kalorienarmem Dressing
Imbiß		
1 mittelgr. Pfirsich	1 mittelgr. Pfirsich	1 mittelgr. Pfirsich

Menü-Beispiel 2. Tag

Frühstück		
125 g Joghurt fettarm	125 g Joghurt fettarm	125 g Joghurt fettarm
30 g Vollkornbrei*	60 g Vollkornbrei*	60 g Vollkornbrei*
90 g Erdbeeren	90 g Erdbeeren	90 g Erdbeeren
Mittagessen		
60 g Tofusalat*	60 g Tofusalat*	60 g Tofusalat*
2 Reiswaffeln	2 Reiswaffeln	2 Reiswaffeln
Sprossen	Sprossen	Sprossen
1 kl. Tomate	1 gr. Tomate	1 gr. Tomate
125 ml Buttermilch	125 ml Buttermilch	125 ml Buttermilch
Imbiß		
1 kl. Pfirsich	1 kl. Pfirsich	2 kl. Pfirsiche
Abendessen		
120 g magerer Fisch mit Zwiebeln*	150 g magerer Fisch mit Zwiebeln*	180 g magerer Fisch mit Zwiebeln*
30 g Spinatnudeln	30 g Spinatnudeln	60 g Spinatnudeln
125 g gehackte Karotten	250 g gehackte Karotten	250 g gehackte Karotten
1 Teel. bess. Butter*	1 Teel. bess. Butter*	1 Teel. bess. Butter*
125 g Kopfsalat mit kalorienarmem Dressing	125 g Kopfsalat mit 1 Eßl. Lein- oder Distelöldressing	125 g Kopfsalat mit 1 Eßl. Lein- oder Distelöldressing
Imbiß		
125 g Ananas	125 g Ananas	125 g Ananas

Menü-Beispiel 3. Tag

Frühstück

Milchshake*	Milchshake*	Milchshake*
6 Walnüsse	1 Sch. Vollkornbrot	1 Sch. Vollkornbrot
	1 Eßl. Frischkäse	1 Eßl. Frischkäse

Mittagessen

125 g Bohnen*	125 g Bohnen*	125 g Bohnen*
2 Maistortillas	2 Maistortillas	2 Maistortillas
30 g ger. Gouda	30 g ger. Gouda	30 g ger. Gouda
125 g gehackte Zucchini	250 g gehackte Zucchini	250 g gehackte Zucchini
1 Teel. bess. Butter*	1 Teel. bess. Butter*	1 Teel. bess. Butter*

Imbiß

1 kl. Orange	1 kl. Orange	1 gr. Orange

Abendessen

120 g gegrilltes Lammkotelett	150 g gegrilltes Lammkotelett	180 g gegrilltes Lammkotelett
30 g pikanter Naturreis*	30 g pikanter Naturreis*	60 g pikanter Naturreis*
125 g grüne Bohnen	125 g grüne Bohnen	125 g grüne Bohnen
250 g Radieschen-Gurkensalat*	250 g Radieschen-Gurkensalat*	250 g Radieschen-Gurkensalat*

Imbiß

⅛ Honigmelone	⅛ Honigmelone	⅛ Honigmelone

Menü-Beispiel 4. Tag

Frühstück

30 g Haferflocken	60 g Haferflocken	60 g Haferflocken
250 ml fettarme Milch oder Milchersatz*	250 ml fettarme Milch oder Milchersatz*	250 ml fettarme Milch oder Milchersatz*
1 Eßl. Rosinen	1 Eßl. Rosinen	1 Eßl. Rosinen
1 Teel. bess. Butter*	1 Teel. bess. Butter*	1 Teel. bess. Butter*

Mittagessen

60 g Thunfisch ohne Öl	90 g Thunfisch ohne Öl	150 g Thunfisch ohne Öl
1 Teel. Mayonnaise	1 Teel. Mayonnaise	1 Teel. Mayonnaise
60 g ger. Sellerie	60 g ger. Sellerie	60 g ger. Sellerie
125 g Karottensalat*	125 g Karottensalat*	125 g Karottensalat*
2 Reiswaffeln	2 Reiswaffeln	2 Reiswaffeln

Imbiß

1 kl. Nektarine	1 kl. Nektarine	1 gr. Nektarine
		1 Sch. Vollkornbrot

Abendessen

Käseomelette (2 Eier, 30 g Käse)	Käseomelette (2 Eier, 30 g Käse)	Käseomelette (2 Eier, 30 g Käse)
1 Teel. bess. Butter*	1 Teel. bess. Butter*	1 Teel. bess. Butter*
125 g Broccoli	250 g Broccoli	250 g Broccoli
1 Sch. Vollkornbrot	1 Sch. Vollkornbrot	1 Sch. Vollkornbrot

Imbiß

2 kl. Pflaumen	2 kl. Pflaumen	2 kl. Pflaumen

Menü-Beispiel 5. Tag

Frühstück

250 g Magerjoghurt	250 g Magerjoghurt	250 g Magerjoghurt
30 g Müsli*	60 g Müsli*	60 g Müsli*

Mittagessen

250 ml Erbsensuppe*	250 ml Erbsensuppe*	250 ml Erbsensuppe*
1 Sch. Pumpernickel	1 Sch. Pumpernickel	1 Sch. Pumpernickel
250 g Kopfsalat mit anderen Gemüsen	250 g Kopfsalat mit anderen Gemüsen	250 g Kopfsalat mit anderen Gemüsen
1 Eßl. Salatdressing*	1 Eßl. Salatdressing*	1 Eßl. Salatdressing*

Imbiß

Bananenshake* (mit ½ Banane)	Bananenshake* (mit ½ Banane)	Bananenshake* (mit ½ Banane)

Abendessen

120 g Rinder- oder Truthahnfrikadelle	150 g Rinder- oder Truthahnfrikadelle	180 g Rinder- oder Truthahnfrikadelle
30 g Mais	30 g Mais	60 g Mais
1 Teel. bess. Butter*	1 Teel. bess. Butter*	2 Teel. bess. Butter*
125 g Tomaten	250 g Tomaten	250 g Tomaten
4 Scheiben Gurke	4 Scheiben Gurke	6 Scheiben Gurke

Imbiß

250 ml Orangensaft mit 250 ml Mineralwasser	250 ml Orangensaft mit 250 ml Mineralwasser	250 ml Orangensaft mit 250 ml Mineralwasser

Menü-Beispiel 6. Tag

Frühstück

30 g Weizenflocken	60 g Weizenflocken	60 g Weizenflocken
125 ml fettarme Milch oder Milchersatz*	125 ml fettarme Milch oder Milchersatz*	125 ml fettarme Milch oder Milchersatz*
½ Banane	½ Banane	½ Banane
1 Teel. bess. Butter*	1 Teel. bess. Butter*	1 Teel. bess. Butter*

Mittagessen

160 g Sesampaste*	160 g Sesampaste*	160 g Sesampaste*
1 Sch. türkisches Fladenbrot	1 Sch. türkisches Fladenbrot	1 Sch. türkisches Fladenbrot
geschnittene Gurken und Tomaten	geschnittene Gurken und Tomaten	geschnittene Gurken und Tomaten
ger. Karotten	ger. Karotten	ger. Karotten
1 Eßl. Sesamdressing*	1 Eßl. Sesamdressing*	1 Eßl. Sesamdressing*

Imbiß

125 g Magerjoghurt	125 g Magerjoghurt	125 g Magerjoghurt
1 kl. Pfirsich	1 kl. Pfirsich	2 kl. Pfirsiche

Abendessen

120 g Shrimps, in 1 Teel. Olivenöl mit Knoblauch gedünstet	150 g Shrimps, in 1 Teel. Olivenöl mit Knoblauch gedünstet	180 g Shrimps, in 1 Teel. Olivenöl mit Knoblauch gedünstet

30 g Naturreis	30 g Naturreis	60 g Naturreis
125 g Spinat	250 g Spinat	250 g Spinat
	1 Teel. bess. Butter*	1 Teel. bess. Butter*
Imbiß		
¼ Grapefruit	¼ Grapefruit	¼ Grapefruit

Menü-Beispiel 7. Tag

Frühstück		
30 g Vollkorn-Cornflakes	60 g Vollkorn-Cornflakes	60 g Vollkorn-Cornflakes
250 ml fettarme Milch oder Milchersatz*	250 ml fettarme Milch oder Milchersatz*	250 ml fettarme Milch oder Milchersatz*
90 g Beeren	90 g Beeren	90 g Beeren
Mittagessen		
Sprossensandwich*	Sprossensandwich*	Sprossensandwich*
125 g Gemüse	250 g Gemüse	250 g Gemüse
Imbiß		
1 kl. Birne	1 kl. Birne	1 gr. Birne
Abendessen		
120 g gegrillter Kabeljau	150 g gegrillter Kabeljau	180 g gegrillter Kabeljau
30 g Hirse*	30 g Hirse*	60 g Hirse*
1 Teel. bess. Butter*	2 Teel. bess. Butter*	2 Teel. bess. Butter*
250 g Kopfsalat mit 1 Eßl. kalorienarmem Dressing	250 g Kopfsalat mit 1 Eßl. kalorienarmem Dressing	250 g Kopfsalat mit 1 Eßl. kalorienarmem Dressing
Imbiß		
⅛ Honigmelone	⅛ Honigmelone	⅛ Honigmelone

Bananenshake

1 halbe oder ganze Banane, ½ l fettarme Milch oder Milchersatz*, ⅛ Teel. echte Vanille, ein wenig Kardamom und Muskat.

Alle Zutaten im Mixer schaumig mixen.

Bessere Butter

125 g Butter, 125 g Maisöl (oder Distel- oder Sonnenblumenöl).

Butter bei Zimmertemperatur weich werden lassen. Öl und Butter im Mixer einige Sekunden lang mixen, in den Kühlschrank stellen. Diese «bessere Butter» ist ein wunderbarer Brotaufstrich. Man gebraucht ihn wie Butter oder Margarine.

Bohnen

1 Tasse getrocknete Bohnen (egal welche Sorte), 1–2 Lorbeerblätter (das fördert die Verdauung), 3 Tassen Wasser.

Bohnen 6–8 Stunden in kaltem Wasser einweichen (kühl stellen – falls die Küche zu warm ist, in den Kühlschrank). Alle Bohnen, die an der Oberfläche schwimmen, abschöpfen. Zum Kochen bringen und bei kleiner Hitze dünsten, bis die Bohnen weich sind (bei einigen Sorten geht das recht schnell, bei anderen dauert es 1½ bis 2½ Stunden). Lorbeerblätter herausnehmen.

Erbsensuppe

½ Weißkohl, 2 große Karotten, 2 große Zwiebeln, 500 g gewaschene und über Nacht eingeweichte Erbsen, 2 Lorbeerblätter, 1 Eßl. getrocknete Petersilie (oder ein ½ Bund frische), 1 Teel. Knoblauchpulver (oder zwei zerdrückte Knoblauchzehen), 2 Eßl. Essig, 3 Tomaten, 4 l Wasser, ½ Teel. schwarzer Pfeffer, 1 Eßl. Distelöl.

Erbsen und Lorbeerblätter ca. 1 ½ Stunden kochen. Karotten, Kohl und Zwiebeln kleinschneiden. Zwiebeln in Öl dünsten. Wenn sie glasig sind, Karotten und Kohl hinzugeben und noch ca. 10 Minuten dünsten. Zusammen mit den restlichen Gewürzen zu den Erbsen geben und noch eine halbe Stunde kochen.

Hirse
1 Tasse Hirse auf 2½ Tassen Wasser.
Etwa zehn Minuten dünsten, bis die Hirse weich und aufgequollen ist.

Karottensalat
1 geschälte und geraspelte Karotte, 2 Eßl. Zitronensaft, 1 Teel. Rosinen oder Korinthen, ¼ Teel. Basilikum, ½ Teel. Dill oder Petersilie, ¼ Teel. Pfeffer, Salz (nach Geschmack).
Alles vermischen und vor dem Servieren ½ Stunde in den Kühlschrank stellen.

Magerer Fisch
Filet (z. B. Scholle, Heilbutt, Goldbarsch oder Kabeljau), 1 kleine gehackte Zwiebel, 1 Teel. Öl, ½ gewürfelte rote oder grüne Paprika, 1 Teel. Zitronensaft, ½ Teel. schwarzer Pfeffer.
Zwiebeln anschmoren, etwas später Paprika hinzugeben und mitschmoren. Wenn das Gemüse halb durchgebraten ist, den Fisch dazugeben und mit Zitronensaft und Pfeffer würzen. Alles 5–10 Minuten köcheln lassen, bis der Fisch in Flocken zerfällt.

Milchersatz
125 g Nüsse (frisch gemahlen), 1,5 l Wasser, 1 Tablette Calciumgluconat, (bis zu) 2 Eßlöffel Honig oder Süßstoff (nach Geschmack).
Calcium im Wasser auflösen. ½ l Wasser mit Nüssen, Calcium und Honig (bzw. Süßstoff) etwa 30 Sekunden lang im Mixer mixen. Restliches Wasser hinzugeben, weitere 10 Sekunden mixen, im Kühlschrank aufbewahren.

Milchshake
500 ml fettarme Milch, ½ Banane, 1 Ei, ½ Teel. echte Vanille, ¼ Teel. Zimt, Süßmittel nach Bedarf.
Alles im Mixer schaumig mixen.

Müsli

750 g grobe Haferflocken, 250 g ungesüßte Kokosraspeln, 250 g ungesalzene, frisch gehackte Nüsse (verschiedene Sorten), 60 g Honig oder Süßstoff nach Geschmack, 1 ½ Teel. Zimt, 125 g Rosinen, 125 ml kaltgepreßtes Öl.

Geben Sie alle Zutaten bis auf die Rosinen in einen Topf, und rösten Sie sie bei schwacher Hitze, bis alles goldgelb ist. Wenn das Müsli kalt ist, geben Sie die Rosinen dazu. In einer verschließbaren Dose kühl aufbewaren.

Pikanter Naturreis

125 g ungeschälter Reis, ca. 400 ml Wasser, 1 kleine Zwiebel, ½ Eßlöffel Öl, ⅛ Teel. schwarzer Pfeffer, 1 Prise Meersalz, 2 zerdrückte Knoblauchzehen, Sojasoße.

Reis im Wasser weich kochen. Zwiebeln und Knoblauch in Öl dünsten, danach Sojasoße hinzugeben und 1 Minute kochen lassen. Den Reis zur Soße geben und mit Pfeffer würzen. Ergibt 4 Portionen.

Radieschen- und Gurkensalat

1 kleine, geschälte und in Scheiben geschnittene Gurke, 5 in Scheiben geschnittene Radieschen, 2 Eßl. Essig, ½ Teel. Honig (oder etwas Süßstoff), 1 zerdrückte Knoblauchzehe oder ¼ Teel. Knoblauchpulver, 1 Teel. getrocknete Petersilie (oder ein halbes Bund frische), Salz und Pfeffer nach Geschmack.

Alles zusammenmischen und vor dem Servieren eine Stunde stehenlassen.

Salatdressing

125 g fettarmer Joghurt, 60 g Mayonnaise, 1 Teel. Knoblauchpulver, 1 gehackte Zwiebel oder 1 Eßl. Zwiebelpulver, ½ Teel. schwarzer oder weißer Pfeffer, 2 Teel. getrocknete Petersilie (oder ein halbes Bund frische Petersilie feingehackt).

Alles ein paar Sekunden lang im Mixer mixen, im Kühlschrank aufbewahren.

Tips:

1. Jedes mit Öl zubereitete Salatdressing gehört ebenso wie

Speiseöle in den Kühlschrank, da Öl bei Zimmertemperatur schnell ranzig wird.

2. Gießen Sie nie das Dressing aus dem Aufbewahrungsbehälter über den Salat, weil man dabei leicht zuviel nimmt. Nehmen Sie nicht mehr als einen Teelöffel pro Salatportion.
3. Für Salate können Sie alle möglichen rohen und gekochten Gemüsesorten verwenden. Zur Verfeinerung können Sie Käse, gekochtes Fleisch, Nüsse und Bohnen hineingeben.

Sesamdressing

1 Teel. Tahin (Sesammus), 2 Teel. Wasser, ⅛ Teel. Knoblauchpulver, 1 Prise Salz, etwas Pfeffer und ein paar Tropfen Zitronensaft.

Alles zusammenmischen und zehn Minuten in den Kühlschrank stellen.

Sesampaste

125 g Sesamsamen, 3–4 Teel. Wasser, 1 zerdrückte Knoblauchzehe, 1 Teel. Zitronensaft, ½ Teel. getrocknete Petersilie, Sojasoße und Salz nach Geschmack.

Die Sesamsamen im Wasser weich kochen, mit anderen Zutaten vermischen und vor dem Servieren etwas stehenlassen.

Sprossensandwich

2 Scheiben Vollkorntoast, 30 g geriebener Käse, 125 g Sprossen, ⅛ Avocado, 1 Teel. Mayonnaise, etwas Knoblauch- oder Zwiebelpulver.

Den Käse auf die getoasteten Brote legen und überbacken, bis er zerlaufen ist. Danach Avocado, Mayonnaise und Sprossen daraufgeben und servieren.

Tofusalat

50 g Tofu, 2 Teel. Tahin (Sesammus), 1 Eßl. Zitronensaft, etwas Sojasauce, 1 Kopf Salat.

Tofu in etwas Wasser 5 Minuten kochen, Wasser abgießen, den Tofu in ein Tuch geben und zerdrücken, mit Tahin, Zitronensaft und Sojasauce vermischen. Den Kopfsalat fein schneiden und die Tofupaste unterheben.

Vollkornbrei
⅓ Tasse Vollkorn (Weizen, Hafer, Gerste oder Roggen), 1 Tasse Wasser.

Am Vorabend das Wasser zum Kochen bringen und das Getreide einrühren. 10 Minuten bei kleinster Hitze kochen lassen. Über Nacht zugedeckt stehenlassen. Morgens bei kleiner Hitze weiterkochen – bei Bedarf mehr Wasser hinzufügen. So lange kochen, bis die erwünschte Konsistenz erreicht ist – etwa 5 Minuten bei Hafer, 10 Minuten bei Weizen und Gerste sowie 15 bis 30 Minuten bei Roggen.

Zitronensaft und Kräuter
250 ml Zitronensaft, je ½ Teel. Petersilie, Dill, Estragon, Zwiebelpulver und Knoblauchpulver, 1 Teel. Honig (oder ein bißchen Süßstoff).

Alles ein paar Sekunden lang im Mixer mixen, in den Kühlschrank stellen.

c. Diät bei Autoimmun- und Krebserkrankungen

Grundlage für die folgenden Diätvorschläge ist eine modifizierte Form der makrobiotischen Diät nach Michio Kushi. Im Zentrum der makrobiotischen Diät stehen Vollkorn, Gemüse, Hülsenfrüchte, Sojaprodukte, Algen und Fisch. Wir haben die Diät geringfügig erweitert, um die Umgewöhnung für den westlichen Gaumen leichter zu machen. Kushi erzielt mit seiner Diät bedeutende Erfolge (wie ich zum Teil selbst bei meinen amerikanischen Patienten habe beobachten können). Wer bei schweren Erkrankungen durch makrobiotische Diät wieder gesund werden oder wesentliche Linderung erfahren will, sollte sich von einem Makrobiotikexperten untersuchen und ein individuelles Ernährungsprogramm zusammenstellen lassen.[117] Wir geben hier nur die Grundzüge einer an die Makrobiotik angelehnten Diät wieder, die bei Krebs- und Autoimmunerkrankungen angezeigt ist.[118] Wir möchten Sie bitten, mit großer Offenheit an diese Ernährungsumstellung heranzugehen und auch Ihnen bisher unbekannte Nahrungsmittel (wie Miso, Tofu, Tempeh, Algen, Mungbohnen etc.) in Ihren Speiseplan einzubeziehen.

Die Mahlzeiten sollten so aufgebaut sein, daß sie dem Körper ein breites Spektrum von Nährstoffen zuführen. Wenn man ihm eine große Auswahl anbietet, nimmt er sich schon, was er braucht. Alle erwähnten Nahrungsmittel sollten möglichst lebendig und frisch, also roh oder leicht gedünstet, angeröstet oder gerade bis zum Weichwerden gekocht gegessen werden. Mit Zucker gesüßte Speisen und Süßigkeiten sowie sämtliche Weißmehlprodukte sind vollkommen abzusetzen. Vollkorn ist ein wesentlicher Bestandteil der Ernährung und sollte möglichst nicht nur in Form von Brot, sondern vor allem frisch gemahlen als Schleim oder Schrotbrei oder auch in ganzen Körnern gekocht werden (was sich wegen der relativ kurzen Garzeit besonders bei Reis, Hirse, Buchweizen, Amaranth und Quinoa anbietet).

Lebensmittel, die Sie essen dürfen

1. Komplexe Kohlehydrate (65 Prozent)

Vollkorn:	Gerste, ungeschälter Reis, Buchweizen, Maisgries (Polenta) oder Maismehl, Hafer, Roggen, Dinkel, Weizen, Grünkern, Hirse, Amaranth, Quinoa.
Vollkornprodukte:	Vollkornmehl, Vollkornnudeln, Sojanudeln, Buchweizennudeln, Reiswaffeln, Spinat- und Artischockennudeln, (in Maßen) Vollkornbrot.
Hülsenfrüchte:	Linsen, Erbsen, Bohnen aller Art (auch die hierzulande unbekannteren Sorten wie Kidney-Beans, rote Linsen, Mungbohnen, Adukibohnen, Sojabohnen, Kichererbsen).
Nüsse:	Mandeln, Haselnüsse, Walnüsse, Eßkastanien, Paranüsse, Pekannüsse (Erdnüsse besser nicht, da sich auf ihnen angeblich häufig die giftigen Aflatoxine bilden), Cashewkerne, Pistazien und

	Kokosnuß. Alle Nüsse sollten möglichst aus neuer Ernte und nicht ranzig sein, da sonst vermehrt freie Radikale darin enthalten sind.
Samen:	Sesam, Sonnenblumenkerne, Kürbiskerne, Leinsamen (alle roh, frisch und ungesalzen).
Gemüse:	Jede Art, in jeder Form. Gemüse enthält viele Vitamine, Mineralstoffe und Enzyme. Es sollte frisch und der Jahreszeit entsprechend gegessen werden, in der es normalerweise wächst (Pilze jeder Art sind zu meiden).
Früchte:	Mindestens vier Früchte aus biologischem Anbau pro Tag sind zu empfehlen, darunter aber nicht zu viele Zitrusfrüchte. Weintrauben müssen gründlich gewaschen werden, bei Melonen sollte man mit der Rinde weitere eineinhalb Zentimeter vom Fruchtfleisch abschneiden, da die Spritzmittel bei diesen Früchten bis tief unter die Schale dringen. Getrocknete Früchte sollte man nur in geringen Mengen zu sich nehmen, da sie Zucker in konzentrierter Form enthalten und häufig mit Schwefel konserviert sind.

2. Eiweiß (15 Prozent)

Hülsenfrüchte und auch Vollkorn enthalten neben komplexen Kohlehydraten auch erhebliche Mengen an hochwertigem Eiweiß. Frisch verzehrt versorgen sie den Körper mit allen notwendigen Aminosäuren. Weitere Nahrungsmittel mit hohem Eiweißgehalt sind:

Fisch:	Scholle, Flunder, Heilbutt und andere.
Fleisch:	Freilaufhühner ohne Haut, Kaninchen, Wild (sofern die Herkunft bekannt ist und es nicht zu stark radioaktiv belastet ist; relativ gering belastet sind meist Rebhühner).
Eier:	Eier von freilaufenden Hühnern, die mit

	Körnern gefüttert werden, darf man zweimal wöchentlich essen. Am besten bereitet man sich das Ei bei niedriger Hitze als Rührei zu (mit einem Teelöffel Butter). Wenn Butter oder Öl beim Braten oder Kochen braun werden, sollte man sie auf keinen Fall essen.
Käse:	Alle Frischkäsesorten und milder Schafs- und Ziegenkäse sind zu empfehlen.
Sojaprodukte:	Sojabohnen, Sojanudeln, Tofu, Tempeh, Sojamilch, Miso, Sojasauce.

3. Öle und Fette (20 Prozent)

Das beste Öl ist kaltgepreßtes Olivenöl, aber auch andere kaltgepreßte Öle wie Maisöl, Sonnenblumenöl, Sesamöl, Weizenkeimöl, Distelöl etc. können zwei- bis dreimal in der Woche benutzt werden. Angebrochene Flaschen gehören in den Kühlschrank. Zum Braten sollte man Öl nicht verwenden. Um das Ranzigwerden zu verhüten, kann man je nach Größe der Flasche 1–3 Vitamin-E-Kapseln als natürliches Antioxidans hineindrücken.

Milchprodukte:	Nur Sahne und Butter in sehr geringen Mengen sind erlaubt. Zum Karottensaft (s. u.) sollte man immer 1 Teelöffel Sahne hinzugeben, damit das darin enthaltene Betakarotin vom Körper gut resorbiert wird. ½ bis 2 Tassen fettarme Milch zum Kochen pro Woche sind gestattet.

4. Getränke

Am besten sind Mineralwasser und Quellwasser – möglichst ohne Kohlensäure. Insgesamt sollte man täglich 2–4 l Flüssigkeit zu sich nehmen. Darunter dürfen in geringeren Mengen auch Kräutertees und coffeinfreier Kaffee sein. Ein gelegentliches Glas Bier oder trockener Weißwein ist ebenfalls gestattet. 3 x täglich sollte man 1 Glas frisch gepreßten Karottensaft (aus biologischem Anbau) trinken. Um die Resorption des darin reichlich enthaltenen Betakarotins (welches im Körper in Vitamin A umgewandelt wird) zu erleichtern, gibt man eine kleine Menge Butter, Sahne oder Olivenöl hinzu.

5. Gewürze
Damit die Speisen «nach etwas schmecken», sind reichlich Zwiebeln und Knoblauch zu empfehlen, außerdem Pfeffer, Meersalz und Sojawürze (Sojasoße und Miso). Wenn man, wie in der Makrobiotik empfohlen, Algen mitkocht, erhalten die Speisen von vornherein einen leicht salzigen Geschmack «nach Meer».

7. Was tun, wenn man mittags nicht zu Hause ißt?
Am besten packt man sich etwas ein, was auch kalt schmeckt (Obst, manche Gemüse, Brot, Reiswaffeln, Nüsse usw.). Oft ist es am Arbeitsplatz und, wenn man darauf besteht, auch im Hotel, durchaus möglich, sich ein Gericht aufzuwärmen, das man zu Hause vorbereitet hat. Heiße Getränke und Suppen kann man in der Thermosflasche mitnehmen. Frische Salate und Vollkornbrot werden von den meisten Restaurants angeboten. Achten Sie darauf, daß kein Dressing mit undefinierbaren Zutaten über den Salat gegeben wird. Essig und Öl oder Zitronensaft und Öl sind vorzuziehen. Wenn man sich ein hartgekochtes Ei einpackt, sollte man bedenken, daß man damit die Hälfte der entsprechenden Wochenration verzehrt.

8. Zwischenmahlzeiten
Reiswaffeln, rohes Gemüse und Popcorn (ohne Salz und Zucker) sind jederzeit erlaubt.

Grundregeln

1. Für alle erwähnten Lebensmittel gilt, daß sie möglichst aus biologischem Anbau stammen und nicht mit Fungiziden oder Konservierungsstoffen behandelt sein sollten.
2. Alle Mahlzeiten sollten in Gefäßen aus Edelstahl, Gußeisen, Emaille oder feuerfestem Glas zubereitet werden. Tongefäße sind für Bohnengerichte gut geeignet. Teflon- und Aluminiumkochgeschirr und Mikrowellenherde sind zu meiden.

3. Kaufen Sie keine Nahrungsmittel, die in Kunststoffbehältern aufbewahrt werden, und verwenden Sie selbst zur Aufbewahrung keine solchen. Nahrungsmittel aus metallenen Konservendosen und Tiefgefrorenes sind zu meiden.
4. Lesen Sie alle Packungsaufdrucke gründlich von vorn bis hinten. Hüten Sie sich vor künstlichen Farb-, Konservierungs- und Aromastoffen, vor Geschmacksverstärkern (wie Glutamat) und Zucker.
5. Waschen Sie jedes Gemüse mit Seifenlauge unter fließendem Wasser, und spülen Sie es danach gut ab.
6. Essen Sie lieber mehrere kleine Mahlzeiten am Tag als zwei oder drei große. Sie werden sich dabei besser fühlen, Ihren Stoffwechsel weniger belasten und Ihren Energiehaushalt stets im Optimalbereich halten.
7. Der Arzt, bei dem Sie in Behandlung sind, sollte Sie beraten, ob zu dieser Liste noch etwas hinzugefügt werden darf bzw. gestrichen werden sollte.
8. Benutzen Sie keine Kosmetika, Haarfärbemittel und Sprays. Meiden Sie insbesondere diejenigen darunter, die auf Teerbasis hergestellt werden. Meiden Sie aluminiumhaltige Deos. Benutzen Sie keine aggressiven Putzmittel mit chemischen Lösungsmitteln, keinen Lackverdünner und keine Insekten- oder Pflanzenvernichtungsmittel.

Es folgt nun ein Diätbeispiel für eine Woche. Für die mit einem Sternchen (*) versehenen Gerichte finden Sie im Anschluß daran Rezepte.

Montag

Frühstück: Polenta mit Butter, 1 gekochtes Ei, 1 Glas Karottensaft, 1 Tasse Kräutertee.

Mittagessen: Thunfisch mit Zitronensaft, Salat aus Tomaten und Gurken, Fladenbrot mit 1 Teel. Butter, 1 Getränk.

Imbiß: 1 Apfel, 1 Glas Karottensaft.

Abendessen: Gemüsechili, Maisbrot, grüner Salat, Salatdressing*, 1 Pfirsich, 1 Getränk.

Imbiß: 1 Glas Karottensaft.

Dienstag

Frühstück: Erdbeeren, Vollkorntoast mit Butter, 1 Glas Karottensaft, 1 Tasse Kräutertee.

Mittagessen: Gemüsesuppe, brauner Reis mit Mandeln und Rosinen, 1 Getränk.

Imbiß: 1–2 Reiswaffeln, 1 Glas Karottensaft.

Abendessen: Buchweizennudeln, gemischtes Gemüse, Tofu mit Tamari (Sojasoße), Erdbeeren, 1 Getränk.

Imbiß: 1 Glas Karottensaft.

Mittwoch

Frühstück: Reisbrei mit Rosinen und Apfelscheiben, 1 Glas Karottensaft, 1 Tasse coffeinfreien Kaffee.

Mittagessen: Italienischer Salat mit Huhn, Salatdressing*, ungesüßte Vollkornkekse, 1 Getränk.

Imbiß: ¼ Melone, 1 Glas Karottensaft.

Abendessen: gebackene Forelle, gedünsteter Spinat, gebackene Kartoffeln, Heidelbeeren, 1 Getränk.

Imbiß: 1 Glas Karottensaft.

Donnerstag

Frühstück: Rührei, Vollkornmuffin*, 1 Teel. Butter, 1 Glas Karottensaft, 1 Tasse Kräutertee.

Mittagessen: Grünkern und Gemüse, Salat, Salatdressing*, Vollkornbrot mit 1 Teel. Butter, 1 Getränk.

Imbiß: rohes Gemüse, 1 Glas Karottensaft.

Abendessen: Gemüsesalat mit Thunfisch, Salatdressing*, Ziegenkäse, Vollkornbrot, 1 Apfel, 1 Getränk.

Imbiß: 1 Glas Karottensaft.

Freitag

Frühstück: Haferbrei mit 1 Teel. Butter und 1 Banane, Vollkorntoast, 1 Glas Karottensaft, 1 Tasse Kräutertee.

Mittagessen: Lachssalat mit Gurken und Tomaten, Salatdressing*, 1 Vollkornmuffin*, 1 Teel. Butter, 1 Getränk.

Imbiß: 1–2 Reiswaffeln, 1 Glas Karottensaft.

Abendessen: Linsenfrikadellen*, Weizenbiskuit* und Salat aus

roter und grüner Paprika, Apfel, Sellerie und selbstgemachter Mayonnaise*, Heidelbeeren, 1 Getränk.
Imbiß: 1 Glas Karottensaft.

Samstag

Frühstück: 2 Vollkornmuffins* mit Butter, 1 Banane, 1 Glas Karottensaft, 1 Tasse Kräutertee.
Mittagessen: Currygemüse auf Hirse, Fladenbrot, 1 Teel. Butter, 1 Getränk.
Imbiß: rohes Gemüse, 1 Glas Karottensaft.
Abendessen: Vollkorn-Pasta Primavera*, feiner Spinatsalat, Salatdressing*, frische Pflaumen, 1 Getränk.
Imbiß: 1 Glas Karottensaft.

Sonntag

Frühstück: Buchweizenpfannkuchen mit Heidelbeeren und Heidelbeersaft, 1 Glas Karottensaft, 1 Tasse Kaffee ohne Coffein.
Mittagessen: Bohnensuppe, Vollkornbrot mit 1 Teel. Butter, Endiviensalat, Salatdressing*, 1 Getränk.
Imbiß: ungesüßte Vollkornkekse, 1 Glas Karottensaft.
Abendessen: Flunder, Reissuppe mit braunem Reis, gemischter grüner Salat, Salatdressing*, 1 Birne, 1 Getränk.
Imbiß: 1 Glas Karottensaft.

Rezepte

Linsenfrikadellen

500 g gekochte Linsen, 250 grobgehackte Sonnenblumenkerne oder Kürbiskerne, 125 g grobgehackte Mandeln, 1 Eßl. Öl, 60 g gehackter Sellerie und Zwiebeln, 60 g geriebene Karotten, Meersalz nach Geschmack (ca. 1 Teel.), 125 g eingeweichtes Weizenvollkornbrot.

Alles zusammenmischen und Frikadellen formen, in Öl ausbacken.

Mayonnaise

2 Eier (die Zimmertemperatur haben sollten), 2 Eßl. frischgepreßter Zitronensaft, ¼ Teel. Meersalz, 125 ml Sonnenblumenöl.

Alle Zutaten außer dem Öl in eine Rührschüssel geben und etwa eine Minute lang schlagen. Langsam, unter ständigem Rühren das Öl hinzugießen. In ein verschließbares Glas geben und im Kühlschrank aufbewahren.

Pasta Primavera

In einer Pfanne verschiedene Gemüse dünsten, wobei man mit denen beginnt, die am längsten zum Weichwerden brauchen. Mit ein wenig Knoblauchpulver würzen. Gleichzeitig eine Tomatensoße zubereiten, über das gegarte Gemüse gießen und ein paar Minuten kochen lassen. Das Ganze über ebenfalls parallel zum Gemüse gekochte Vollkornnudeln geben und mit Käse bestreuen.

Salatdressing

Am besten schmeckt der Salat mit ein wenig Olivenöl. Je nach Geschmack können Sie ein bißchen Essig, Salz, Pfeffer und Kräuter dazugeben.

Vollkornmuffins

125 g gesiebtes Weizenvollkornmehl (also ohne Kleie), 875 g Weizenvollkornmehl, 2 Teel. Zuckerrübensirup, 1 Teel. Salz, 2 gestr. Teel. Backpulver, 60 g geriebene Nüsse, 60 g ungeschwefelte Rosinen, 1 Ei, 500 ml Milch, 2–3 Teel. Butter.

Ei, Milch und 2–3 Teel. Butter auf kleinster Stufe 10–20 Sekunden mixen. Wenn ein paar kleine Butterklümpchen bleiben, schadet es nichts. Die übrigen Zutaten dazugeben und noch mal mixen. Den Teig in gefettete große Pralinenhüllen geben und 20–25 Minuten bei 220° C backen. Dazu schmecken Heidelbeeren oder gehackte Äpfel sehr gut.

Weizenbiskuit

500 g frisch gemahlenes Weizenvollkornmehl, 4 gestr. Teel. Backpulver, ½ Teel. Meersalz, 125 ml Distelöl, 375–500 ml fettarme Milch.

Weizen, Backpulver und Salz vermischen. Das Öl hinzugeben und untermischen. Mit der Milch zu einer glatten Masse mixen, die nicht klebrig sein darf. Den Teig mit den Händen kneten, eine fünfmarkstückgroße Rolle formen und in ca. 12 Scheiben schneiden. Diese auf ein geöltes Backblech legen und ca. 20 Minuten bei 230°C backen.

d. Fettarme Diät bei unterschiedlichen Krankheitsbildern

(Besonders bei starker Fettsucht, stark erhöhten Cholesterin- und Blutfettwerten, chronischen Nervenkrankheiten wie Schlaganfällen und multipler Sklerose)

Bei dieser Diät gilt es, sowohl den Verzehr von gesättigten als auch von ungesättigten Fettsäuren auf ein Minimum zu beschränken. Fette, die überwiegend aus gesättigten Fettsäuren bestehen, sind in der Regel leicht daran zu erkennen, daß sie im Kühlschrank hart werden. Es handelt sich vor allem um tierische Fette wie Butter, Schmalz und alle natürlich vorkommenden Fettanteile im Fleisch, aber auch um Kokos- und Palmölerzeugnisse. Demgegenüber finden sich ungesättigte Fettsäuren vor allem in pflanzlichen Ölen und Fischöl. Sie bleiben bei Kühlschranktemperatur flüssig. Margarine besteht aus künstlich gehärteten ungesättigten Fetten und ist nicht zu empfehlen.

Bei dieser Diät müssen manche besonders fetthaltige Produkte völlig abgesetzt werden. Andere sind erlaubt, doch muß ihr Verzehr so eingeschränkt werden, daß die Menge an gesättigten Fettsäuren nicht 15 g (= 3 Teel.) pro Tag und die Menge an ungesättigten Fettsäuren nicht 20 g (= 4 Teel.) überschreitet. Mit anderen Worten: Sie dürfen nicht mehr als drei Teelöffel Fett in Form von Butter, Schmalz, Rind-, Schweine-, Lammfleisch, Geflügel oder Eigelb zu sich nehmen. Und Sie dürfen nicht mehr als 4 Teelöffel Öl in Form von Fisch, Nüssen, Samen oder Salatöl zu sich nehmen. Mindestens 1 Teelöffel von dieser Menge sollte aus Fischöl (z. B. Lebertran) bestehen.

Wenn Sie weniger als 3 Teelöffel tierische Fette pro Tag zu sich nehmen, können Sie die Zufuhr von Fischöl und pflanzlichen Fetten auf 5 oder 6 Teelöffel erhöhen. Falls Sie sehr aktiv sind und beruflich oder in der Freizeit viel Bewegung haben, dürfen Sie sogar 8 Teelöffel von den Ölen mit ungesättigten Fettsäuren essen. Der Anteil an tierischen Fetten aber darf auf keinen Fall 3 Teelöffel pro Tag übersteigen. Manche Nahrungsmittel sind generell zu meiden, weil sie schon in geringsten Mengen die Tagesration an Fett abdecken oder weil schwer zu beurteilen ist, welche Fette in welcher Menge darin enthalten sind (vgl. die anschließende Übersicht). Andere Nahrungsmittel hingegen sind in beliebiger Menge erlaubt, da sie weniger als 1 Prozent oder überhaupt kein Fett enthalten.

Nahrungsmittel, die zu meiden sind

Milchprodukte:	Vollmilch, Sahne, Butter, Sauerrahm, Speiseeis, alle Käsesorten (auch Frischkäse), Sahnequark.
Fette und Öle:	Alle Margarinen, Pflanzenfette, Schokolade, Kakao, Kokosnuß- und Palmölprodukte.
Mischprodukte:	Alle fertigen Kuchen, Kekse, Brote und andere Backwaren; Pommes Frites und andere Kartoffelfertigprodukte.
Fleisch und Geflügel:	Rippchen, Gans, Ente, Speck, Salami, Wiener Würstchen, Currywurst und andere Wurstwaren.
Abgepackte Fleischwaren und Konserven:	Fertige Spaghetti- und Fleischsoßen, Speck-, Schinken- und Bohnenkonserven, Chili aus der Dose und fleischhaltige Brotaufstriche.
Suppen:	Alle Dosensuppen, die Sahne und Pilze enthalten.

Beachten Sie bei der Auswahl Ihrer Nahrung folgende Regel:

1. Lesen Sie immer sorgfältig den Packungsaufdruck. Wenn Sie Fertigprodukte kaufen müssen, achten Sie genau auf den Inhalt. Falls Sie sich bei irgendeinem Inhaltsstoff nicht sicher sind, ob und inwieweit er den Fettgehalt beeinflußt, verzichten Sie auf das Produkt.
2. Jedes Nahrungsmittel, bei dem die pflanzlichen Öle nicht genauer beschrieben sind, sollte abgesetzt werden, da es höchstwahrscheinlich Palmöl oder ein anderes künstlich gehärtetes Öl enthält.
3. Kaufen Sie sich eine Waage, die auch bei kleinen Mengen genau anzeigt, und wiegen Sie alle Nahrungsmittel (nach dem Kochen!), damit Sie einen besseren Begriff von den Maßeinheiten bekommen.

Erlaubt sind täglich:

2–3 Salzstangen oder Vollkornkekse,
1 Eßlöffel Schokoladensirup zur Geschmacksverbesserung von fettarmer Milch oder fettarmen Desserts,
1 Tasse Fertigsuppe oder Soßenmix.

Nahrungsmittel, die uneingeschränkt genossen werden dürfen

Eier:	Eiweiß in beliebiger Menge, Eigelb nicht mehr als zwei pro Woche.
Fisch:	Heilbutt, Flunder, Scholle, Thunfisch und andere weiße Fische.
Schalentiere:	Krabben, Hummer, Langusten, Muscheln.
Fleisch:	Alles weiße Fleisch (vor allem Hähnchen ohne Haut).
Milchprodukte:	1,5prozentige Milch (ca. zwei Gläser pro Tag), Buttermilch, Magerquark, Joghurt (mager), sehr fettarmer Käse. Die Milchprodukte sollten grundsätzlich maximal 1,5 Prozent Fett enthalten.
Suppen:	Hühnerbrühe, Rinderbrühe, Bouillon (die

Fettschicht, die sich beim Abkühlen bildet, vorher abschöpfen).

Getreide: Alle Vollkorngetreide, Knäckebrot, Müsli (nur mit wenigen Nüssen – s. u.), Cornflakes und ähnliches, Naturreis, Vollkornnudeln, Vollkornbrot (in Maßen). Wenn Sie selbst backen oder kochen, verwenden Sie möglichst frischgemahlenes Vollkornmehl, weil darin die natürlichen Vitamine, Mineralstoffe, Eiweißkörper und Ballaststoffe enthalten sind.

Früchte und Gemüse: Alle frischen Früchte und Gemüse, Gemüsesäfte ohne Einschränkung, notfalls alle gefrorenen Gemüse, aber grundsätzlich ohne Speck, Butter oder Gewürze. Fruchtsäfte sollten nur ausnahmsweise genossen werden, da sie viel Zucker enthalten, der im Körper zu Fett umgewandelt werden kann.

Desserts: Naturjoghurt, gelatinehaltige Fruchtdesserts, die nur mit Eiweiß und Wasser (ohne Eigelb) angemacht werden dürfen. Reis- und Tapiokapudding (ohne Eigelb), aber mit 1,5prozentiger Milch angerichtet. Achten Sie darauf, daß diese Produkte nicht vorgezuckert sind, und süßen Sie bei Bedarf mit höchstens zwei Teelöffeln Honig oder Ahornsirup (was die erlaubte Tagesmenge an Zucker wäre).

Getränke: Gemüsesäfte, Mineralwasser (ohne Kohlensäure), entcoffeinierter Kaffee, chinesischer Banchatee, alle Blüten- und Kräutertees.

Zucker ist nicht erlaubt, weil er im Körper zu Fett umgebaut werden kann und andere unerwünschte Nebenwirkungen zeitigt. Als Süßmittel sind täglich höchstens zwei Teelöffel Honig oder Ahornsirup erlaubt.

Lebensmittel, die vorwiegend gesättigte Fettsäuren enthalten – nicht mehr als 15 g oder 3 Teelöffel Fett pro Tag!

In der rechten Spalte ist die Menge des jeweiligen Lebensmittels angegeben, mit der man 5 g Fett zu sich nimmt. Sie dürfen also pro Tag höchstens das Dreifache dieser Menge verzehren.

Nahrungsmittel	Menge, in der 5 g Fett enthalten sind
Eigelb	2 Teel. = 1 Ei
Fleisch:	
Lammfleisch ohne Fett	90 g
Rinds- und Kalbsleber	90 g
Kalbs- und Schweinenieren	90 g
Rinds- und Kalbsherz	90 g
Kalbszunge	90 g
Fleisch mit mittlerem Fettgehalt:	
Rindfleisch (mager)	60 g
Schinken (mager)	60 g
Lammschulter oder -zwischenrippe	60 g
Schweinebraten (mager)	60 g
Kalbfleisch	60 g
Lammherz	60 g
Rinderniere	60 g
Rinderzunge	60 g
Fleisch mit hohem Fettgehalt:	
Speck	30 g
Fettarmes Geflügel und Wild:	
Hirsch und Reh	90 g
Hühner- und Truthahnleber	90 g

Geflügel und Wild mit mittlerem Fettgehalt:

Hühnchen – dunkles Fleisch ohne Haut	60 g
Truthahn – dunkles Fleisch ohne Haut	60 g
Hühner- und Truthahnherz	60 g
Fasan ohne Haut	60 g
Stallhase ohne Haut	60 g

Geflügel mit hohem Fettgehalt:

Wildente	30 g
Dosensuppen	½ Dose
Joghurt (fettarm)	120 g

Lebensmittel, die vorwiegend ungesättigte Fettsäuren enthalten – nicht mehr als 20 g bzw. 4 Teelöffel Fett pro Tag!

In der rechten Spalte ist die Menge des jeweiligen Lebensmittels angegeben, mit der man 5 g Fett zu sich nimmt. Sie dürfen also pro Tag höchstens das Vierfache dieser Menge verzehren.

Nahrungsmittel	Menge, in der 5 g Fett enthalten sind
Fischleberöl, Leinsamenöl, Maisöl, Sonnenblumenöl, Sojaöl, Nußöl, Weizenkeimöl, Distelöl, Weizenöl, Baumwollsamenöl	1 Teel.
Mayonnaise und Salatdressing (selbstgemacht)	1 Teel.
Fisch:	
Dosenthunfisch in Öl	60 g
Dosenthunfisch ohne Öl (gewaschen und abgetropft)	90 g

Lachs (gekocht)	60 g
Forellenfilet	60 g
Ölsardinen	30 g
Hering	30 g
Makrelen	30 g
Erdnußbutter (ohne Härtungszusatz)	2 Teel.
Nüsse und Keime:	
Erdnüsse oder Mandeln	10–15 Stück
Nüsse (alle anderen)	5–10 g
Sonnenblumenkerne	20 g
Sesamsamen	2 Teel.
Kürbiskerne	30 g
Oliven (grüne, reife)	3 Stück
Avocado mittlerer Größe	⅛

e. Diät bei zerebralen Störungen

Die folgende Diät wurde von dem amerikanischen Kinderarzt Benjamin Feingold entwickelt.[119] Sie hat sich besonders bei Kindern und Jugendlichen bewährt, hilft aber mitunter auch Erwachsenen. Sie wirkt bei geistigen und neurologischen Störungen, die auf synthetische Aroma- und Farbstoffe in Lebensmitteln und auf natürlich vorkommende Salicylate (Salze der Salicylsäure) zurückzuführen sind. Dr. Feingold hat die Zusammenhänge zwischen derartigen «zerebralen Allergien» und dem, was im Volksmund «Zappelphilippkrankheit» und in der Medizin «Hyperaktivität» genannt wird, nachgewiesen. Typische Anzeichen für Hyperaktivität sind, daß das Kind nicht stillsitzen kann, ständig eine innere Unruhe verspürt, sich nicht über mehrere Minuten auf etwas konzentrieren kann oder ein besonders aggressives Verhalten zeigt.

Die Salicylsäure ist weltberühmt geworden durch das von der Firma Bayer hergestellte Aspirin, das den Wirkstoff Acetylsalicylsäure (auch ASS genannt) enthält. Die Betroffenen müssen alle

Nahrungsmittel vermeiden, die synthetische Farb- und Aromastoffe enthalten, und auf salicylathaltige Früchte und Gemüse verzichten. Da es sich eher um Empfindlichkeiten als um Allergien im eigentlichen Sinne handelt, haben wir keine Möglichkeit, diese Sensibilitäten zu testen. Folglich können wir nur durch Eliminierung der verdächtigen Stoffe dem Ursprung des Leidens auf die Spur kommen. Für die praktische Anwendung schlagen wir vor, daß Sie zunächst alle Faktoren aus der Gruppe der synthetischen Nahrungszusatzstoffe ausschalten (was sowieso im Sinne einer optimalen vollwertigen Ernährung wäre). Wenn dann noch keine oder keine ausreichende Besserung der Beschwerden eintritt, muß auch die zweite Gruppe der salicylathaltigen Früchte und Gemüse weggelassen werden.

Bitte beachten Sie, daß Konservierungsstoffe in der Regel keine «zerebralen Allergien» erzeugen, mit Ausnahme von BHT – Butylhydroxytoluol (E 321) –, einem häufig verwendeten Antioxidans, das bei manchen Menschen allergische Reaktionen auslöst. Lesen Sie vor dem Kauf eines Lebensmittels immer gründlich den Packungsaufdruck und vermeiden Sie synthetische Farb- und Aromastoffe (dabei hilft Ihnen die entsprechende Auflistung unter 14c) und BHT.[120] Wenn Sie mit frischen Zutaten selbst kochen und backen, können Sie ohne weiteres auf die meisten oder alle Substanzen verzichten, die für Sie oder Ihr Kind schädlich sind.

Verbotene Nahrungsmittel

1. Lebensmittel mit synthetischen Farb- und Aromastoffen

Getreideprodukte und Backwaren:	Fertigmüslis, Cornflakes, Flockengerichte, Backmischungen, industriell hergestellte Kuchen und Kekse, tiefgefrorene Backwaren zum Aufbacken, weil sie alle in der Regel Zusatzstoffe enthalten.
Fleischwaren:	Salami, Wiener Würstchen, Schinken und Speck, Hackfleischprodukte, gefrorenes Fischfilet, Fischstäbchen – falls nicht ganz sicher ist, daß sie keine Zusatzstoffe enthalten

(im Naturkosthandel gibt es mitunter Wurst und Schinken ohne synthetische Zusätze). Wenn Sie im Restaurant essen, müssen Sie natürlich immer damit rechnen, daß zusatzstoffbelastete Nahrung auf den Tisch kommt.

Geflügel: Alle mit Barbecuesoße zubereiteten Geflügelgerichte im Restaurant.

Desserts: Die meisten Pudding- und Speiseeissorten, auch Puddingpulver zum Selbstanrühren, Cremespeisen und Bonbons.

Getränke: Mixgetränke in Pulverform, Fertigteepulver, Diätgetränke, Wein, Bier und Apfelmost (falls nicht aus biologischem Anbau und ohne Zusatzstoffe hergestellt).

Sonstiges: Margarine, Senf, Sojasoße, Schokolade, Sirup, alle Grillsoßen, Ketchup, Mayonnaise, gefärbte Käsesorten.

2. Lebensmittel, die Salicylate enthalten

Obst: Äpfel, Apfelsinen, Aprikosen, Brombeeren, Erdbeeren, Himbeeren, Johannisbeeren, Kirschen, Mandarinen, Nektarinen, Orangen, Pfirsiche, Pflaumen, Stachelbeeren, Weintrauben (und alle aus Weintrauben hergestellten Erzeugnisse wie Rosinen, Wein und Weinessig). Das Verbot bezieht sich auch auf Trockenfrüchte, Dosenfrüchte und Säfte.

Gemüse: Tomaten und Tomatenprodukte, Gurken (frisch und eingelegt).

Sonstiges: Mandeln.

Außerdem müssen Medikamente und Vitamin- oder Mineralpräparate, die Farb- oder Aromastoffe enthalten (z. B. in der farbigen Zuckerhülle), abgesetzt werden (Packungsbeilage lesen!). Bitte besprechen Sie mit Ihrem Arzt, ob irgendwelche Medikamente, die Ihr Kind oder Sie nehmen, Salicylate enthalten. ASS, Alka-Seltzer und viele Zahnpasten und Zahnputzpulver müssen aus diesem Grunde gemieden werden. Zum Zähneputzen kann man alternativ eine Mischung aus Salz und Soda verwenden; außerdem gibt es in Naturkostläden Zahnputzmittel ohne synthetische Zusätze. Mundwässer, Hustensäfte, Hustenbonbons, Deos, Parfüms, Eau de Cologne und andere Kosmetika sind ebenfalls abzusetzen, falls nicht ganz sicher ist, daß sie keine synthetischen Zusatzstoffe enthalten. Leider gibt es in der Kosmetikbranche bisher keine Pflicht zur «Volldeklaration», das heißt die Hersteller müssen – anders als die Lebensmittelindustrie – nicht draufschreiben, was in ihren Produkten drin ist.

Erlaubte Lebensmittel

Alle Vollkornarten und Vollkornprodukte, die ohne synthetische Aroma- und Farbstoffe hergestellt sind; alle Fleischarten, alle Geflügelarten, alle frischen Fische, selbstgemachtes Speiseeis, Gelatinepudding aus naturreinem Fruchtsaft (falls man nicht auf Salicylate allergisch ist). Naturjoghurt und Buttermilch, selbstgemachte Cremes und Puddings, Grapefruit- und Ananassaft, Milch, Öle und Fette ohne synthetische Zusatzstoffe, Butter, selbstgemachter Senf, Mayonnaise, Ketchup, Honig, Gelee und Marmeladen aus den erlaubten Früchten (z. B. Ananas), weiße Käsesorten ohne Zusatzstoffe (Schafs- oder Ziegenkäse), Quark, Hüttenkäse u. ä.). Alle Gemüsesorten außer Gurken und Tomaten sind erlaubt, aus der Gruppe der Früchte können Grapefruit, Zitronen und Limonen problemlos genossen werden.

Dr. Feingold rät zu folgendem Vorgehen:

1. Schalten Sie zwei Wochen lang alle Nahrungsmittel, die synthetische Farb- oder Aromastoffe enthalten, aus.
2. Falls durch diese Maßnahme keine Besserung eintritt, schalten Sie auch die salicylathaltigen Lebensmittel aus, oder nehmen Sie sie, falls nicht völlig vermeidbar, nur in geringsten Mengen zu sich.

3. Wenn auch die Gruppe der salicylathaltigen Lebensmittel zwei Wochen lang abgesetzt wurde und trotzdem keine Besserung eintritt, muß man sämtliche denkbaren Nahrungsmittelallergien, Allergien auf Konservierungsstoffe und andere Umweltgifte in Betracht ziehen (vgl. Kapitel 6b) und nach Möglichkeit behandeln. Denn sowohl bei Kindern als auch bei Erwachsenen können «zerebrale» Allergien auftreten, die nicht unbedingt mit Aroma- und Farbstoffen oder Salicylaten in Zusammenhang stehen.

f. Diät bei Hypoglykämie

Diese Diät empfehlen wir bei nachgewiesener Hypoglykämie, also einer Zuckerunverträglichkeit aufgrund von Überlastung von Bauchspeicheldrüse und Nebennierenrinde. Diese Diät zeichnet sich vor allem dadurch aus, daß nur wenige Kohlehydrate gegessen werden, während der Großteil der Nahrung aus eiweißhaltigen Lebensmitteln besteht.

Diese Diät kann nicht nur bei Hypoglykämie angewendet werden, sondern auch bei Allergien auf Kohlehydrate und starken Schimmelpilzallergien. Im zuletzt genannten Fall sollte man eine Weile alle Gemüse- und Fruchtsorten absetzen, da auch trotz intensiven Waschens immer Schimmelreste daran haftenbleiben.

Grundsätzliches

Man sollte drei kleinere vollständige Mahlzeiten zu sich nehmen, dazwischen aber auch drei kleine Imbisse, die allesamt vorwiegend aus Eiweißstoffen bestehen sollten. Auf diese Weise wird das ständige Auf und Ab des Zuckerspiegels in Grenzen gehalten. Man sollte immer nur so viel essen, bis man kein Hungergefühl mehr hat. Der Umweltmediziner William Rea aus Dallas empfiehlt als Geheimrezept für Gesundheit und Leistungsfähigkeit: «Essen Sie nicht, wenn Sie keinen Hunger haben!» Die Nahrung sollte in einer ruhigen Atmosphäre (ohne Streß und Termindruck) eingenommen und gut zerkaut und eingespeichelt werden. Das Frühstück ist bei dieser Diät die wichtigste Mahlzeit des Tages. Der Bauch sollte gut gefüllt sein, damit nicht gleich wieder das Bedürfnis nach einer Zwischenmahlzeit aufkommt. Wenn das Frühstück einen hohen Anteil an komplexen Kohlehydraten und Eiweiß enthält, gehen die Kohlehydrate in den folgenden Stunden nur sehr langsam ins Blut über, so daß der Blutzuckerspiegel nicht schlagartig ansteigt. Eine der besten Eiweißquellen ist Fleisch in jeder Form. Zum Frühstück sollte man circa 125 g Fleisch (oder andere Nahrungsmittel mit hohem Eiweißgehalt wie Eier, Sojaerzeugnisse, Nüsse, Fisch etc.) essen, bei den folgenden Mahlzeiten oder Zwischenmahlzeiten jeweils etwa 60 g.

Anfänglich muß die Diät sehr strikt eingehalten werden. Wenn man dann ein ausgeglichenes Allgemeinbefinden und Normalgewicht erreicht hat, können probeweise andere Nahrungsmittel hinzugefügt werden, aber immer nur eines nach dem anderen und immer nur für einen Tag, damit man genau beobachten kann, wie die einzelnen Lebensmittel wirken. Bei Hypoglykämie und bei Kohlehydratallergie ist es unbedingt erforderlich, daß die Diät konsequent befolgt wird, sonst braucht man sie gar nicht erst zu machen. Die gesamte Behandlung funktioniert dann nicht.

Ebenso wichtig wie die Diät ist ein geordneter Lebenswandel: früh zu Bett gehen und sich regelmäßig körperlich betätigen, Streß vermeiden. Alle Entspannungsmethoden, die der Streßreduzierung dienen, können hier hilfreich eingesetzt werden.

Im Zentrum der Diät steht der völlige Verzicht auf Zucker, Fruchtzucker, Traubenzucker, Milchzucker, Stärke (etwa Kartoffeln) und einfache Kohlehydrate aller Art. Wieder einmal gilt es, vor dem Kauf den Packungsaufdruck gründlich zu studieren, um nicht in eine Falle zu geraten. Wenn man frisches Obst ißt, sollte es eher etwas grün und unreif sein. Die meisten Gemüse bereiten keine Probleme, da sie aus komplexen Kohlehydraten bestehen, die im Körper nur langsam abgebaut werden. Nach einiger Zeit sind Diätnahrungsmittel (mit Süßstoff) und stärkehaltige Produkte unter Umständen gestattet.

Auch der Salzgehalt der Nahrung belastet den Elektrolythaushalt und damit die Nebennierenrinde. Wer sich «normal» ernährt und öfters essen geht, nimmt meist viel zuviel Kochsalz zu sich. Deswegen sollte man zu Hause statt Salz möglichst oft Kräuter zum Würzen verwenden und, falls man doch etwas salzt, das mineralreiche Meersalz nehmen. Diese Anweisung gilt besonders für Patienten mit Herz- und Kreislaufkrankheiten, Bluthochdruck[121] und Neigung zu Ödemen (Wasseransammlungen).

Wenn Sie die von uns vorgeschlagenen Speisepläne mehrere Monate lang befolgt haben, sollten Sie mit Ihrem Arzt darüber sprechen, wie Ihnen die Diät bekommt, ob Sie abnehmen (eventuell zu schnell), oder ob Ihr Gewicht stabil bleibt, wie Sie sich im Tagesverlauf fühlen. Bei dieser Gelegenheit können Sie auch einen erneuten sechsstündigen Hypoglykämie-Test vornehmen lassen, um festzustellen, ob sich Ihr Stoffwechsel bereits etwas erholt hat. Der Glukosetoleranz-Test ist bei fachgerechter Durchführung ein ausgezeichneter und zuverlässiger Test. Oft wird der Test nur über zwei, drei oder vier Stunden durchgeführt. Eindeutige Ergebnisse erhält man aber nur mit einem sechsstündigen Glukosetoleranz-Test, weil sich bei Hypoglykämikern typischerweise erst nach sechs Stunden der Blutzuckerspiegel wieder normalisiert.

Möglicherweise müssen Sie die Diät danach etwas abändern, etwa indem Sie grundsätzlich sechs kleine Mahlzeiten einnehmen, bei denen dem Körper jeweils die gleiche Menge an Proteinen, Fetten und langsam abgebauten Kohlehydraten zugeführt wird. Auf diese Weise wird dem Absinken des Blutzuckerspiegels, das sonst kurz nach jeder Mahlzeit auftreten kann und sich über mehrere Stunden hinzieht, entgegengewirkt. Gerade am späten Nachmittag kommt es aus diesem Grunde häufig zu einem Energieabfall. Eine kleine Zwischenmahlzeit (ein paar Nüsse, Samen oder Körner) kann hier Abhilfe schaffen. Die Zufuhr von eiweißreicher Nahrung bietet sich auch immer dann an, wenn sich aus irgendeinem Grund eine der Mahlzeiten hinauszögert. Denn wenn komplexe Kohlehydrate an Eiweiß gebunden sind, geht die Umwandlung in einfache Kohlehydrate langsamer vonstatten. Nüsse, Samen oder auch ein Hähnchenschenkel werden nur langsam verdaut und belasten den Blutzuckerspiegel kaum.

Die Liste der erlaubten Nahrungsmittel ist lang und abwechslungsreich, so daß Sie immer neue Kombinationen probieren können und keine Langeweile aufkommen muß. Damit die Diät Spaß macht, sollten Sie sich die Nahrung interessant und schmackhaft zubereiten.

Erlaubte Nahrungsmittel

Die im folgenden vorkommenden Mengenangaben beziehen sich auf das Gewicht vor der Zubereitung durch Kochen, Braten, Backen etc. Gestattet sind:

Kalbfleisch,	
Fisch:	Süß- und Salzwasserfische. Fisch ist eine ausgezeichnete Proteinquelle, die nebenbei auch noch alle essentiellen ungesättigten Fettsäuren und Mineralstoffe enthält. Der Fettgehalt von Fisch und somit auch die Kalorienzufuhr liegen relativ niedrig: Fisch sollte bevorzugt frisch gegessen werden, obwohl auch Thunfisch, Sardinen und Lachs aus der Dose eine gute Nährstoffquelle bieten. Das Öl aus den Dosen sollte in jedem Fall abgegossen und der Fisch dann abgespült und abgetrocknet werden.
Schalentiere:	Sie sind ebenfalls eine hervorragende Eiweißquelle, können jedoch relativ hohe Cholesterinmengen aufweisen. Dies ist bei Patienten mit erhöhtem Cholesterinspiegel zu beachten. Meeresfrüchte enthalten viel Jod und alle essentiellen Aminosäuren.
Geflügel:	Hühnchen, Truthahn, Fasan, Tauben, Rebhühner. Bei Enten und Gänsen ist der Fettgehalt zu hoch. Alle diese Geflügelarten bieten hochwertiges Eiweiß mit allen

essentiellen Aminosäuren. Das Fett ist überwiegend unter der Haut konzentriert. Hier speichern sich Hormone, Antibiotika und andere bei der industriellen Massentierhaltung eingesetzte Medikamente. Deshalb muß diese Fettschicht auf alle Fälle mit der Haut entfernt werden.

Eier: Falls kein Cholesterinproblem vorliegt, sind sie in beliebiger Menge erlaubt. Auch sie enthalten alle notwendigen Eiweißstoffe.

Milchprodukte: In der Anfangsphase ist aus dieser Gruppe nur Butter gestattet, weil sehr viele Hypoglykämie-Patienten auf Milchprodukte allergisch reagieren. Wenn Sie in einer umweltmedizinischen Praxis oder Klinik auf Allergien getestet worden sind und keine entsprechenden allergischen Reaktionen festgestellt wurden, dürfen Sie Milchprodukte zu sich nehmen. Im allgemeinen reagieren mehr Menschen auf die Milch selbst allergisch als auf Buttermilch, naturbelassenen Joghurt und Dickmilch.

Wenn der Zuckerspiegel stabilisiert ist, können Milchprodukte (sofern bislang nicht erlaubt) nach und nach wiedereingeführt werden. Oft ist die allergische Reaktion nicht mehr vorhanden, wenn man längere Zeit keine Milchprodukte zu sich genommen hat. Natürlich sollte man sich jetzt nicht wieder hemmungslos auf diese Nahrungsmittel stürzen, sondern sie in Maßen genießen, zum Beispiel alle paar Tage ein bißchen – wie es den Prinzipien der Rotationsdiät (vgl. Kapitel 13 g) entspricht. Milchprodukte sind gute Eiweißlieferanten und enthalten alle essentiellen Aminosäuren. Eine schöne Abwechslung und gute Alternative für

Allergiker bieten Schaf- und Ziegenkäse statt Kuhmilcherzeugnissen.

Nüsse, Sojabohnen und Samen: Pistazien, Kürbiskerne, Sesam, Sonnenblumenkerne, Mandeln, Sojabohnen und Haselnüsse sind ebenfalls gute Eiweißquellen. Diese kleinen Knabbereien eignen sich vor allem als Zwischenmahlzeit, doch sollte man nie mehr als etwa drei gehäufte Teelöffel davon zu sich nehmen. Man neigt bei diesen kleinen Snacks zwischendurch sehr dazu, zu viel zu essen. Die Nüsse und Samen sollten frisch mitsamt ihrer braunen Haut genossen werden und dürfen weder geröstet noch gesalzen sein. Alle Bearbeitungsverfahren erhöhen das Risiko der Bildung von freien Radikalen. Alte, ranzige Nüsse sind nicht nur wegen des Radikalenproblems zu meiden, sondern auch weil sich auf ihnen mit der Zeit krebserregende Aflatoxine bilden. Bitte verwenden Sie keine Paranüsse und Walnüsse, da diese hiervon besonders stark betroffen sind.

Gemüse und Hülsenfrüchte: Ausgezeichnete Quellen für pflanzliches Eiweiß sind die Sojabohnenprodukte Tofu und Miso, die in den meisten Bioläden und Reformhäusern angeboten werden. In der folgenden Liste haben wir verschiedene Gemüse- und Hülsenfrüchte nach ihrem Kohlehydratgehalt geordnet. Die drei- und sechsprozentigen dürfen Sie in beliebiger Menge essen, von den zehnprozentigen sollten Sie nicht mehr als 125 g auf einmal verzehren. Die Zubereitung bleibt Ihnen überlassen – Sie können frische Salate, Gemüsesuppen oder auch frischgepreßte Säfte aus diesen Gemüsesorten herstellen.

3 Prozent: Blattsalat, Bohnensprossen, Chicoree, Chinakohl, Endivien, Gurken, Oliven, Radieschen, Rhabarber (roh), rote Bete, sämtliche frischen Kräuter.
6 Prozent: Auberginen, Bambussprossen, Blumenkohl, Broccoli, Kohl (roh), Lauch, Löwenzahn, Paprika (grün und rot), Pilze, Rhabarber (gekocht), Sauerkraut, Spargel, Spinat.
10 Prozent: Artischocken, Bohnen (gelbe und grüne), Karotten, Kohl (gekocht), Kohlrabi, Rosenkohl, Tomaten oder Tomatenpüree, Zwiebeln (roh).

Getreide: Das volle Korn der verschiedenen Getreidesorten ist eine wichtige Nährstoffquelle und weist hohe Vitamin- und Mineralstoffanteile auf, viele essentielle Fettsäuren und Ballaststoffe. Leider sind viele Menschen auf eine oder mehrere Getreidearten allergisch. Das muß vorher ausgetestet werden.
Rohes Getreide enthält meistens sogenannte *Phytate*, welche im menschlichen Körper die Absorption wichtiger Mineralien behindern. Die Pflanzen enthalten allerdings neben den Phytaten auch Enzyme, die bei ihrer Verdauung helfen – sie müssen nur erst aktiviert werden. Zu diesem Zweck sollte man das Getreide über Nacht in Wasser legen bzw. keimen lassen oder die Körner langsam auf kleiner Flamme gar köcheln. Die solchermaßen aktivierten Enzyme wandeln Phytate in den lebenswichtigen Stoff *Inositol* um.

Früchte: Frische Früchte enthalten eine Menge Vitamine und Mineralien. Sie sollten immer so frisch wie möglich verzehrt werden, da sie bei längerer Lagerung viel von ihren Nährstoffen verlieren. Getrocknete, tiefgefrorene, kandierte und in Zuckersirup eingelegte Früchte sind nicht gestattet. In der folgenden Übersicht haben wir die verschiedenen Obstsorten nach Kohlehydratgehalt geordnet. Sie dürfen frei wählen: pro Tag entweder drei Früchte (oder Fruchtportionen) von den 5- und 10prozentigen oder zwei aus der Gruppe der 15prozentigen. Also zum Beispiel: 1 kleine Avocado, 1 halbe Zuckermelone und 120 g Obstsalat; oder: 1 kleine Orange und 2 Scheiben Ananas.

5 Prozent: 1 Avocado mittlerer Größe
Rhabarber, 120 g
10 Prozent: ½ Zuckermelone
Wassermelone, 120 g
frische Kokosnuß, 60 g
selbstgemachten Obstsalat ohne Weintrauben, 120 g
Saft von 2 Zitronen oder Limonen
Erdbeeren, 120 g
Himbeeren, 120 g
½ Papaya
15 Prozent: 1 Apfel
1 Aprikose
Kirschen, 120 g
Grapefruit, ½ große oder eine sehr kleine
1 Orange
1 Pfirsich
1 Birne
2 Scheiben frische Ananas
2 Pflaumen
1 Mandarine oder Clementine
Stachelbeeren, 120 g

Getränke: Am meisten zu empfehlen ist Quell- oder Mineralwasser ohne Kohlensäure, notfalls auch destilliertes Wasser (das allerdings nicht besonders schmeckt und nur genommen werden darf, wenn gleichzeitig Mineralstoffe in Tabletten- oder Pulverform zugeführt werden). Kaufen Sie nur Wasser in Glasflaschen, da Kunststoff-Flaschen immer zumindest geringe Mengen schädlicher Chemikalien absondern können. Cola und Fruchtsaftgetränke sind verboten, auch wenn «Diät-Cola» oder «wenig Kalorien« o. ä. draufsteht. Coffeinfreier Kaffee, Bancha-Tee (ein chinesischer Tee, der in gutsortierten Teeläden erhältlich ist) und Kräutertee sind gestattet. Auch klare Brühe aus dem Bioladen ist geeignet. Die meisten Brühen sind leider hefehaltig[122] und wegen der Candida-Problematik mit Vorsicht zu genießen. Alle anderen Säfte und Getränke sind nicht gestattet (außer frischen Obst- und Gemüsesäften entsprechend der Mengenangaben in den Übersichten für Gemüse und Früchte). Insgesamt sollte man täglich mindestens 4 Liter Flüssigkeit zu sich nehmen.

Würzmittel: Zum Würzen können Sie frische und getrocknete Gewürze (Achtung: Schimmelpilze!), ungesättigte Öle, Essig und frischen Zitronensaft verwenden. Damit können Sie auch Salatdressings und andere Soßen herstellen. Gelegentlich dürfen Sie etwas Joghurt dazunehmen.

Fett: Pro Tag sind 3 Teelöffel Sonnenblumen-, Oliven-, Distel-, Weizenkeimöl usw. oder die gleiche Menge Butter gestattet. Margarine ist nicht erlaubt.

Sonstiges: Gelatine, Agar-Agar, Algen, Assugrin und andere synthetische Süßstoffe.

Verbotene Nahrungsmittel

Getränke:	Alkohol, Coffein (coffeinhaltiger Kaffee, schwarzer oder grüner Tee, Mate, Kakao, Cola), Ovomaltine, Fruchtsaft, starke Kräutertees.
Früchte:	*Bananen, *Heidelbeeren, Konservenobst, getrocknete Früchte, *Weintrauben, überreife Äpfel und Birnen, Mangos.
Desserts:	Kuchen, *Haselnußmus aus Reformhaus oder Bioladen, gezuckerter Kaugummi, Schokolade, Kekse, Pudding, *Speiseeis, Obsttorte, Kartoffelchips, Weißmehlbrezeln.
Gemüse und Getreide:	Fertigmüslis mit Zucker und/oder süßen Trockenfrüchten, *Mais- und Maisprodukte, *getrocknete Bohnen, *Erbsen, *Kartoffeln, weißer Reis, Gewürzgurken (weil in der Regel mit Zucker eingelegt).
Fleisch:	Schweinefleisch aller Art, Fleisch aus der Dose, Aufschnitt, Salami.
Brot:	Weißes Brot und Brötchen, Waffeln, Weißmehlpizza, Weißmehlpfannkuchen.
Süßigkeiten:	Schokolade, Bonbons, *Honig, Malz, *Rübensirup, Gelee, Marmelade.
Nüsse:	Walnüsse und Paranüsse sind wegen der Bildung von freien Radikalen und Aflatoxinen nicht gestattet; Maronen und Cashewkerne sind wegen des hohen Kohlehydratanteils nicht zu empfehlen.

Die mit einem Sternchen (*) gekennzeichneten Nahrungsmittel dürfen Sie nach drei Monaten in kleinen Mengen hinzufügen, wenn sich der Blutzuckerspiegel stabilisiert hat.

Alle Formen von Fruktose (Fruchtzucker), Dextrose (= Glukose bzw. Traubenzucker), Lactose (Milchzucker) und Maltose (Malzzucker) sind in keiner Form gestattet. Sie dürfen nicht einmal in kleinen Mengen als Süßungsmittel für Getränke genossen werden. Dasselbe gilt für die meisten Dosensuppen, Säfte, Ketchups, Mayonnaisen, Senfsorten und ähnliches, da sie alle Zucker oder Stärke in größeren Mengen enthalten. DESHALB MÜSSEN DIE AUFSCHRIFTEN AUF DER VERPACKUNG VOR DEM KAUF GENAUESTENS STUDIERT WERDEN!

Nachdem Sie dieses Programm drei Monate lang eingehalten haben, sprechen Sie mit Ihrem Arzt darüber, was erreicht wurde und ob Sie weitere Nahrungsmittel in Ihren Speiseplan aufnehmen dürfen. Bei dieser Gelegenheit sollten Sie auch über die zusätzliche Einnahme von Mineralstoff- und Vitaminpräparaten sprechen, um möglichen Mangelerscheinungen vorzubeugen. Die hier vorgestellte Diät ist zwar vitamin- und mineralreicher als die normale Durchschnittskost, trotzdem können im Einzelfall Mangelerscheinungen auftreten.

Nahrungsmittelaustausch

Die Hypoglykämie-Diät funktioniert nach dem Grundsatz: Nie mehr als 100 g Kohlehydrate pro Tag! Die folgende Übersicht soll Ihnen die Zusammenstellung des Speiseplans erleichtern, damit Sie diese Obergrenze nicht versehentlich überschreiten.

Milchaustausch
Jede Portion liefert ungefähr 6 g Kohlehydrate, 8 g Protein bzw. 80–120 Kalorien:

Fettarme oder Magermilch – 1 Tasse (= 125 ml)
Buttermilch – 1 Tasse
Magerjoghurt natur – 1 Tasse
Käse – 30 g

Gemüseaustausch
Eine Portion von 200 g aus der folgenden Gemüseliste liefert ungefähr 5 g Kohlehydrate, 2 g Protein bzw. 25 Kalorien:

Auberginen, Blumenkohl, Bohnen (gelb oder grün), Broccoli,

Gemüsesäfte (außer den kalorienreichen Säften von Karotten und rote Bete), Gurken, Kohlrabi, Paprika (grün und rot), Rosenkohl, Sauerkraut, Sellerie, Tomaten, Weißkohl, Zucchini, Zwiebeln.

Einige Gemüsesorten haben sehr wenig Kalorien und dürfen in beliebiger Menge verzehrt werden: Bohnensprossen, Chicoree, Chinakohl, Grüne Salate, Pilze, Radieschen, Rettich, Spinat.

Früchteaustausch
Jede Portion hat ungefähr 10 g Kohlehydrate bzw. 40 Kalorien.

Ananas – 75 g
Ananassaft – ⅓ Tasse
Apfel – 1 kleiner oder ½ großer
Apfelsaft – ½ Tasse
Apfelmus, ungesüßt – ½ Tasse
Aprikosen – 2 mittelgroße
Aprikosen, getrocknet – 4 halbe kleine
Banane – ⅓ bis ½
Beeren – ½ Tasse
Birne – 1 mittelgroße
Grapefruit – ½ kleine
Grapefruitsaft – ½ Tasse
Honigmelone – ⅛
Mandarinen – 90 g
Nektarine – 1 mittelgroße
Orangen – 1 kleine
Orangensaft – ½ Tasse
Papaya – 300 g
Pfirsich – 1 mittelgroßer
Pflaumen – 2 mittelgroße
Rosinen – 2 Teelöffel (in diesen geringen Mengen als Süßungsmittel erlaubt)
Wassermelone – 120 g
Weintrauben – 12 Stück

Stärkeaustausch

Jede Portion enthält ungefähr 15 g Kohlehydrate bzw. 70 Kalorien.

Bohnen – 25 g, vor dem Kochen gewogen
Erbsen – 25 g
Getreide, gekocht – 25 g
Kartoffeln – 100 g oder 1 mittelgroße
Kohlrüben – 200 g
Kürbis – 300 g
Mais – 75 g
Maiskolben – 1 mittelgroßer
Maistortilla – 6 Stück
Pommes frites – 8 Stück
Popcorn, ungezuckert – 25 g oder 1½ Tassen
Reis, ungeschält bzw. braun – 25 g
Stärke – 20 g
Vollkornbrezeln – 1 große oder zwei kleine
Vollkornbrot, Pumpernickel – 1 Scheibe
Vollkornbrötchen – ½
Vollkornkekse – 2 Stück
Vollkornmehl – 2½ Eßlöffel
Vollkornnudeln – 30 g
Vollkornpfannkuchen – 1 dünner
Vollkornwaffeln – 1 Stück

Fleischaustausch

Die mit einem Sternchen (*) markierten Fleischsorten sind mager und enthalten in einer Portion von 100 g ungefähr 15 bis 20 g Protein, 3 g Fett bzw. 100 Kalorien. Die mit einem Kreuzchen (+) markierten Sorten enthalten mehr Fett und entsprechend auch mehr Kalorien. Deshalb sollten Sie sie nicht öfter als dreimal in der Woche essen, besser seltener.

Ei:	1 großes
Fisch:	Thunfisch*, Seelachs+, Makrele+, Krabben*, Hummer*, Austern*

Geflügel: Huhn*, Truthahn*, Rebhuhn*, Fasan*, Ente+
Innereien: Herz+, Hirn+, Bries+, Nieren+
Kalb: Haxe*, Hüfte*, Rippe*, Schulter*, Kotelett*, Filet*, Brust+
Käse: Quark*, Mozarella+, Schweizer Käse+
Lamm: Keule*, Steaks*, Schulter*, Brust+
Nußmus+
Rind: Hüfte*, Seite*, Filet*, Rippchen*, Schmorbraten*, Hackfleisch+ (mager*), Corned Beef+
Schwein: (das natürlich nach Möglichkeit vermieden werden sollte) Haxe*, Schinken*, Hüfte+, Schulter+
Tofu:* 100 g

Fettaustausch

Jede Portion hat ungefähr 5 g Fett und 45 Kalorien. Die Nahrungsmittel der ersten Gruppe sind niedrig an Fett und Kohlehydraten, bei denen der zweiten liegen beide Werte höher.

1. Gruppe
Avocado – ⅛ einer mittelgroßen
Mandeln – 10 Stück
Paranüsse – 2 Stück
Erdnüsse – 20 Stück
Erdnußbutter – ½ Eßlöffel
Walnüsse – 6 kleine
Andere Nüsse – 6 kleine
Sonnenblumenkerne – 1 Eßlöffel
Pflanzenöl, kaltgepreßt – 1 Teelöffel
Mayonnaise – 1 Teelöffel
Margarine – 1 Teelöffel (nur nehmen, falls kein hochwertiges Fett zur Hand)

2. Gruppe
Butter – 1 Teelöffel
Frischkäse – 1 Eßlöffel

Sauerrahm – 2 Eßlöffel
Schlagsahne – 1 Eßlöffel

Sonstige Nahrungsmittel

Fischstäbchen	3 Stück entsprechen einer Stärke- plus einer Fetteinheit.
Eiskrem	60 g entsprechen einer Stärke- plus einer Fetteinheit.
Pizza	2 Stärke- und 1 Fetteinheit.
Rührkuchen	2 Stück entsprechen einer Stärkeeinheit.
Vanillewaffeln	6 kleine entsprechen einer Stärkeeinheit.

Die Steinzeitdiät für schwerste hypoglykämische Zustände

Bei schwersten hypoglykämischen Zuständen kann man es mit einer *Steinzeitdiät* versuchen, die in vielen Fällen zu einer raschen Besserung führt. Dabei werden *alle* Kohlehydrate zu 100 Prozent ausgeschaltet; man ißt nur Fleisch, Gemüse und Salate. Diese Diät sollte man allerdings nur einige Wochen lang durchführen, weil sie wegen der hohen Cholesterinzufuhr nicht ganz gefahrlos ist. Außerdem ist sie recht langweilig.

Das Umsteigen von der Hypoglykämie-Diät auf einen normaleren Speiseplan

Wenn sich Ihr Zustand nach drei Monaten strikt eiweißreicher Diät gebessert hat und Sie nicht mehr unter dem ständigen Auf und Ab des Blutzuckerspiegels und den plötzlichen Müdigkeitsattacken leiden, können Sie in Absprache mit Ihrem Arzt einige weitere Nahrungsmittel in den Speiseplan aufnehmen. Dies sollte am besten in folgender Reihenfolge geschehen: Zuerst probiert man die bislang nicht erlaubten Gemüsesorten in nicht allzu großen Portionen, dann Früchte, dann von den Milchprodukten zunächst Hartkäsesorten und, wenn diese gut vertragen werden, später auch andere Milchprodukte.

Gemüse: Kartoffeln, Maiskolben, Rosenkohl dürfen jetzt wieder in größeren Mengen verzehrt werden.

Früchte: Banane, Mango, Birne, Kirschen, Himbeeren, Heidelbeeren, Preiselbeeren, Aprikosen und Wassermelonen. (Die hier genannten Fruchtsorten, die oben in geringen Mengen erlaubt waren, dürfen jetzt in größeren Mengen gegessen werden.)

Trockenfrüchte: Versuchsweise Feigen und Datteln in geringen Mengen, jedoch nicht mehr als 30 g täglich.

Milchprodukte: Wenn Sie bis jetzt keine Milch und Milchprodukte zu sich genommen haben, können Sie nun langsam kleine Mengen davon einführen. Natürlich muß sichergestellt sein, daß Sie auf Milchprodukte nicht allergisch reagieren. Das finden Sie am besten durch Selbstbeobachtung heraus: Essen Sie probeweise ein Milchprodukt (und nur dies!) zu Mittag, und achten Sie darauf, ob Sie sich danach irgendwie schlechter fühlen. Typische allergische Reaktionen sind zum Beispiel: Blähungen, geblähter Bauch, Müdigkeit, Herzklopfen, Übelkeit, erhöhte Schleimproduktion im Nasen-Rachen-Bereich und Depressionen. Wenn sich keine negativen Reaktionen zeigen, essen Sie an drei aufeinanderfolgenden Tagen dreimal täglich Milchprodukte. Wenn dann immer noch keine negativen Reaktionen auftreten, können Sie sie wieder zum normalen Bestandteil Ihrer Ernährung machen. Die bekömmlichsten Milchprodukte sind: Milch (am besten direkt vom Bauern), Joghurt (mit lebenden Bakterien), Kefir, Hartkäse in geringen Mengen und Quark.

Honig:	Als Süßmittel kann man ein wenig unerhitzten, nichtfiltrierten Honig nehmen, aber niemals mehr als einen halben Teelöffel auf einmal und maximal 2 Teelöffel pro Tag.
Mayonnaise:	Selbstgemachte oder aus Bioläden.
Alkohol:	In geringen Mengen, ein Glas Wein oder Bier, aber nur mit den Mahlzeiten!
Weiterhin nicht erlaubt sind:	Fettes Fleisch, raffinierte Kohlehydrate wie Fabrikzucker und Weißmehl sowie alle gezuckerten und Weißmehlprodukte sowie Nahrungsmittel, die Farb-, Aroma- oder Konservierungsstoffe enthalten. Vergessen Sie nicht, daß Sie sich einen neuen Lebensstil angewöhnen müssen, wenn Sie dauerhaften Erfolg erzielen wollen. Die in diesem Abschnitt angeführten Nahrungsmittel dürfen nicht an die Stelle des Grundprogramms treten, sondern sollen nur gelegentlich in kleineren Mengen hinzukommen. Das beste Resultat erzielen Sie, wenn Sie eine Gruppe nach der anderen probieren und beobachten, wie Sie darauf reagieren.

g. Siebentägige Rotationsdiät bei hochgradigen Nahrungsmittelallergien

Wer unter sehr starken allergischen Symptomen leidet, muß selbstverständlich auf jene Lebensmittel, auf die er besonders intensiv reagiert, zunächst verzichten – schon im Interesse des eigenen Wohlbefindens. Was aber ist mit den «leichteren» Allergien, die sich vielleicht «nur» in etwas Kopfschmerzen oder einer gewissen Mattigkeit äußern? Soll ich denn jetzt das meiste, was ich normalerweise esse, woran ich mich seit Kindesbeinen gewöhnt habe, von einem Tag auf den anderen für immer absetzen? Nie wieder Brötchen? Nie wieder Erdbeeren?

Manche Allergiker müssen sich ohne Zweifel ein sehr konsequentes Programm auferlegen und viele Nahrungsmittel aus dem Speiseplan «eliminieren». Für die anderen genügt in der Regel eine umweltmedizinische Allergie-Neutralisierung (vgl. Kapitel 6 b) und eine Rotationsdiät, damit keine neuen Allergien entstehen und vorhandene Allergien nicht chronisch stimuliert werden. Auch für hochgradig allergische Menschen ist diese Diät sehr zu empfehlen, da gerade sie besonders anfällig für neue Allergien sind. Eine reine Eliminationsdiät hilft ihnen oft nur kurzfristig, falls sie statt der gestrichenen Lebensmittel plötzlich in großen Mengen Ersatzprodukte verzehren, etwa statt Weizen Reis oder statt Milchprodukten Sojaerzeugnisse. Es wurde immer wieder beobachtet, daß sie dann Gefahr laufen, aufgrund der Einseitigkeit auch gegen die Ersatzprodukte allergisch zu werden.

Deshalb ist es in jedem Fall sinnvoll, den Körper nicht chronisch mit demselben Lebensmittel zu belasten. Das erreicht man am besten mit einer Rotationsdiät, wie sie von amerikanischen Umweltmedizinern seit langem mit Erfolg bei ihren Patienten angewandt wird. Dabei kommt es nicht nur auf die Abwechslung zwischen den einzelnen Nahrungsmitteln, sondern vor allem auf die Abwechslung der verschiedenen botanischen und zoologischen Gruppen an. Zum Beispiel genügt es für den Allergiker nicht, nach dem Genuß von Kartoffeln mehrere Tage lang auf den Verzehr dieser stärkehaltigen Knolle zu verzichten, sondern er sollte in den folgenden Tagen auch andere Gemüse aus der Gruppe der Nachtschattengewächse wie Tomaten, Paprika oder Auberginen meiden.

Grundsätzliche Empfehlungen

Nachdem Ihre Nahrungsmittelallergien nach umweltmedizinischen Prinzipien (vgl. Kapitel 6 b) ausgetestet worden sind, beachten Sie folgende Grundsätze:

1. Verzichten Sie in den ersten sechs oder zwölf Wochen vollkommen auf jene Nahrungsmittel, bei denen im Test der Neu-

tralisationspunkt besonders hoch lag oder von denen Sie aus schmerzlicher Erfahrung wissen, daß Sie stark allergisch auf sie reagieren. Nach dieser Zeit der Abstinenz können Sie die eliminierten Nahrungsmittel möglicherweise nach und nach wieder in gewissen Abständen und geringen Mengen zu sich nehmen (vielleicht alle vierzehn Tage).

2. Rotieren Sie alle anderen Nahrungsmittel, so wie es im folgenden beschrieben wird. Gestatten Sie sich möglichst keine Ausnahmen von der Regel, weil die Rotationsdiät auch ein Diagnoseinstrument ist: Oft läßt sie verdeckte Allergien mit verzögerter Symptomatik hervortreten, die auch durch den Hauttest nicht immer zu ermitteln sind – etwa wenn Ihnen einen Tag nach dem Verzehr eines bestimmten Nahrungsmittels plötzlich schwindlig wird. Ißt man ständig alles durcheinander, lassen sich solche Symptome kaum vernünftig zuordnen. Also: Was immer Sie essen, sollte die darauffolgenden sieben Tage nicht gegessen werden.
3. An jedem einzelnen Tag dürfen Sie im Prinzip alles essen, was auf der Liste für diesen Tag eingetragen ist – in jeder Menge und auch mehrmals. Wenn Sie allerdings auf ein Nahrungsmittel empfindlich reagieren, sollten Sie es auf keinen Fall zu jeder Mahlzeit, sondern am besten nur einmal oder höchstens zweimal (bei zwei aufeinanderfolgenden Mahlzeiten) in kleineren bis mittleren Mengen zu sich nehmen. Falls Sie zum Beispiel auf Milch und Milchprodukte sensibel reagieren, sollten Sie am 4. Tag möglichst nur den Joghurt zum Frühstück essen, aber keine weiteren Milchprodukte.
4. Innerhalb der Nahrungsmittelfamilien dürfen Sie nach Belieben tauschen, also etwa die Kartoffeln vom ersten Tag gegen die Tomatensoße vom siebten Tag. Danach aber müssen Sie sieben Tage warten, bis Sie speziell dieses Nahrungsmittel wieder zu sich nehmen. Die konsequente Rotation nach Nahrungsmittelfamilien ist über sieben Tage hinweg nämlich kaum praktikabel. Falls man allerdings gegen eine ganze Familie allergisch sein sollte, muß man sie als Familie rotieren: eine Woche Tomaten, nächste Woche Kartoffeln, übernächste Paprika usw.

5. Als Getränke empfehlen wir vor allem Quellwasser und Kräutertees. Coffeinhaltige Getränke wie Kaffee, Tee oder Mate sollte man möglichst meiden bzw. nur in geringen Mengen und in schwacher Zubereitung trinken. Bei schweren Allergien sind gelegentlich auch die Kräutertees mit Vorsicht zu genießen; manche Menschen reagieren auf einige davon allergisch.
6. Die Speisen und Kräuter sollten weitgehend aus biologischem Anbau stammen, um eventuelle Reaktionen auf Chemikalienrückstände nach Möglichkeit auszuschließen.
7. Falls Sie im Restaurant essen, müssen Sie immer damit rechnen, daß die Nahrungsmittel, die auf der Speisekarte stehen, Bestandteile enthalten, die entweder nicht mit der Rotationsdiät vereinbar sind (etwa Bratensoße mit Weizenmehl und Sahne, Fischpanade, Bratfett) oder aus anderen Gründen wenig zuträglich sind (Farb-, Konservierungs- und Aromastoffe). Also sollten Sie im Restaurant offen erklären, daß Sie Allergiker sind, und sich nach den Zutaten und Zusatzstoffen der angebotenen Gerichte erkundigen.
8. Falls Sie aus zeitlichen Gründen nicht immer Gelegenheit haben, sich die Gerichte zu Hause zuzubereiten, können Sie vielleicht die Mahlzeiten für mehrere Tage gleichzeitig herstellen und einfrieren. Besorgen Sie sich Thermosflaschen und andere Warmhaltebehälter, damit Sie sich etwas Warmes zur Arbeit, Schule oder Universität mitnehmen können.
9. Schrecken Sie nicht vor Experimenten mit weniger bekannten oder exotischen Nahrungsmitteln zurück; sie machen für viele Menschen gerade den Reiz der Rotationsdiät aus. Probieren Sie zum Beispiel mal Kürbis, Avocado, Mango, Papaya, Sternfrucht, Süßkartoffeln, Quinoa, Buchweizen, Mungbohnen, Pfeilwurzelmehl usw.
10. Falls Sie plötzlich starke allergische Reaktionen bemerken, zum Beispiel Verschleimung, Blähungen, Kopfschmerzen, Juckreiz, Ausschlag oder ähnliches, wenden Sie folgendes Mittel an, welches die allergische Reaktion normalerweise innerhalb von spätestens eineinhalb Tagen zum Abklingen bringen sollte:

Mischen Sie 2 Teelöffel Natriumbicarbonat (gewöhnliches Natron, wie man es auch zum Backen verwendet) und 1 Teelöffel Kaliumbicarbonat (in Apotheken erhältlich) in einem Glas Wasser und trinken Sie dies.

Leichtere allergische Beschwerden lassen sich längerfristig oft durch Einnahme von Vitamin C und B beseitigen oder lindern. Nehmen Sie:

a. 500–3000 mg Vitamin-C-Pulver, am besten in Form von Natriumascorbat (in Apotheken erhältlich). 1 gestrichener Teelöffel entspricht etwa 3000 mg oder 3 g Vitamin C.
b. 100–600 mg Vitamin B_6 sowie ein Vitamin-B-Komplex-Präparat in gleicher Dosierung. Beginnen Sie mit der niedrigsten Dosis und steigern Sie diese bei Bedarf langsam (also zunächst jeden Tag 100 mg von jedem Präparat, zwei Tage später 200 mg, wieder zwei Tage später 300 mg bis zur Höchstdosis von 600 mg). Es sei daran erinnert, daß viele Vitaminpräparate auf Hefebasis hergestellt sind und deshalb bei Hefepilzerkrankungen oder Hefeallergie schlecht verträglich sein können. In diesem Fall bitten Sie Ihren Arzt um ein Rezept für synthetisch produzierte, nichthefehaltige B-Vitamine.

11. Zum genaueren Verständnis der Rotationsdiät empfehlen wir das Buch von Anne Calatin: *Die Rotationsdiät*, Heyne Verlag, München 1987.

Vorschlag für eine siebentägige Rotationsdiät

Montag

Frühstück:	Cornflakes, Kürbiskerne, fettarme Milch, Kamillentee.
Imbiß:	Kürbis.
Mittagessen:	Rindfleisch, Polenta, Endiviensalat, Kamillentee oder Mineralwasser.

Imbiß:	2 Aprikosen.
Abendessen:	Krabben, Maiskolben, Kamillentee oder Mineralwasser.

Dienstag

Frühstück:	Haferflocken mit Rosinen und Sojamilch, Roastbeef, grüner Tee.
Imbiß:	2 Pflaumen, Mandeln.
Mittagessen:	Tofu (in Sesamöl gebraten), gedünsteter Blumenkohl, Kopfsalat, Mineralwasser.
Imbiß:	Trauben, Mandeln.
Abendessen:	Truthahn, Sojanudeln, Honigmelone, Mineralwasser oder grüner Tee.

Mittwoch

Frühstück:	2 Scheiben Roggenvollkornbrot ohne Hefe, 2 Eier, Pfefferminztee oder Kaffee (möglichst entcoffeiniert).
Imbiß:	1 gebackene Banane mit Erdnußmus.
Mittagessen:	Hühnerfrikassee, Buchweizengrütze, Pfefferminztee oder Kaffee.
Imbiß:	1 Pfirsich.
Abendessen:	Buchweizenpfannkuchen (mit Ei und Wasser), Kopfsalat, Pfefferminztee oder Mineralwasser.

Donnerstag

Frühstück:	Kartoffelbrei, Erdbeeren, Walnüsse, dünner schwarzer Tee mit Orangenschalen.
Imbiß:	1 Orange, Eßkastanien (Maronen).
Mittagessen:	Ente mit grünem Pfeffer, weiße Bohnen mit Melasse geschmort, Orangentee oder Mineralwasser.
Imbiß:	Kokosnuß.
Abendessen:	Kartoffeln, Erbsengemüse, Gurkensalat, Feigen, Orangentee oder Mineralwasser.

Freitag

Frühstück:	2 Scheiben Weizenbrot ohne Hefe, Zungenwurst, Malventee.
Imbiß:	1 Birne.
Mittagessen:	Weißer Fisch (z. B. Heilbutt, Scholle oder Barsch), Hartweizennudeln, Rote-Bete-Salat, Ananas, Malventee oder Mineralwasser.
Imbiß:	Papaya.
Abendessen:	Ziegenkäse mit Weizenbrot ohne Hefe, Malventee oder Mineralwasser.

Samstag

Frühstück:	Hirsebrei mit etwas Honig, Lindenblütentee.
Imbiß:	Stachelbeeren, Paranüsse.
Mittagessen:	Schweineschnitzel, Quinoa, Karotten, Lindenblütentee oder Mineralwasser.
Imbiß:	3 Kiwi.
Abendessen:	Hirsebrei mit Apfelkompott (ohne Zucker), Lindenblütentee oder Mineralwasser.

Sonntag

Frühstück:	Reiswaffeln mit Haselnußmus, Mate.
Imbiß:	1 Mango, Haselnüsse.
Mittagessen:	Lamm, Tomatengemüse, Naturreis, Mate oder Mineralwasser.
Imbiß:	1 Avocado.
Abendessen:	Paprika, gefüllt mit Knoblauch, Pinienkernen, Zimt, Kirschen, Salz, Pfeffer, Zwiebel, Distelöl und Reisrest vom Mittagessen, Mate oder Mineralwasser.

14. Was Sie außerdem noch wissen sollten

a. Typische Symptome, die vermuten lassen, daß bei Ihnen eine umweltbedingte Erkrankung vorliegt

1. Allgemeine Beschwerden

Abgeschlagenheit, extreme Müdigkeit, Antriebslosigkeit, Muskel- und Rückenverspannungen, Gelenksteifigkeit (v. a. beim morgendlichen Aufstehen), Vergeßlichkeit, Anzeichen vorzeitigen Alterns, nicht durch äußere Belastungen erklärliche Depressionen und Angstzustände, verminderte Vitalität, Schlafstörungen, Wetterfühligkeit, verklebte Augen, Herzrasen, Herzstolpern.

2. Symptome im Bereich Hals-Nasen-Ohren-Atemwege

Belegte Zunge, trockene Schleimhäute, Störungen der Geschmacksempfindung, rauhe Kehle, verstopfte Nase, Ohrgeräusche, trockene Gesichtshaut, Kopfhautjucken, Schuppen, Störungen der Geruchsempfindung, häufiges Räuspern, Aufstoßen, starkes Bedürfnis, an die frische Luft zu gehen, Atembeschwerden, unablässiger Hustenreiz, zähflüssiger Auswurf, der nicht durch eine akute Erkältung erklärlich ist, oberflächliche Atmung, Unfähigkeit zu tiefem Luftholen, Infektanfälligkeit mit häufiger Bronchitis, leichte Fieberschübe.

3. Symptome im Magen-Darm-Bereich

Verdauungsstörungen aller Art, Durchfall, Verstopfung, Blähungen, übelriechender Stuhl mit starker Gasbildung, Magenübersäuerung, Übelkeit bis hin zu häufigem Erbrechen, Magen- oder Zwölffingerdarmgeschwüre.

4. Symptome an Blase und Niere

Harndrang, Harnröhrenentzündungen, häufige Blasenentzündungen, häufige Bildung von Nieren- und Blasensteinen ohne nachweisbare pathologische Veränderungen.

5. Beschwerden an den Genitalien

Bei Frauen: Menstruationsstörungen, abnorme Blutungen, Schmerzen, die von Ärzten mangels besserer Erklärung als psychosomatisch gedeutet werden. *Bei Männern:* Prostataentzündungen und Harnröhrenentzündungen ohne erklärbare Ursachen.

b. Typische Allergiesymptome und die wahrscheinlichen Verursacher

1. Allergien auf Inhalate, die nur zu bestimmten Jahreszeiten auftreten oder stärker werden

Hierzu gehören vor allem die Pollenallergien. Baumpollen befinden sich besonders im Frühjahr in der Luft, Gräserpollen von Spätfrühling bis Sommer, Kräuterpollen von Spätsommer bis Anfang Herbst. Allergien auf Insektenstiche fallen in der Regel mit dem Lebenszyklus der Tiere zusammen, Allergien auf Insektenteile können aber manchmal das ganze Jahr über andauern, wie im Falle der winzigen Hausstaubmilben, deren abgestorbene Reste immer wieder mit dem Staub aufgenommen werden. Schimmelpilze sind während des Sommers und während Perioden der Trokkenheit weniger aktiv als in der feuchtkalten Jahreszeit. Andererseits kann gerade an trockenen Tagen die Luft stark mit ihnen belastet sein. Alle diese Stoffe werden mit der Luft aufgenommen («inhaliert»), deshalb bezeichnet man sie als *Inhalate*. Bei Schleimhautsymptomen wie Schnupfen, Asthma oder Bindehautentzündung ist immer zuerst an eine Allergie auf Inhalate zu denken. Allerdings können Inhalate auch gelegentlich Hautreizungen hervorrufen.

2. Allergien auf Inhalate, die jahreszeitunabhängig auftreten
Hierzu gehören vor allem Allergien auf Hausstaub, Federn und Haare, Schuppen, Speichel, Urin oder Kot von Haustieren. Die typischen Symptome sind Schnupfen, Bindehautentzündung, Asthma. Gelegentlich kommt es zu Nesselausschlag und auch zu anaphylaktischen Schocks.

3. Allergische Reaktionen auf Inhalate, falls sie mit der Nahrung in den Körper gelangen
Die meisten saisonbedingten Allergene können auch mit der Nahrung in den Körper gelangen und dann zu beliebigem Zeitpunkt während des Jahres wirken. Bei Hausstaubempfindlichkeit sind oft die Milben das eigentliche Allergen. Unter den tierischen Allergenen verursachen Katzen- und Pferdehaare und -schuppen besonders häufig allergische Reaktionen. Sie können auch ohne direkten Kontakt starke Reaktionen auslösen. Oft ist der Betroffene auf anderem Wege, etwa durch mit dem Speichel oder Urin der Tiere verunreinigten Staub, dem Allergen begegnet.

Auf solche Allergene reagiert häufig die Haut. Die Symptome sind Hautausschläge oder Nesselsucht (akute oder chronische Urtikaria, angioneurotisches Ödem). Bei Kindern werden häufig Symptome wie atopische Neurodermitis, Asthma, Schnupfen, zerebrale Probleme wie Hyperaktivität, Verhaltensstörungen, Angstzustände und Depressionen beobachtet.

4. Allergien auf Schimmelpilze
Es gibt eine ganze Reihe von Schimmelpilzen, die in unserer Umwelt weit verbreitet sind und eine ständige Belastung für den Organismus darstellen. Entsprechend häufig sind allergische Reaktionen darauf. Die Pilze sind sehr anpassungsfähig, deshalb kann man ihnen durch Ortsveränderung nur schwer entgehen. Um zu wachsen, brauchen sie nur geringe Mengen von Sauerstoff und Feuchtigkeit. Frei von Schimmelpilzen sind am ehesten trokkene und relativ hoch gelegene Regionen. Auch in sehr kalten Gebieten sind sie nur wenig verbreitet. Häufig nisten sie irgendwo in Wohnhäusern und können dort ganzjährig allergische Symptome auslösen.

Besonders verdächtige Quellen für Schimmelpilze in der alltäglichen Umgebung sind: verdorbene Speisen, verschmutzte Polstermöbel, Mülleimer, feuchte Kellerräume, Badezimmer, Waschbecken, Spülen und Luftbefeuchter. Schimmelpilze finden sich auch häufig im Hausstaub oder hinter Tapeten.

Es folgt eine Liste der verschiedenen Schimmelpilzarten und ihrer bevorzugten Lebensräume:

Alternaria – Pflanzenblätter, feuchte Wände, im Freien besonders an heißen trockenen Tagen in der Luft zu finden.
Hormodendrum – verfaulende Pflanzen, Komposthaufen.
Aspergillus – verfaulte Nahrungsmittel, organischer Abfall, Innenräume, feuchte Keller, Bettzeug.
Penicillium → Aspergillus.
Fusarium – Erde, Komposthaufen, besonders bei feuchter Witterung.
Helminthsporium – alle Pflanzen.
Aureobasidum – Blätter, Papier, Erde, Holz.
Rhizopus – Erde, Blätter, besonders in trockenen Gegenden, aber auch in feuchten Innenräumen.
Basidiomyzeten – sind in der Landwirtschaft verbreitet und können bei der Weizenverarbeitung Probleme machen.
Rhizopus nigricans – Brot.

Typische Symptome bei Allergie auf Schimmelpilze können sein: allergische Rhinitis (Schnupfen), häufiges Niesen, Nasen-, Augen- und Gaumenjucken, verstopfte Nase, erhöhte Schleimabsonderung, Augenschmerzen und -tränen, morgens Sekrete in den Augenwinkeln, an den Lidern und auf der Bindehaut, häufige Müdigkeit, Depression, Appetitlosigkeit, Nebenhöhlenkatarrh.

5. Nahrungsmittel, die häufig allergische Sofortreaktionen auslösen

Ei, Milch, Weizen, Soja, Geflügel, Fisch, Nüsse, Schalentiere, Muscheln, Erdnüsse.

6. Andere Nahrungsmittel, die häufig Allergien verursachen
Beeren, Tomaten, Gewürze, Orangen, Zitronen, Schokolade.

7. Allergien, deren Leitsymptome Kopfschmerzen sind
Hierzu zählen wir Kopfschmerzen aller Art, Migräne, zerebrale und neurologische Störungen, Depression, Angst- und Erschöpfungszustände. Die wahrscheinlichsten Verursacher sind: Schokolade, Ei, Milch, Weintrauben, Käse, Weizen, Tomate, Hefe, Kaffee, Nüsse, Bohnen, Erbsen, Zwiebeln, Soja, Schweinefleisch, Hafer, rote Bete und diverse Inhalate: alle Schimmelpilze, Hausstaub und Hausstaubmilben, Katzen- und Hundehaare, Chemikalien.

8. Allergien, deren Hauptsymptom Neurodermitis ist
Die wahrscheinlichsten Auslöser sind: Milch, Ei, Weizen, Fisch, Kartoffeln, alle Schimmelpilze, Hausstaub und Hausstaubmilben, Tierhaare und -schuppen.

9. Allergien, deren Hautsymptome akute Nesselsucht ist
Die wahrscheinlichsten Auslöser sind: Fisch, Schalentiere, alle Nüsse, Erdnuß, Ei, Hafer, alle Schimmelpilze, Hausstaub und Hausstaubmilben.

10. Allergien, die sich in rheumatischen Symptomen und Arthrose zeigen
Die wahrscheinlichsten Auslöser sind: alle Schimmelpilze, Hausstaub und Hausstaubmilben, Geflügel, Schweine- und Rindfleisch, Zucker, Milch, Kartoffel, Tomate, Paprikaschote, Aubergine, Weizen.

11. Allergien, die sich in Hals-Nasen-Ohren-Beschwerden zeigen
Die wahrscheinlichsten Auslöser sind: alle Schimmelpilze, Hausstaub und Hausstaubmilben, Milchprodukte, Weizen, Zitrusfrüchte, Paraaminobenzoesäure (ein PHB-Ester), Autoabgase, Äthanol (also Alkohol), Tabak.

12. Allergien, die sich als Asthma oder Bronchitis äußern
Die wahrscheinlichsten Auslöser sind: alle Schimmelpilze, Hausstaub und Hausstaubmilben, Inhalate (Wolle, Tierhaare, Federn, Bestandteile von Schaf und Kaninchen, alle Pollen je nach Saison), Weizen, Mais, Ei, Milch, Rind, Schwein, Kartoffel, Orange, Kaffee, Tomate, Hefe, Schokolade, Tabakrauch, Äthanol, Abgase.

13. Allergien, die mit schwersten Sofortreaktionen verbunden sind
Die wahrscheinlichsten Auslöser sind: Ei, Milch, Weizen, Erdnuß, Soja, Huhn, Fisch, Nüsse, Schalentiere, Schokolade, Cola, Tomate, Gewürze, Beeren, Orangen.

c. Lebensmittelzusatzstoffe, die sich als besonders gefährlich herausgestellt haben

Allergiker sollten auf jeden Fall versuchen, die im folgenden genannten Stoffe zu meiden.[123] Die E-Nummern sind Code-Zahlen für Lebensmittelzusatzstoffe, die in allen Mitgliedstaaten der Europäischen Gemeinschaft gelten.

***	bedeutet:	Meiden, da fraglos für viele Menschen riskant.
**	bedeutet:	Vorsicht, da für bestimmte Personengruppen riskant.
*	bedeutet:	Vorsicht, möglicherweise riskant.[124]

Farbstoffe

E-Nummer	*chemische Bezeichnung*
E 100	Kurkumin***
E 102	Tartrazin**
E 104	Chinolingelb**
E 110	Gelborange S***
E 120	Echtes Karmin, karminsäure, Cochenille**
E 122	Azorubin***

E 123	Amaranth***
E 124	Cochenillerot A (Ponceau 4 R)***
E 127	Erythrosin***
E 131	Patentblau V***
E 132	Indigotin I (Indogo-Karmin)***
E 142	Brillantsäuregrün**
E 150	Zuckerkulör***
E 151	Brillantschwarz BN**
E 153	Kohlenschwarz***
E 160b	Bixin*
E 173	Aluminium** (nur für die Oberfläche von Lebensmitteln zugelassen)
E 174	Silber**
E 175	Gold

Konservierungsmittel

E 200	Sorbinsäure**
E 201	Natriumsorbat**
E 202	Kaliumsorbat**
E 203	Calziumsorbat**
E 210	Benzoesäure**
E 211	Natriumbenzoat**
E 212	Kaliumbenzoat**
E 213	Calciumbenzoat**
E 214	p-Hydroxibenzoesäureester**
E 215	Natriumsalz von 214**
E 216	p-Hydroxibenzoesäure-n-propylester**
E 217	Natriumsalz von 216**
E 218	p-Hydroxibenzoesäure-methylester**
E 219	Natriumsalz von 218**
E 220	Schwefeldioxid***
E 221	Natriumsulfit***
E 222	Natriumhydrogensulfit (Natriumbisulfit)***
E 223	Natriumdisulfit*** (Natriumpyrosulfit oder Natriummetabisulfit)
E 224	Kaliumdisulfit*** (Kaliumpyrosulfit oder Kaliummetabisulfit)

E 226	Calciumsulfit***
E 227	Calciumhydrogensulfit*** (Calciumbisulfit)
E 230	Biphenyl*** (Diphenyl)
E 231	Orthophenylphenol***
E 232	Natriumorthophenylphenolat***
E 233	Thiabendazol*
E 236	Ameisensäure***
E 237	Natriumformiat*** (Natriumsalz von 236)
E 238	Calciumformiat*** (Calciumsalz von 236)
E 249	Kaliumnitrit***
E 250	Natriumnitrit***
E 251	Kaliumnitrat*** (Chilesalpeter)
E 252	Kaliumnitrat***
E 280	Propionsäure
E 281	Natriumpropionat*
E 282	Calciumpropionat*
E 283	Kaliumpropionat

Antioxidantien

E 310	Propylgallat***
E 311	Octylgallat***
E 312	Dodecylgallat***
E 320	Butylhydroxianisol*** (BHA)
E 321	Butylhydroxitoluol*** (BHT)
E 325	Natriumlactat*
E 326	Kaliumlactat*
E 327	Calciumlactat*

Verdickungs- und Geliermittel, Stabilisatoren

E 402	Kaliumalginat
E 403	Ammoniumalginat*
E 404	Calciumalginat
E 405	Propylenglykolalginat*
E 420	Sorbit**
E 477	Propylenglykolester von Fettsäuren*

d. Wichtige Nahrungsmittelgruppen für die Rotationsdiät[125]

Pflanzen

Algen: Agar-Agar, Kelp, Iziki, Nori, Wakame usw.
Hefen und Pilze: Backhefe, Bierhefe, Nährhefe, Schimmelpilze im Käse, Blätter- und Röhrenpilze, Morcheln und Trüffeln.
Nadelhölzer: Wacholderbeeren, Gin, Pinienkerne.
Gräser: Bambus, Gerste (Bier, Malz, Malzzucker), Hafer, Hirse, Mais, Reis, Roggen, Weizen (auch Dinkel und Grünkern [gedarrter Dinkel] sind Weizenarten, werden aber von manchen Personen besser vertragen), Zuckerrohr (Rohrzucker).
Palmen: Datteln, Kokosnüsse, Palmherzen, echter Sago.
Ananasgewächse: Ananas.
Liliengewächse: Aloe vera, Knoblauch, Porree, Lauch, Schalotten, Schnittlauch, Spargel, Zwiebeln.
Bananengewächse: Banane, Mehlbanane.
Ingwergewächse: Kurkuma, Gelbwurzel, Ingwer, Kardamom.
Orchideen: Vanille.
Pfeffergewächse: schwarzer Pfeffer, weißer Pfeffer.
Walnußgewächse: Walnuß, Pekannuß.
Birkengewächse: Haselnuß.
Buchengewächse: Bucheckern, Eßkastanien (Maronen).
Maulbeergewächse: Feigen, Hopfen, Maulbeeren.
Knöterichgewächse: Buchweizen, Rhabarber, Sauerampfer.
Gänsefußgewächse: Mangold, rote Bete, Spinat, Zuckerrübe.
Muskatnußgewächse: Muskatnuß, Muskatblüte.
Lorbeergewächse: Avocado, Lorbeer, Zimt.
Mohngewächse: Mohnsamen.
Kreuzblütler: Blumenkohl, Broccoli, Brunnenkresse, Chinakohl, Gartenkresse, Grünkohl, Kohlrabi, Meerrettich, Radieschen, Raps, Rettich, Rosenkohl, Rotkohl, Senf, Steckrübe, Weißkohl.
Kaperngewächse: Echte Kapern.
Steinbrechgewächse: Johannisbeere, Stachelbeere.

Rosengewächse:

Kernobst: Apfel, Birne, Quitte, Hagebutten.
Steinobst: Aprikose, Kirsche, Mandel, Nektarine, Pfirsich, Pflaume, Schlehe.
Beerenobst: Brombeere, Erdbeere, Himbeere.
Gewürze: Pimpinelle.

Schmetterlingsblütler: Bockshornklee, Bohnen (Buschbohnen, Stangenbohnen, Feuerbohnen, Limabohnen, Mungbohnen, Erdnuß, Johannisbrot (Karobe), Kichererbse, Linse, Luzerne (Alfalfa), Sojabohnen (daraus wird u. a. Lezithin gewonnen), Süßholz, Tamarinde (Bestandteil der Worcestersauce).
Sauerkleegewächse: Sternfrucht.
Kapuzinerkressegewächse: Kapuzinerkresse.
Leingewächse: Leinsamen.
Rautengewächse: Clementine, Grapefruit, Kumquat, Limone, Mandarine, Orange, Pampelmuse, Tangelo, Zitrone.
Malpighiagewächse: Acerolakirsche.
Wolfsmilchgewächse: Maniok (Tapioka oder Perlsago).
Sumachgewächse: Cashewnuß, Mango, Pistazie.
Stechpalmengewächse: Mate-Tee.
Ahorngewächse: Zuckerahorn (Ahornsirup).
Seifenbaumgewächse: Litschi.
Rebengewächse: Weintraube (Champagner, Wein, Weinbrand, Weinessig, Weinstein, Rosinen).
Lindengewächse: Lindenblütentee.
Malvengewächse: Malven, Okraschoten.
Sterculiagewächse: Kakao (Schokolade).
Dilleniagewächse: Kiwi.
Teegewächse: Schwarzer Tee.
Passionsblumengewächse: Passionsfrucht.
Papayagewächse: Papaya.
Sapucayagewächse: Paranuß.
Myrtengewächse: Eukalyptus, Gewürznelke, Guave, Piment.
Efeugewächse: Ginseng.
Doldengewächse: Angelikawurzel, Anis, Fenchel, Karotte, Ker-

bel, Koriander, Kreuzkümmel, Kümmel, Liebstöckl, Pastinake, Petersile, Sellerie, Süßdolde.

Heidekrautgewächse: Bärentraube (Nierentee), Heidelbeere, Preiselbeere.

Ölbaumgewächse: Olive.

Windengewächse: Süßkartoffel (Batate).

Rauhblattgewächse: Boretsch, Comfrey (Beinwell).

Eisenkrautgewächse: Zitronenverbene (Kräutertee).

Lippenblütler: Basilikum, Bohnenkraut, Katzenminze, Lavendel, Majoran, Muskatellersalbei, Origano, Pfefferminze, Rosmarin, Salbei, Thymian, Ysop (Duftstoff), Zitronenmelisse.

Nachtschattengewächse: Aubergine, Kartoffel, Paprika, Cayennepfeffer, Chili, Gemüsepaprika (Ungarischer Paprika), Tabak, Tomate.

Pedaliumgewächse: Sesam.

Krappgewächse: Waldmeister.

Geißblattgewächse: Holunder.

Baldriangewächse: Feldsalat.

Kürbisgewächse: Gurke, Kürbis, Melonen, Zucchini.

Korbblütler: Artischocke, Chicorée, Eberraute, Estragon, Endivie, Färberdistel (Distelöl), Huflattich, Kopfsalat, Löwenzahn, Römischer Salat, Schwarzwurzel, Sonnenblume, Topinambur, Wermut, Zichorie (oft in Getreidekaffee enthalten).

Tiere

Weichtiere

Schnecken: Weinbergschnecken u. a.

Tintenfische: Tintenfisch.

Muscheln: Auster, Herzmuschel, Jakobsmuschel, Kammuschel, Miesmuschel, Venusmuschel.

Krebse: Flußkrebs, Hummer, Krabbe, Languste, Shrimps.

Salzwasserfische

Heringe: Alse, Hering, Sardinen.

Sardellen

Dorsche: Aalquappe, Dorsch, Kabeljau, Köhler, Schellfisch.
Seehecht
Makrelen: Bonito, Makrele, Thunfisch.
Seeteufel
Drachenköpfe: Goldbarsch, Rotbarsch.
Schollen: Flunder, Heilbutt, Scholle, Seezunge, Steinbutt.

Süßwasserfische
Störe: Echter Kaviar.
Lachsartige: Äsche, Forelle, Huchen, Lachs, Maräne, Renke, Saibling.
Weißfische: Brachsen, Döbel, Flußbarbe, Karausche, Karpfen, Schleie.
Echte Barsche: Flußbarsch, Zander.

Vögel
Entenvögel: Ente, Gans.
Hühnervögel: Huhn (Eier), Fasan, Wachtel.
Perlhuhn
Truthahn

Säugetiere
Hasenartige: Hase, Kaninchen.
Pferd
Schweine: Schwein, Wildschwein.
Wild: Elch, Hirsch, Reh, Rentier.
Rinder: Rind (und Kalb), Schaf, Ziege.

Allergiker müssen grundsätzlich danach trachten, die typischen «Mischlebensmittel» aus dem Supermarkt mit vielen Zutaten zu meiden. Eine optimale Rotationsdiät ist nur möglich, wenn man tatsächlich lediglich die angegebenen Lebensmittel in reiner Form zu sich nimmt, also zum Beispiel Rindfleisch nur in Form von Gehacktem, Steak, Braten etc., aber nicht als Wurst (selbst wenn «reine Rindswurst» draufsteht). Aufschnitt, Wiener Würstchen, Suppenwürfel, Mayonnaise und Instantkaffee enthalten häufig *Kartoffelstärke* oder *Getreide* in geringen Mengen. *Milch, Milch-*

produkte und *Eier* dürfen in anderen Ländern der EG schon lange den Wurstwaren beigemischt werden; man lese also genauestens die Zutatenliste auf der Packung.

Wer *Fisch* nicht verträgt, sollte die Klebstoffbeschichtung von Briefmarken und -umschlägen besser nicht mit der Zunge befeuchten, da der Klebstoff oft mit Fischgräten oder Fischmehl hergestellt wird. Chinesische Fertiggerichte enthalten meist *Natriumglutamat* und *Soja*derivate. Soja findet sich aber auch in Sahnebonbons und in Tierfutter (wodurch es auf dem Umweg über das gemästete Vieh wieder in die menschliche Nahrung gerät und Allergikern durchaus Probleme bereiten kann). Wer auf *Acetylsalicylsäure* («Aspirin») empfindlich reagiert, wird wahrscheinlich auch auf Mandeln, Aprikosen, Äpfel, Orangen, Pfirsiche und Tomaten allergisch sein. *Zitronenextrakt* findet sich häufig im Backpulver und in säuerlichen Aromastoffen für Getränke, Marmeladen und Bonbons. Öle, Fette und Margarinen enthalten oft potentiell allergene Antioxidantien, die sie vor dem Ranzigwerden schützen sollen; und in den abgepackten Fertigprodukten der Lebensmittelindustrie ist die ganze Palette der Stabilisatoren, Farb-, Geruchs- und Konservierungsstoffe enthalten, die für Allergiker so problematisch sein können.

Geruchsstoffe enthalten oft Phenolverbindungen, Konservierungsstoffe wie PHB-Ester, Benzoesäure und Sorbinsäure dienen hauptsächlich der Verhütung von Bakterienbildung und Schimmelpilzansiedlungen.[126] Bei Wurst und Aufschnitt verwendet man Nitrate und Nitrite, die im Körper in krebserregende Nitrosamine umgewandelt werden können. Auch beim Grillen können Nitrosamine entstehen, weshalb man Gepökeltes nie grillen oder braten sollte. Zur Stabilisierung von Fett-Wasser-Gemischen werden Emulgatoren verwendet, die häufig in Kuchen, Mayonnaisen, Keksen, Schokolade, aber auch in den meisten Kosmetika enthalten sind. Meist sind sie auf Lezithinbasis hergestellt (Lezithin wird in der Regel aus Soja gewonnen).

Bitte erschrecken Sie nicht angesichts dieser verwirrenden Vielfalt von Zutaten und beachtenswerten Faktoren. Kochen Sie einfache Gerichte; damit erleichtern Sie den beiden Detektiven, die nach dem Allergen suchen (dem Arzt und sich selbst), die Arbeit!

e. Tips für Untersuchungen auf Wohngifte

Sinnvoll sind Untersuchungen von Staub, Wasser, Boden, Luft, Lebensmitteln und diversen verdächtigen Materialien wie Teppichböden, Wandverkleidungen, Tapeten, Lacke, Farben, Kunststoffe etc. Bei der Entnahme der Proben geht man folgendermaßen vor[127]:

Staub: Eine Woche gesonderten Staubsaugerbeutel für den zu prüfenden Raum benutzen. Diesen Raum nicht lüften. Nicht die Stellen saugen, wo die Schadstoffquelle vermutet wird; das würde die Ergebnisse verzerren. Staubsaugerbeutel samt Inhalt einschicken.

Wasser: Vor Entnahme der Probe das Wasser zwei Minuten lang mit vollem Strahl laufen lassen. Danach in ein sauberes Glasgefäß (etwa ein 200 ml großes Medizinalglas) füllen.

Boden: Mit einer Schaufel werden Proben bis in eine Tiefe von maximal 20 cm entnommen. Man zieht an verschiedenen Stellen der verdächtigen Bodenfläche mindestens drei Proben (zusammen ca. 300 g), vermischt sie miteinander und schickt sie in einer Plastiktüte ein.

Luft: PCP, Lindan, Formaldehyd und andere Luftverunreinigungen müssen vor Ort mit Spezialgeräten gemessen werden.

Andere Materialien: Ein etwa 10 x 10 cm großes Stück des verdächtigen Materials wird in Alufolie gewickelt und eingeschickt (nicht in Zeitungspapier oder Plastiktüten, weil das die Werte verfälschen kann).

Lebensmittel: Feste Proben dicht abschließend mit Alufolie umwickeln; Flüssigkeiten in ein Medizinalglas abfüllen.

Labors, die solche Analysen durchführen, findet man im *Alternativen Branchenbuch,* Altop Verlag, München, das jedes Jahr neu aufgelegt wird.

f. Antigene, die in der umweltmedizinischen Praxis grundsätzlich getestet werden

Phenol (Dieser Konservierungsstoff wird grundsätzlich als erstes getestet, da sämtliche anderen Antigenlösungen mit sehr geringen Phenolmengen konserviert sind. Ist der Patient dagegen allergisch, müssen für die weiteren Tests aufwendig zubereitete Antigenlösungen ohne Konservierungsstoffe benutzt werden.)

Pilze und Hefen

Alternaria (Alternarius tenius)
Aspergillus Niger
Candida (Candida albicans)
Epidermophyton (Hautpilz)
Schimmelpilz B (Aspergillus fumigatus, Aspergillus niger, Aspergillus terreus)
Schimmelpilz M 2 (Aspergilli amstelodami)
Schimmelpilz M 3 (Cladosporium herbarum)
Schimmelpilz M 4 (Neurospora sitophila)
Schimmelpilz M 5 (Mucores mucedo, Mucores spinosus, Rhizopus nigricans)
Schimmelpilz M 6 (Penicillia)
Schimmelpilz M 10 (Chaetomium glob., Epicoccum purp., Fusarium spp.)
Schimmelpilz M 11 (Phoma betae, Paecilomyces marq., Sporobolomyces ros.)
Torula (Bier- und Backhefe)
Trichophyton (Nagel- und Haarpilz)

Tierprodukte

Federn (Ente, Gans, Huhn)
Hausstaubmilbe (Dermatophagoides pteronyssinus)
Inhalate A 1 (Hunde-, Katzen-, Pferdehaare und -schuppen, Hausstaub, Federn)
Inhalate A 2 (Kaninchen, Kuh-, Menschenhaare und -schuppen, unbearbeitete Schafwolle)

Pflanzen

Blumen (Aster, Chrysantheme, Dahlie, Sonnenblume)

Baumpollen (Birke, Buche, Eiche, Erle, Esche, Haselstrauch, Pappel, Ulme, Weide)

Kräuterpollen (Beifuß, Gänsefuß, Heide, Melde, Nessel, Wegerich)

Getreidepollen (Weizen, Roggen, Hafer, Gerste)

Gräserpollen (Glatthafer, Kammgras, Knäuelgras, Lolch, Rispengras, Trespe, Wiesenfuchsschwanz, Wiesenlieschgras, wolliges Honiggras)

Nahrungsmittel

Blumenkohl

Buchweizen

Dinkel

Ei (Eigelb und Eiweiß gemeinsam)

Fisch (Hering, Kabeljau, Sardine, Scholle)

Fleisch (Rind, Schwein, Hammel)

Früchte (Apfel, Orange, Banane, Erdbeere, Tomate)

Geflügel (Ente, Gans, Huhn)

Gemüse (Bohne, Erbse, Kartoffel, Mohrrübe, Spinat, Weißkohl)

Gluten (Klebereiweiß, das in Roggen, Gerste, Hafer und Weizen enthalten ist. Viele Menschen reagieren darauf allergisch.)

Grünkern

Gurke

Hirse

Kaffee

Kohlrabi

Kuhmilch

Melone

Milchprodukte (Ei, Käse, Schokolade, Kuhmilch)

Natriumglutamat (Würzmittel der chinesischen Küche)

Nüsse (Edelkastanie, Haselnuß, Mandel, Paranuß, Walnuß)

Rohrzucker

Rübenzucker

Schalentiere (Auster, Garnele, Hummer, Krabbe, Muschel)

Soja

Süßstoff (Natreen, Nutrasweet, Isomalt)
Vanillin
Weizenmehl
Zerealien (Gerste, Hafer, Mais, Roggen, Reis, Weizenkorn)
Zwiebel

Sonstige
Benzinabgase
Dieselabgase
Druckerschwärze
Erdgas
Glyzerin
Hausstaub (normaler ungesiebter mitteleuropäischer Hausstaub)
Konservierungsstoffe (Sorbinsäure, Äthanol, Benzoesäure, PHB-Ester, Natriumsulfit)
Natriumnitrit
Natamycin und
Nystatin (Um zu ermitteln, ob die Patienten diese hochwirksamen Antimykotika vertragen, die bei der Behandlung von Candidiasis bevorzugt gegeben werden.)
Östrogen
Pflanzenfarbstoffe (Eine Mischung natürlich vorkommender Farbstoffe)
Polyester
Progesteron (Oft finden allergische Reaktionen gegen körpereigene Hormone statt. Das kann zum Beispiel der Grund für prämenstruelle Beschwerden sein.)
Tartrazin
Thymus (Da Ärzte gerne Thymuspräparate zum Aufbau des Immunsystems spritzen, kommt es häufig zu Allergisierungen – alle Medikamente, deren Verabreichung per Injektion geplant ist, sollten grundsätzlich mit dieser Methode geprüft werden, dann gäbe es sicher weniger Zwischenfälle durch anaphylaktische Schocks u. ä.)
Zigarettenrauch

g. Selbsthilfegruppen u. a. Organisationen, die bei Verdacht auf Vergiftung durch chemische Schadstoffe und bei anderen Umweltkrankheiten helfen können

Bitte bei Anfragen Rückporto beilegen

Allergiker- und Asthmatikerbund e. V.
Hindenburgstr. 110
4040 Mönchengladbach 1
Tel. (0 21 61) 1 02 07

Arbeitsgemeinschaft Allergiekrankes Kind e. V.
Hauptstr. 29
6348 Herborn
Tel. (0 27 72) 4 12 37

Arbeitskreis überaktives Kind
Hinter den Höfen 82
2743 Anderlingen
Tel. (0 42 84) 81 66

Auswertungs- und Informationsdienst für Ernährung, Landwirtschaft und Forsten (AID) e. V.
Postfach 20 01 53
5300 Bonn 2
(Hier erhält man aktuelle Listen über Lebensmittelzusatzstoffe)

Bundesverband Neurodermitiskranker in Deutschland e. V.
Sabelstr. 39
5407 Boppard 1
Tel. (0 67 42) 25 98

Deutsche Gesellschaft für Umweltmedizin
Postfach
8221 Inzell

Deutsche Phosphatliga
1. Vorsitzende Dr. U. Klemm, Kinderärztin
Rögenweg 39
2000 Hamburg 67
Tel. (0 40) 6 03 50 03

Deutsche Stiftung für die Psoriasis- und Neurodermitisforschung
Fontanestr. 14
5300 Bonn-Bad Godesberg
Tel. (02 28) 36 28 94

Deutsche Zöliakie-Gesellschaft e. V.
Filderhauptstr. 61
7000 Stuttgart 70
Tel. (07 11) 45 45 14
(Beratung bei Zöliakie – Unverträglichkeit der glutenhaltigen Getreidearten Weizen, Dinkel, Roggen, Hafer und Gerste)

Deutscher Neurodermitiker Bund e. V.
Mozartstr. 11
2000 Hamburg 76
Tel. (0 40) 2 20 57 57

Förderverein Medizinische Ökologie e. V.
Frau Helga Lux
Hauptstr. 14
3501 Balhorn/Emstal

Hamburger Initiative der PER-Geschädigten
Ingrid Rosenbusch
Henriettenweg 5
2000 Hamburg 20
Tel. (0 40) 40 35 45

Interessengemeinschaft der Holzschutzmittel-Geschädigten e. V.
Heinz Josef Rous
Unterstaat 14
5250 Engelskirchen
Tel. (0 22 63) 37 86

International Society of Doctors for Environment
Dr. Werner Nussbaum
Vicolo Gesora 7
CH-6929 Gravesano (TI)
Tel. (0 91) 59 33 44

Lifecare Association
Segantinistr. 155
CH-8049 Zürich

Mykose- und Candidiasis-Selbsthilfegruppe
Renate Bemmann
Bürgerweide 43a
2000 Hamburg 26
Tel. (0 40) 2 51 26 06

Ökologischer Ärztebund e. V.
Bundesgeschäftsstelle
Dr. med. Ulrich C. Vieth
Bahnhofstr. 59
6507 Ingelheim
Tel. (0 61 32) 7 57 07

Pestizid Aktions-Netzwerk (PAN) e. V.
Gaußstr. 17
2000 Hamburg 50

Selbsthilfegruppe Formaldehydgeschädigter
Ingeborg Zingraf
Eichendorffstr. 104
4040 Neuss / Tel. (0 21 01) 4 18 37

h. Labors, in denen Stuhluntersuchungen auf Candida, immunologische Tests und andere umweltmedizinische Untersuchungen durchgeführt werden

Außerdem kann man die in diesem Buch erwähnten Untersuchungen an jeder Universitätsklinik durchführen lassen.

Dr. Bayer GmbH & Co.
Bopserwaldstr. 26
PF 10 04 45
7000 Stuttgart 1
Dieses Labor ist spezialisiert auf Immununtersuchungen und Mineralstoff-, Vitamin- und Aminosäurenanalysen (Vollblutanalyse)

Prof. Dr. Günter Gries
Perfallstr. 1
8000 München 80
Tel. (0 89) 4 70 20 20

Dr. Hauss
Kieler Str. 71
2330 Eckernförde
Tel. (0 43 61) 34 11

Laborgemeinschaft
Burgstr. 6
6200 Wiesbaden
Tel. (0 61 32) 78 11 19

Institut für Mikrobiologie
Dr. rer. nat. Volker Rusch
Postfach 15 80
6348 Herborn
Tel. (0 27 72) 4 10 33

Anmerkungen

1 Vgl. z. B. Becker, Robert O.: *Der Funke des Lebens. Elektrizität und Lebensenergie*, Scherz, Bern/München/Wien 1991.

2 Vgl. zu diesem Thema Delarue, F. und S.: *Impfungen, der unglaubliche Irrtum*, Hirthammer, München 1990; Mendelsohn, Robert S.: *Trau keinem Doktor*, Mahajiva, Holthausen/Münster 1988; Mendelsohn, Robert S.: *But Doctor, about that Shot – The Risks of Immunization and how to Avoid them* (Hrsg.: Chatz, Vera), The People's Doctor Inc., Evanston, Illinois, 1988.

3 Vgl. dazu z. B. Burisch, Matthias: *Das Burnout-Syndrom – Theorie der inneren Erschöpfung*, Springer, Berlin/Heidelberg 1989.

4 Vgl. z. B. Achterberg, Jeanne: *Die heilende Kraft der Imagination*, Scherz, Bern/München/Wien 1987.

5 Persönliche Mitteilung.

6 Vgl. Markus, Harold H./Finck, Hans: *Ich fühle mich krank und weiß nicht warum – Candida albicans, die maskierte Krankheit*, Ehrenwirth, München 1990.

7 Simonton, Carl O.: Persönliche Mitteilung.

8 Finch, C.E./Hayflick, C.: «The Cellular Basis for Biological Aging», *Handbook of the Biology of Aging*, Van Nostrand Reinhold, New York 1977.

9 Am 23. 11. 90 berichtete die *New York Times* von neuesten Ergebnissen, die zeigen, daß eine optimale Versorgung mit Betakarotin und anderen (im Artikel nicht genannten) Medikamenten ähnlich gute Ergebnisse zur Verbesserung der Herzkranzgefäßdurchblutung zeitigt wie eine Bypass-Operation.

10 Vor kurzem (Juli 1990) berichtete der Mediziner Charles Williams auf dem Kongreß der British Society for Allergy and Environmental Medicine von stark veränderten Darmfloraverhältnissen bei Patienten mit Neurodermitis (Symptom: atopisches Ekzem). Bei der Mehrzahl

der Patienten war die Zahl der normalen Darmbakterien Lactobacillus, Bifidobacterium und Enterococcus stark reduziert; statt dessen fanden sich große Mengen von Krankheitserregern wie Candida, atypische Colibakterien, Clostridium perfringens, Clostridium innocuum, Proteus, Staphylococcus aureus, Klebsiella und/oder aerobische Sporenbildner.

11 Vgl. Chaboussou, Francis: *Pflanzengesundheit und ihre Beeinträchtigung*, C. F. Müller, Karlsruhe 1987.

12 Vgl. a. a. O.

13 Vgl. a. a. O.

14 Vgl. Mansfield, Peter/Monro, Jean: *Chemical Children – How to Protect Your Family from Harmful Pollutants*, Century Hutchinson Ltd., London 1987.

15 Vgl. Moeschlin, Sven: *Klinik und Therapie der Vergiftungen*, Thieme, Stuttgart 1986.

16 Bestimmung der Cholinesterase.

17 Vgl. *Pestizide und Gesundheit* (hrsg. von Bödeker, Wolfgang/Dümmler, Christa), C. F. Müller, Karlsruhe 1990.

18 Vgl. Koerber, Karl W. von, Männle, Thomas, und Leitzmann, Claus: *Vollwert-Ernährung*, Haug, Heidelberg ^{4}1985, S. 168.

19 Wir gebrauchen in diesem Buch im allgemeinen die Wir-Form, wenn wir beide als Autoren hinter den Aussagen stehen. Wo aber persönliche Erfahrungen von Herrn Dr. Markus aus seiner Praxis als Umweltmediziner wiedergegeben werden, haben wir die Ich-Form gewählt.

20 Ähnlich äußert sich übrigens auch Steve Wilkinson in *The Chronic Fatigue Syndrome*, Sterlin Publ., New York 1988.

21 Vgl. Pfeiffer, Carl C.: *Mental and Elemental Nutrients*, Keats Publ., New Canaan, Connecticut, 1975.

22 Vgl. Calatin, Anne: *Die Rotationsdiät*, Heyne, München 1987.

23 Beim RAST (Radio-Allergen-Sorbent-Test) wird die IgE-Reaktion (die sich durch Symptome wie Heuschnupfen, Asthma, Hautausschläge und anaphylaktischen Schock bemerkbar macht) mit Hilfe radioaktiv markierter IgE-Antikörper gemessen. Die Allergien werden in drei Stufen (+ = schwach allergisch; ++ = mittel allergisch; +++ = stark allergisch) bewertet. Der RAST-Test ist ziemlich teuer, liefert aber ausgezeichnete Ergebnisse. Leider ermöglicht er, anders als der intrakutane Quaddeltest, keine Behandlung; wenn im RAST-Test eine Substanz als Allergen identifiziert ist, bleibt nichts anderes übrig, als sie einfach wegzulassen.

24 ELISA = Enzyme-Linked-Immuno-Sorbent-Assay. Dabei werden

die IgG-Immunkomplexe, die sich bei der Konfrontation von Antikörpern und Allergenen bilden, mit Hilfe von «Anti-Antikörpern», die durch Enzyme markiert sind, gemessen. Auf diese Weise lassen sich auch allergische Reaktionen erfassen, die im Körper erst mit Verspätung (drei bis vier Tage) Symptome auslösen.

25 Vgl. Härle, Monika/Odenwald, Michael: «Angriff auf die Abwehr», in: *Natur* 7/90, Ringier, München 1990.

26 Proctor, Nick H./Hughes, James P./Fischman, Michael L.: *Chemical Hazards of the Workplace*, Lippincott Company, Philadelphia 1988.

27 Wir zitieren aus dem Arzneimittelverzeichnis: Jacutin R Emulsion enthält auf 100 g 0,3 g Lindan, Jacutin R Gel enthält auf 100 g 0,3 g Lindan und Jacutin R Puderspray enthält auf 100 g 0,1 g Lindan.

28 Vgl. Leisewitz, André: «Schädigung von Samenzellen und Fehlgeburten durch Lösemittelbelastung am Arbeitsplatz», *Kontrapunkt* 17, Jg. 128, Verlag der IG Medien, Stuttgart, 20. August 1990.

29 Hippeli, Susanne: *Biochemische Modellreaktionen zur Dieselruß-Toxikologie – Kooperative Effekte mit Sulfit*, Diss. TU München, 1990.

30 In ihrem Aufsatz «Immunsuppressive Wirkung von Chemikalien» (in: *Umweltwissenschaften und Schadstoff-Forschung* H. 4, S. 37–43, Ecomed, Landsberg b. München/Zürich 1989) stuft Margarete Malter vom Deutschen Krebsforschungszentrum in Heidelberg folgende lange Liste von Substanzen als immunsuppressiv ein: Zytostatika (Azathioprin, Methotrexat, Cyclophosphamid), Antikörper-Medikamente (Antilymphozatenserum, Anti-Interleukinrezeptoren, Anti-T-Zellrezeptoren), Antibiotika (Zyklosporin), Hormone (Kortison, Diethylstilböstrol), Narkosemittel, Entzündungshemmer; Quarz, Kohle, Baumwolle, Asbest; Ozon, Stickoxide, Schwefeldioxid; Quecksilber, Selen (welches in geringen Mengen als Spurenelement unentbehrlich ist), Blei, Cadmium; Diisocyanate, organische Zinnverbindungen, Vinylchlorid, Formaldehyd; PCB, PBB, Dioxine, DDT, Hexachlorbenzol, Chlorphenole; Benzpyren und andere aromatische Kohlenwasserstoffe, Diethylnitrosamin, Diethylstilböstrol, Aflatoxin, Urethan, Benzidin; Antioxidantien (Butyl-Toluol), Mykotoxine, Pestizide, Vitamin A, Vitamin E (zwei Vitamine, die bekanntlich nicht zu hoch dosiert werden sollten), Jod, mehrfach ungesättigte Fettsäuren; Zigaretten, Alkohol (chronisch), Amylnitrit, LSD, Marihuana (chronisch).

31 Adressen von Labors, die derartige Analysen durchführen, finden sich im jährlich erscheinenden *Alternativen Branchenbuch*, Altop, München.

32 Randolph, Theron G./Moss, Ralph W.: *Allergien: Folgen von Umweltbelastung und Ernährung*, C. F. Müller, Karlsruhe, [4]1989, S. 119.

33 Vgl. zur Isopathie Kramer, Fritz: *Lehrbuch der Elektroakupunktur*, Bd. III, Haug, Heidelberg [2]1988, S. 81ff. und S. 133ff.

34 Vgl. Moeschlin, Sven: *Klinik und Therapie der Vergiftungen*, Thieme, Stuttgart 1986.

35 Hicks, R. M.: «Airborne Lead as an Environmental Toxin», *Review of Chemical-Biological Interactions* , S. 361, 1972 (Studie der amerikanischen Regierung).

36 Persönliche Mitteilung.

37 Borbely, F.: «Gewerbetoxikologie als diagnostisches Problem», *Praxis* 49, S. 69–76, 1960.

38 Vgl. Patterson, C. C.: «Contaminated and Natural Lead Environments of Man», *Arch. of Environmental Health* 11, S. 344, 1965.

39 Blumer, Walter: «Gesundheitsschäden durch bleihaltige Medizin», *Schweiz. Rundschau, Medizinische Praxis* 64, Nr. 9, S. 261–265, 1975.

40 Zitiert nach Blumer, a. a. O.

41 Zitiert nach Blumer, a. a. O.

42 Vgl. Martin, C.: *Die Chelattherapie*, Universitas, München 1986.

43 Knutti, R./Schlatter, Ch.: «Motorisierung und Krebsgefährdung», *Schweizer Medizinische Wochenschrift* 107, S. 312–315, 1977.

44 Der Urintest wurde mit der üblichen Absorptionsmethode nach Goodman und Gilman durchgeführt. Vgl. Goodman/Gilman: *The Pharmacological Basis of Therapeutics*, Macmillan Publ., New York 1986; außerdem: Cheraskin, E./Ringsdorf, Jr.: *Predictive Medicine*, Keats Publ., New Canaan, Connecticut, 1973.

45 Vgl. Ebm, Ernst: *Gift im Mund*, Medizin und Neues Bewußtsein, Wessobrunn 1985; Ziff, Sam, Till, Thomas u. a.: *Amalgam, die toxische Zeitbombe*, Felicitas Hübner, Waldeck 1985.

46 Vgl. Informationsschrift des Münchner Quecksilberkreises *Aufklärung tut not*, beziehbar über: Ellen Carl, Rembrandtstr. 21A, 8000 München 60.

47 Die Speichelzusammensetzung ist wiederum abhängig von der Bakterienflora im Mund. Wenn durch Antibiotika und andere Gifte bestimmte Bakterien abgetötet werden, verändert sich auch die Mundflora und damit der Säuregrad. Auf diese Weise kann der «Kariesbazillus» *Streptococcus mutans* domimant werden und ph-Werte können entstehen, unter denen die Quecksilberlegierungen schon innerhalb von Monaten oder wenigen Jahren dahinschwinden und zu bröckeln beginnen.

48 Nach unterschiedlichen Schätzungen liegt die Zahl der Pestizidvergiftungen weltweit pro Jahr immerhin zwischen 800 000 und 2 Millionen, die Zahl der Todesfälle zwischen 3000 und 40 000. Vgl. *Pestizide und Gesundheit* (hrsg. v. Bödeker, Wolfgang/Dümmler, Christa), C. F. Müller, Karlsruhe 1990.

49 Vgl. Ziff, Sam, u. a., a. a. O., S. 98.

50 Calderone, R.: «Diagnosis of Plumbism», *Journal of the American Medical Association*, Bd. 248, Nr. 2, 9. Juli 1982.

51 Vgl. Moeschlin, Sven: *Klinik und Therapie der Vergiftungen*, Thieme Verlag, Stuttgart 1986.

52 Blumer, W./Reich, Th.: «Leaded Gasoline – A Cause of Cancer», *Environmental International* 3, 465, Pergamon Press, 1980.

53 Blumer, Walter: Vortrag vor der American Academy of Medical Preventics, Dallas, Texas, 1984.

54 A. a. O.

55 Vgl. Blumer, W./Reich, Th.: «Leaded Gasoline – A Cause of Cancer», *Environmental International* 3, 465, Pergamon Press, 1980; Bingham, E., Pfitzer, E. A., Barkley, W., und Radford, E. P.: «Alveolar Macrophages: Reduced Number in Rats after Prolonged Inhalation of Lead Sesquioxide», *Science* 162; Kobayashi, N./Okamoto, T.: «Effects of Lead Oxide on the Induction of Lung Tumors in Syrian Hamsters», *Journal of the National Cancer Institute* 52, 1974.

56 Vgl. Choie, D. D./Richter, G. W.: «Cell Proliferation in Rat Kidneys after Prolonged Treatment with Lead», *American Journal of Pathology* 68, S. 359–368, 1972.

57 Über die Deutung dieses Mißverhältnisses ist sich die Immunologie noch nicht ganz im klaren. In der Mehrzahl der Fälle sind die Suppressorzellen erhöht.

58 Vgl. Knutti, R./Schlatter, Ch.: «Motorisierung und Krebsgefährdung», *Schweizer Medizinische Wochenschrift* 107, S. 312–315, 1977.

59 Vgl. Araki, S.: «On the Behaviour of Active Deposit of Lead in the Japanese Free from Occupational Exposure to Lead», *Ind. Health* 11, S. 203–224, 1973; Baloh, R. W.: «Laboratory Diagnosis of Increased Lead Absorption», *Archives of Environmental Health* 28, S. 198–202, 1974; Kehoe, R. A.: «Editorial Comment» (R. L. Zielhuis), *Archives of Environmental Health* 23, S. 391, 1971; Teisinger, J., Prerovska, I., Sedivec, V., Flek, J., und Roth, Z.: «Attempt on Determination of Biologically Active Lead in Organism in Experi-

mental Poisoning», *Int. Arch. Gewerbepath. und Gewerbehyg.* 25, S. 240–255, 1969.

60 Zollinger, H. U.: «Durch chronische Bleivergiftung erzeugte Nierenadenome und -carcinome bei Ratten und ihre Beziehungen zu den entsprechenden Neubildungen des Menschen», *Virchows Arch. path. Anat.* 323, S. 694–710, 1953.

61 Vgl. Graham, Judy, Odent, Michel: *Zinkmangel*, Hippokrates, Stuttgart 1988.

62 Einführende Informationen liefert zum Beispiel die Broschüre *Understanding Chronic Fatigue Syndrome – Practical Information for Patients*, 1988, beziehbar über den Autor John Endsley, Dept. R. 350 Lamplighter Lane, Marietta, GA 30067, USA.

63 Deshalb bezeichnete man die Erkrankung zunächst als CEBV (Chronischer Epstein-Barr-Virus), vgl. Straus, Stephen, u. a.: «Persisting Illness and Fatigue in Adults with Evidence of Epstein-Barr-Virus Infection», *Annals of Internal Medicine*, Bd. 102, Nr. 1, S. 7–16, Januar 1985, und Jones, James, u. a.: «Evidence for Active Epstein-Barr-Virus Infection in Patients with Persistent, Unexplained Illnesses: Elevated Anti-Early Antigen Antibodies», *Annals of Internal Medicine* 102, Nr. 1, S. 1–7, Januar 1985.

64 Vgl. Allen, Al: «Chronic Fatigue Syndrome and the Man-Made Rubella Epidemic», *Reporter*, Bd. 2, S. 10, Mai 1988, und «An Interview with Dr. H. Hugh Fudenberg, Professor of Immunology», *The Chronic Fatigue and Immune Dysfunction Syndrome (CFIDS) Chronicle*, S. 3, Mai 1988, beziehbar über: CFIDS Association, Community Health Service, 1401 E. Seventh St., Charlotte, NC 28204, USA.

65 Im Juli 1990 berichtete Carol Jessop auf dem Kongreß der British Society for Allergy and Environmental Medicine von Beobachtungen an 1200 CFS-Patienten, die sie mit Ketaconazol gegen Pilzinfektionen behandelt hatte. Sie kommt zu dem Ergebnis, daß eine Beteiligung von Candida-Infektionen am Krankheitsbild der Chronischen Müdigkeit sehr wahrscheinlich ist, bedauerte aber, daß die Weigerung der offiziellen Medizin, eine Verbindung zwischen Candida und chronischer Krankheit zu sehen, es unmöglich macht, Mittel für entsprechende Forschungen zu erhalten.

66 Wie alle Herpesviren nistet sich das EBV bevorzugt in B-Zellen ein und stimuliert dort die Antikörperproduktion.

67 Die Titerwerte lagen zwischen 1:160 und 1:5120.

68 Vgl. Cranton, E. M./Brecher, A.: *Bypassing Bypass,* Stein & Day, New York 1984, S. 328f.

69 Immunologisch gesehen spräche für diese Hypothese folgendes: Normalerweise werden EBV-haltige B-Lymphozyten von zytotoxischen T-Zellen zerstört. Während eines aktiven MS-Schubs aber ist die Aktivität der zytotoxischen T-Zellen unterdrückt, wodurch es zu einer starken Vermehrung der EBV-infizierten B-Zellen kommen könnte! Vgl. auch Nieper, H.: *Revolution in Technik, Medizin, Gesellschaft*, MJT, Oldenburg [5]1985.

70 Vgl. Markus, Harold H./Finck, Hans: *Ich fühle mich krank und weiß nicht, warum*, Ehrenwirth, München 1990, S. 47 ff.

71 Vgl. Pistor, M.: *Un Défi Thérapeutique, Mésothérapie*, Librairie Maloine, Paris 1980.

72 Perger, F.: «Regulationsstörungen und Darmkeimverhältnisse«, *Erfahrungsheilkunde* Bd. 34, H. 11, Haug, Heidelberg, Nov. 1985.

73 Professional Books, Jackson, Tennessee, 1984.

74 Vgl. Markus, Harold H./Finck, Hans: *Ich fühle mich krank und weiß nicht, warum*, Ehrenwirth, München 1990, S. 19 ff.

75 In unserer New Yorker Klinik haben wir anfangs mit der «Colon-Hydrotherapie» gearbeitet, bei der der Darm mit Wasser bis in tiefe Regionen ausgespült wird. Wir haben allerdings die Erfahrung gemacht, daß der sowieso schon geschädigte Darm dadurch meist noch träger wurde. Weniger tief eindringende Einläufe mit Kamille, eine entschlackende, ballaststoffreiche Kost und gleichzeitige Zufuhr von Joghurt, Kefir und Buttermilch führten ebenso schnell und ohne unerwünschte Nebenwirkungen zum Ziel.

76 Mandell, Marshall: *Dr. Mandell's Lifetime Arthritis Relief System*, Berkley Books, New York 1985, S. 41–56.

77 Vgl. Calatin, Anne: *Die Rotationsdiät*, Heyne, München 1987.

78 Vgl.: Coca, Arthur: *Der Pulstest*, Hyperion, Freiburg 1985, und: Philpott, William H.: Maladaptive Reactions to Frequently Used Foods and Commonly Met Chemicals as Precipitating Factors in Many Chronic Physical and Chronic Emotional Illnesses, in: *A Physician's Handbook on Orthomolecular Medicine* (Hrsg: Williams, Roger J., und Kalita, Dwight K.), Keats Publ., New Canaan, Connecticut 1977.

79 Vgl. dazu z. B. Rochlitz, Steven: *Die fehlende Dimension: Energiebalance*, Knaur TB, München 1989.

80 Die Wirksamkeit der Neutralisationsmethode läßt sich nur durch homöopathische Prinzipien erklären. Demnach besäße eine bestimmte Verdünnung eine bestimmte Schwingung, die dem Körper ein Signal zur Selbstheilung bzw. zur Neutralisierung der überstei-

gerten Immunreaktion gibt. Für diese Erklärung spricht auch ein erstaunliches Phänomen, das ich in der Praxis immer wieder beobachten konnte: Wenn man jenseits der Neutralisationsdosis weiter verdünnt, kehren die allergischen Symptome wieder! Gemäß der Schwingungstheorie würde dadurch ein anderes «Frequenzfenster» in den elektromagnetischen Prozessen des Körpers angesprochen.

81 Dt. Titel: Cleave, T. L./Campbell, G. D.: *Die Saccharidose und ihre Erscheinungsformen*, Bircher-Benner, Bad Homburg 1966.

82 Vgl. zu diesem Kapitel: Finck, Hans: *Freundliche Bakterien, unsere unsichtbaren Helfer*, Ehrenwirth Verlag, München 1991. Bei diesem Kapitel handelt es sich übrigens um eine leicht veränderte Fassung eines 1991 in *Natur* erschienenen Artikels.

83 Vgl. Cranton, Elmer M./Frackleton, James P.: «Free Radical Pathology in Age-Assiciated Dieseases: Treatment with EDTA Chelation, Nutrition and Antioxidants», *Journal of Holistic Medicine*, Bd. 6, Nr. 1, Frühling/Sommer 1984.

84 Pearson, D./Shaw, S.: *Life Extension*, Warner Books, N. Y. 1982.

85 A. a. O.

86 In Kelly, A./Dravnieks, D.: *Secrets of Life Extension*, Harbor Publ., Berkeley, Kalifornien, 1980, S. 21.

87 Im Tierversuch hat die Zufuhr von Antioxidantien z. B. die Lebenserwartung von Mäusen deutlich verlängert. Vgl. ebenda.

88 Cranton, E./Brecher, A.: *Bypassing Bypass*, Stein & Day, New York 1984.

89 Rinkel, Herbert J., Randolph, Theron G., und Zeller, Michael: *Food Allergy*, Charles C. Thomas, Springfield, Illinois, 1951.

90 Mandell, Marshall: *Dr. Mandell's Lifetime Arthritis Relief System*, Berkley Books, New York 1985.

91 Laboruntersuchungen und klinische Beobachtungen umfaßten Schmerz während des Tages und während der Nacht, durchschnittliche Schmerzdauer pro Tag, Anzahl der schmerzenden Gelenke, Lauftempo auf 20 m sowie die Laborparameter Blutsenkung, Antizellkernantikörper (ANA), Rheumafaktor (Autoantikörper gegen IgG), C3 (Komplement 3), Zahl der Eosinophilen etc. – insgesamt 16 im Labor meßbare Faktoren. Bei 13 dieser 16 Faktoren wurden deutliche Besserungen beobachtet. Vgl. Darlington, L. G., Ramsey, N. W., und Mansfield, J. R.: «Placebo-controlled, Blind Study of Dietary Manipulation Therapy in Rheumatoid Arthritis», *The Lancet*, 1. Februar 1986, S. 236–38.

92 Vgl. Panush, R. S., Stroud, R. M., und Webster, E. M.: «Food-

Induced Allergic Arthritis», *Arthritis and Rheumatism,* Bd. 29, Nr. 2, Februar 1986, S. 220–26.

93 Ratner, D., Eshel, E., und Vigder, K.: «Juvenile Rheumatoid Arthritis and Milk Allergy», *Journal of the Royal Society of Medicine*, Bd. 78, Mai 1985, S. 410–413.

94 Eine derartige Erhöhung der Leukozytenzahl findet man in der Regel nur bei schweren infektiösen Erkrankungen.

95 Bei der Blutsenkung wird gemessen, wie schnell sich die roten Blutkörperchen in ungerinnbar gemachtem Blut innerhalb von einer oder mehreren Stunden absenken bzw. sedimentieren. Eine stark beschleunigte Senkung wie in diesem Fall kommt zum Beispiel bei schweren Entzündungen und Tumoren vor.

96 ANA, C3, RF, etc.

97 Parke, Al/Hughes, G. R. V.: «Rheumatoid Arthritis and Food, a Case Study», *British Medical Journal* Bd. 282, S. 2027–29, 20. Juni 1981.

98 Williams, Ronald: «Rheumatoid Arthritis and Food, A Case Study», *British Medical Journal*, Bd. 283, S. 563, 22. August 1981.

99 Kroker, G. F., Stroud, R. M., Marshall, R., Bullock, T., Carroll, F. M., Greenber, M., Randolph, T. G., Rea, W. J., Smiley, R. E.: «Fasting and Rheumatoid Arthritis, a Multicenter Study», *Clinical Ecology*, Sommer 1984, Bd. II, Nr. 3, S. 137–144.

100 Vgl. Hoffer, A./Osmond, H.: *How to Live with Schizophrenia.* University Books, New York 1966.

101 Schrauzer, G. N., u. a.: «Cancer Incidence and Selenium», *Bioinorg. Chem.,* Bd. 7, Nr. 1, 1977.

102 Vgl. Klemke, R. E.: *Tumosteron*, VFM, Band 32, Heidelberg 1986.

103 *Die Wiedemann-Kur*, Gesellschaft für Serumtherapie, Ambach/Starnberger See 1987.

104 Kugler, K. H./Krug, E.: *Praxisfibel Vitorgantherapie*, Vitorgan Arzneimittel GmbH, Ostfildern/Ruit 1987.

105 Engler, Ivan: *Ionisierter Sauerstoff*, Medizinisch Literarische Verlagsgesellschaft, Uelzen 1988.

106 Stadtlaender, Hans: *HOT*, Haug, Heidelberg 1981.

107 Huneke, Ferdinand: *Die Neuraltherapie* (Hrsg. v. Peter Dosch), Haug, Heidelberg [20]1985.

108 Vgl. Pistor, M.: *Un défi thérapeutique, Mésothérapie*, Librairie Maloine, Paris 1980.

109 *Biological Response Modifiers* (hrsg. v. G. Braun), TW-Taschenbuch Bd. 10, pmi Verlag, Frankf. a. M.

110 Vgl. Nieper, H. J.: «The Non-Toxic Long-Term Therapy of Cancer», *Int. Acad. of Preventive Med.*, Bd. VI, Nr. 1, S. 41–65.

111 Vgl. Simonton, O. C., Simonton, S., und Creighton, J.: *Wieder gesund werden*, Rowohlt, Reinbek 1982.

112 Vgl. Kushi, Michio: *Die Kushi-Diät*, Droemer-Knaur, München 1984 (worin er die makrobiotische Krebsvorbeugung beschreibt) u. a. Kushi-Bücher (s. Lit.-Verz.).

113 Vgl. Bruker, M. O.: *Vorsicht, Fluor*, Bioverlag Gesundleben, Hopferau 1984.

114 Wir haben das Problem der Candidiasis ausführlich in unserem Buch *Ich fühle mich krank und weiß nicht warum*, Ehrenwirth, München 1990, dargestellt.

115 Als Idealgewicht wollen wir hier von der alten Regel ausgehen, nach der man von der Körpergröße 100 cm und von den verbleibenden Zentimetern noch einmal zehn Prozent abziehen muß, um das Idealgewicht zu erhalten. Bei einer Größe von 170 cm rechnet man also 170 – 100 = 70; 70 – 10% von 70 = 63. Idealgewicht: 63 Kilo. Abweichungen von +/– 5 Prozent sind dabei nicht bedenklich; und man sollte auch nicht vergessen, daß Männer aufgrund ihrer größeren Muskelmasse bei gleicher Länge schwerer sein können als Frauen, ohne gleich fett zu wirken.

116 Z. B. Elmadfa, I., Aign, W., und Fritzsche, D.: *GU Kompaß Nährwerte*, Gräfe und Unzer, München 1989.

117 Adressen von makrobiotischen Zentren in der Bundesrepublik auf dem neuesten Stand findet man in der Zeitschrift *Das Große Leben*, die im Verlag Ost-West-Bund, Völklingen, erscheint.

118 Empfehlenswerte Bücher zum Thema Makrobiotik sind z. B. die Kushi-Bücher (s. Lit.-Verz.) sowie Muramoto, Naboru: *Heile Dich selbst durch bewußte Ernährung,* Hugendubel, München 1979, und Wollner, Anneliese: *Das Makrobiotik-Snackbuch*, Ost-West-Bund, Völklingen 1989.

119 Feingold, Benjamin: *Why Your Child is Hyperactive*, Random House, New York 1974.

120 Es kann natürlich keinesfalls schaden, auch auf Konservierungsstoffe zu verzichten. Nach den Beobachtungen von Feingold spielen sie allerdings bei dem Symptomkomplex, um den es hier geht, keine Rolle.

121 Erwähnenswert erscheint uns folgendes: Auf dem Kongreß der British Society for Allergy and Environmental Medicine im Jahre 1990 berichtete William Rea vom *Environmental Health Center* in Dallas

von Untersuchungen an Hochdruckpatienten, die darauf schließen lassen, daß sowohl pflanzliche Substanzen in der Ernährung (wie *Xanthine* in Schokolade und Kaffee oder *Tyramin* in Bananen) als auch Chemikalien und Pilzgifte zu erhöhtem Blutdruck führen können. Auch Magnesiummangel spielt hier anscheinend eine Rolle. Eine Studie an 53 Hochdruck-Patienten seiner Klinik in Dallas zeigte, daß bei entsprechender umweltmedizinischer Behandlung die wenigsten Hochdruckmedikamente brauchten.

122 Unseres Wissens stellt nur ein einziger Hersteller hefefreie Brühe her: Backtechnik Florstadt.

123 Diese Liste ist nach den Büchern *Additives – Your Complete Survival Guide*, Century-Hutchinson, London 1986, und *Was wir alles schlukken* (hrsg. v. Katalyse-Institut für angewandte Umweltforschung), Rowohlt, Reinbek 1985, zusammengestellt.

124 Bei der Kennzeichnung mit einem, zwei oder drei Sternchen folgen wir dem Buch *Additives – Your Complete Survival Guide*, Century Hutchinson, London 1986.

125 Zusammengestellt nach Randolph, Theron G./Moss, Ralph W.: *Allergien: Folgen von Umweltbelastung und Ernährung*, C. F. Müller, Karlsruhe 1986.

126 Von den Vertretern der Lebensmittelindustrie wird immer wieder eingewendet, man könne auf diese Zusatzstoffe nicht verzichten, weil gerade die Schimmelpilze weitaus giftiger seien als alle bekannten Konservierungsstoffe. Das mag im Prinzip stimmen; dagegen einzuwenden wäre aber, daß alle Ernährungsempfehlungen der modernen Diätologie möglichst frische und frisch zubereitete Kost empfehlen, also Nahrung, die in der Regel gar nicht erst konserviert werden muß. Außerdem sind Schimmelpilze und auch ihre gefürchteten Aflatoxine ohne weiteres biologisch abbaubar, was man nicht von allen Substanzen aus der Giftküche der Chemie behaupten kann.

127 Wir folgen bei diesen Angaben den Empfehlungen der Münchner Bio-Apotheke, die eine Vielzahl von Schadstoffuntersuchungen durchführt bzw. vermittelt.

Literaturverzeichnis

Achterberg, Jeanne: *Die heilende Kraft der Imagination,* Scherz, Bern/München/Wien 1987.

Additives – Your Complete Survival Guide, Century Hutchinson, London 1986.

Allen, Al: «Chronic Fatigue Syndrome and the Man-Made Rubella Epidemic», *Reporter*, Bd. 2, S. 10, Mai 1988.

Alternatives Branchenbuch, Altop, München (erscheint jedes Jahr neu).

Araki, S.: «On the Behaviour of Active Deposit of Lead in the Japanese Free from Occupational Exposure to Lead», *Ind. Health* 11, S. 203–224, 1973.

Atkins, R. C.: *Die Gesundheitsrevolution*, Ariston, München 1989.

Baloh, R. W.: «Laboratory Diagnosis of Increased Lead Absorption», *Archives of Environmental Health* 28, S. 198–202, 1974.

Becker, Robert O.: *Der Funke des Lebens. Elektrizität und Lebensenergie,* Scherz, Bern/München/Wien 1991.

Bingham, E., Pfitzer, E. A., Barkley, W., und Radford, E. P.: «Alveolar Macrophages: Reduced Number in Rats after Prolonged Inhalation of Lead Sesquioxide», *Science* 162, S. 1297–1299.

Biological Response Modifiers (hrsg. v. G. Braun), TW-Taschenbuch Bd. 10, pmi Verlag, Frankf. a.M.

Bjorksten, J.: «The Cross-Linkage Theory of Aging», *Rejuvenation*, 1980, 8, S. 59–66.

Blumer, Walter: «Gesundheitsschäden durch bleihaltige Medizin», *Schweiz. Rundschau. Medizinische Praxis* 64, Nr. 9, S. 261–265, 1975.

–: Vortrag vor der American Academy of Medical Preventics, Dallas, Texas, 1984.

– /Reich, Th.: «Leaded Gasoline – A Cause of Cancer», *Environmental International* 3, 465, Pergamon Press, 1980.

Borbely, F.: «Gewerbetoxikologie als diagnostisches Problem», *Praxis* 49, S. 69–76, 1960.

Bruker, M. O.: *Vorsicht, Fluor*, Bioverlag Gesundleben, Hopferau 1984.

Burisch, Matthias: *Das Burnout-Syndrom – Theorie der inneren Erschöpfung*, Springer, Berlin/Heidelberg 1989.

Calatin, Anne: *Ernährung und Psyche – Erkenntnisse der Klinischen Ökologie und der Orthomolekularen Psychiatrie*, C. F. Müller, Karlsruhe, ^{3}1988.

–: *Die Rotationsdiät*, Heyne, München 1987.

Calderone, R.: «Diagnosis of Plumbism», *Journal of the American Medical Association*, Bd. 248, Nr. 2, 9. Juli 1982.

Cameron, J./Pauling, L.: *Cancer and Vitamin C*, Norton & Co., New York 1979.

Chaboussou, Francis: *Pflanzengesundheit und ihre Beeinträchtigung*, C. F. Müller, Karlsruhe 1987.

Cheraskin, E./Ringsdorf, Jr.: *Predictive Medicine*, Keats Publ., New Canaan, Connecticut, 1973.

Choie, D. D./Richter, G. W.: «Cell Proliferation in Rat Kidneys after Prolonged Treatment with Lead», *American Journal of Pathology* 68, S. 359–368, 1972.

Cleave, T. L./Campbell, G. D.: *Die Saccharidose und ihre Erscheinungsformen*, Bircher-Benner, Bad Homburg 1966.

Coca, Arthur: *Der Pulstest*, Hyperion, Freiburg i. Br. 1985.

Cranton, E. M./Brecher, A.: *Bypassing Bypass,* Stein & Day, N. Y. 1984.

Cranton, Elmer M./Frackleton, James P.: «Free Radical Pathology in Age-Associated Diseases: Treatment with EDTA Chelation, Nutrition and Antioxidants», *Journal of Holistic Medicine*, Bd. 6, Nr. 1, Frühling/Sommer 1984.

Crook, W. G.: *The Yeast Connection,* Professional Books, Jackson, Tennessee, 1984.

Darlington, L. G., Ramsey, N. W., und Mansfield, J. R.: «Placebo-controlled, Blind Study of Dietary Manipulation Therapy in Rheumatoid Arthritis», *The Lancet,* S. 236–38, 1. Februar 1986.

Delarue, F. und S.: *Impfungen, der unglaubliche Irrtum,* Hirthammer, München 1990.

Ebm, Ernst: *Gift im Mund,* Medizin und Neues Bewußtsein, Wessobrunn 1985.

Elmadfa, I., Aign, W., und Fritzsche, D.: *GU Kompaß Nährwerte*, Gräfe und Unzer, München 1989.

Endsley, John: *Understanding Chronic Fatigue Syndrome – Practical Information for Patients*, 1988, beziehbar über den Autor: Dept.R. 350 Lamplighter Lane, Marietta, GA 30067, USA.

Engler, Ivan: *Ionisierter Sauerstoff*, Medizinisch Literarische Verlagsgesellschaft, Uelzen 1988.

Feingold, Benjamin: *Why Your Child is Hyperactive*, Random House, New York 1974.

Finch, C. E./Hayflick, C.: «The Cellular Basis for Biological Aging», *Handbook of the Biology of Aging,* Van Nostrand Reinhold, New York 1977.

Finck, Hans: *Freundliche Bakterien, unsere unsichtbaren Helfer,* Ehrenwirth, München 1991.

Flade, Sigrid: *Allergien natürlich behandeln*, Gräfe und Unzer, München 1988.

–: *Diät für Allergiker – Ratschläge und Rezepte*, Gesellschaft für Kommunikationsberatung und medizinische Publizistik, Bonn 1987.

–: *Neurodermitis natürlich behandeln,* Gräfe und Unzer, München 1990.

Goldstein, Jay A.: *Chronic Fatigue Syndrome*, 1990, beziehbar über das *Chronic Fatigue Syndrome Institute*, 436 North Roxbury Drive, Suit 110, Beverley Hills, CA 90210, USA.

Goodman/Gilman: *The Pharmacological Basis of Therapeutics*, Macmillan Publ., New York 1986.

Graham, Judy/Odent, Michel: *Zinkmangel*, Hippokrates, Stuttgart 1988.

Das Große Leben (Zeitschrift), Ost-West-Bund, Völklingen.

Härle, Monika/Odenwald, Michael: «Angriff auf die Abwehr», *Natur* 7/90, Ringier München 1990.

Hafer, Herta: *Die heimliche Droge: Nahrungsphosphat als Ursache für Verhaltensstörungen und Jugendkriminalität,* Kriminalistik Verlag, Heidelberg [4]1986.

Harmon, D.: «The Aging Process», *Proceedings of the National Academy of Science* 78, S. 7124–7128, 1981.

Hicks, R. M.: «Airborne Lead as an Environmental Toxin», *Review of Chemical-Biological Interactions* 5, S. 361, 1972.

Hippeli, Susanne: *Biochemische Modellreaktionen zur Dieselruß-Toxikologie – Kooperative Effekte mit Sulfit*, Diss. TU, München, 1990.

Hoffer, A./Osmond, H.: *How to Live with Schizophrenia,* University Books, New York 1966.

Huneke, Ferdinand: *Die Neuraltherapie* (hrsg. v. Peter Dosch), Haug, Heidelberg [20]1985.

Informationsschrift des Münchner Quecksilberkreises *Aufklärung tut not*, beziehbar über: Ellen Carl, Rembrandtstr. 21 A, 8000 München 60.

«An Interview with Dr. H. Hugh Fudenberg, Professor of Immunology», *The Chronic Fatigue and Immune Dysfunction Syndrome (CFIDS) Chronicle,* S. 3, Mai 1988, beziehbar über: CFIDS Association, Community Health Service, 1401 E. Seventh St., Charlotte, NC 28204, USA.

Jones, James, u. a.: «Evidence for Active Epstein-Barr-Virus Infection in Patients with Persistent, Unexplained Illnesses: Elevated Anti-Early Antigen Antibodies», *Annals of Internal Medicine* 102, Nr. 1, S. 1–7, Januar 1985.

Kehoe, R. A.: «Editorial Comment» (R. L. Zielhuis), *Archives of Environmental Health* 23, S. 391, 1971.

Kelly, A./Dravnieks, D.: *Secrets of Life Extension*, Harbor Publ., Berkeley, Kalifornien, 1980.

Klemke, R. E.: *Tumosteron*, VFM, Bd. 32, Heidelberg 1986.

Knutti, R./Schlatter, Ch.: «Motorisierung und Krebsgefährdung», *Schweizer Medizinische Wochenschrift* 107, S. 312–315, 1977.

Kobayashi, N./Okamoto, T.: «Effects of Lead Oxide on the Induction of Lung Tumors in Syrian Hamsters», *Journal of the National Cancer Institute* 52, S. 1605–1610, 1974.

Koerber, Karl W. von, Männle, Thomas, und Leitzmann, Claus: *Vollwert-Ernährung,* Haug, Heidelberg [4]1985.

Kramer, Fritz: *Lehrbuch der Elektroakupunktur*, Bd. III, Haug, Heidelberg [2]1988.

Kroker, G. F., Stroud, R. M., Marshall, R., Bullock, T., Carroll, F. M., Greenber, M., Randolph, T. G., Rea, W. J., Smiley, R. E.: «Fasting and Rheumatoid Arthritis, a Multicenter Study», *Clinical Ecology,* Bd. II, Nr. 3, S. 137–144, Sommer 1984.

Kugler, K. H./Krug, E.: *Praxisfibel Vitorgantherapie,* Vitorgan Arzneimittel GmbH, Ostfildern/Ruit 1987.

Kushi, Aveline/Jack, Alex: *Aveline Kushi's großes Buch der makrobiotischen Küche*, Ost-West-Bund, Völklingen [2]1989.

Kushi, Michio: *Die Kushi-Diät*, Droemer-Knaur, München 1984.
–: *Makrobiotik – der Weg zu Frieden und Harmonie*, Scherz, Bern/München/Wien 1988.
– /Cottrell, Martha (mit Martin Mead): *AIDS, Macrobiotics and Natural Immunity,* Japan Publications, Tokio/New York 1990.

Leisewitz, Andre: «Schädigung von Samenzellen und Fehlgeburten durch Lösemittelbelastung am Arbeitsplatz», *Kontrapunkt* 17, Jg. 128, Verlag der IG Medien, Stuttgart, 20. August 1990.

Mackarness, Richard: *Allergie gegen Nahrungsmittel und Chemikalien*, Hippokrates, Stuttgart 1982.
Malter, Margarete: «Immunsuppressive Wirkung von Chemikalien», *Umweltwissenschaften und Schadstoff-Forschung,* H. 4, S. 37–43, Ecomed, Landsberg b. München/Zürich 1989.
Mandell, Marshall: *Dr. Mandell's Lifetime Arthritis Relief System*, Berkley Books, New York 1985.
Mansfield, Peter/Monro, Jean: *Chemical Children – How to Protect your Family from Harmful Pollutants,* Century Hutchinson Ltd., London 1987.
Markus, Harold H./Finck, Hans: *Ich fühle mich krank und weiß nicht warum – Candida albicans, die maskierte Krankheit,* Ehrenwirth, München 1990.
Martin, C.: *Die Chelattherapie,* Universitas, München 1986.
Mendelsohn, Robert S.: *But Doctor, about that Shot – The Risks of Immunization and how to Avoid them* (hrsg. v. Vera Chatz), The People's Doctor Inc., Evanston, Illinois, 1988.
–: *Trau keinem Doktor,* Mahajiva, Holthausen/Münster 1988.
Moeschlin, Sven: *Klinik und Therapie der Vergiftungen*, Thieme, Stuttgart 1986.
Muramoto, Naboru: *Heile Dich selbst durch bewußte Ernährung*, Hugendubel, München 1979.

Nieper, Hans A.: *Revolution in Technik, Medizin, Gesellschaft*, MIT, Oldenburg [5]1985.
Nieper, H. J.: «The Non-Toxic Long-Therm Therapy of Cancer», *Int. Acad. of Preventive Med.*, Bd. VI, Nr. 1, S. 41–65.

Panush, R. S., Stroud, R. M., und Webster, E. M.: «Food-Induced Allergic Arthritis», *Arthritis and Rheumatism*, Bd. 29, Nr. 2, 1986.

Parke, Al/Hughes, G. R. V.: «Rheumatoid Arthritis and Food, a Case Study», *British Medical Journal* Bd. 282, S. 2027–29, 20. Juni 1981.

Patterson, C. C.: «Contaminated and Natural Lead Environments of Man», *Arch. of Environmental Health* 11, S. 344, 1965.

Pearson, D./Shaw, S.: *Life Extension*, Warner Books, New York 1982.

Perger, F.: «Regulationsstörungen und Darmkeimverhältnisse», *Erfahrungsheilkunde* Bd. 34, H. 11, Haug, Heidelberg, Nov. 1985.

Pestizide und Gesundheit (hrsg. v. Bödeker, Wolfgang/Dümmler, Christa), C. F. Müller, Karlsruhe 1990.

Pfeiffer, Carl C.: *Mental and Elemental Nutrients*, Keats Publ., New Canaan, Connecticut, 1975.

–: *Nährstoff-Therapie bei Geisteskrankheiten,* Haug, Heidelberg 1986.

–: *Zinc and other Micronutrients*, Keats Publ., New Canaan, Connecticut, 1978.

A Physician's Handbook on Orthomolecular Medicine (hrsg. v. Williams, Roger J./Kalita, Dwight K.), Keats Publ., New Canaan, Conn., 1977.

Pistor, M.: *Un Défi Thérapeutique, Mésothérapie*, Librairie Maloine, Paris 1980.

Proctor, Nick H., Hughes, James P., und Fischman, Michael L.: *Chemical Hazards of the Workplace,* Lippincott Company, Philadelphia 1988.

Randolph, Theron G./Moss, Ralph W.: *Allergien: Folgen von Umweltbelastung und Ernährung,* C. F. Müller, Karlsruhe ^{4}1989.

Ratner, D., Eshel, E., und Vigder, K.: «Juvenile Rheumatoid Arthritis and Milk Allergy», *Journal of the Royal Society of Medicine,* Bd. 78, S. 410–413, Mai 1985.

Rinkel, Herbert J., Randolph, Theron, G., und Zeller, Michael: *Food Allergy,* Charles C. Thomas, Springfield, Illinois, 1951.

Rochlitz, Steven: *Die fehlende Dimension: Energiebalance*, Knaur TB, München 1989.

Runow, Klaus-Dietrich: *Klinische Ökologie – Umweltkrankheiten – Neue Wege in Diagnose und Therapie*, Hippokrates, Stuttgart 1987.

Schata, Martin/Jorde, W.: *Allergische Erkrankungen durch Schimmelpilze – Ökologische Hinweise zur Diagnostik,* Dustri, Deisenhofen 1989.

Schrauzer, G. N., u. a.: «Cancer Incidence and Selenium», *Bioinorg. Chem.,* Bd. 7, Nr. 1, 1977.

Schuitemaker, Gert E.: *Orthomolekulare Ernährungsstoffe*, Verlag für Orthomolekulare Medizin, Freiburg i. Br. 1986.

Simonton, O. C., Simonton, S., und Creighton, J.: *Wieder gesund werden*, Rowohlt, Reinbek 1982.

Stadtlaender, Hans: *HOT*, Haug, Heidelberg 1981.

Straus, Stephen, u. a.: «Persisting Illness and Fatigue in Adults with Evidence of Epstein-Barr-Virus Infection», *Annals of Internal Medicine*, Bd. 102, Nr. 1, S. 7–16, Januar 1985.

Teisinger, J., Prerovska, I., Sedivec, V., Flek, J., und Roth, Z.: «Attempt on Determination of Biologically Active Lead in Organism in Experimental Poisoning», *Int. Arch. Gewerbepath. und Gewerbehyg.* 25, S. 240–255, 1969.

Truss, Orion: *The Missing Diagnosis*, 1983, beziehbar über den Autor: P.O. Box 26508, Birmingham, Alabama 35226, USA.

Walford, Roy L.: *Maximum Lifespan,* Norton & Co., New York 1983.

Was wir alles schlucken (hrsg. v. Katalyse-Institut für angewandte Umweltforschung), Rowohlt, Reinbek 1985.

Die Wiedemann-Kur, Gesellschaft für Serumtherapie, Ambach/Starnberger See 1987.

Wilkinson, Steve: *The Chronic Fatigue Syndrome*, Sterling Publ., New York 1988.

Williams, Ronald: «Rheumatoid Arthritis and Food, A Case Study», *British Medical Journal*, Bd. 283, S. 563, 22. August 1981.

Wollner, Anneliese: *Das Makrobiotik-Snackbuch*, Ost-West-Bund, Völklingen 1989.

Ziff, Sam, Till, Thomas, u. a.: *Amalgam, die toxische Zeitbombe,* Felicitas Hübner, Waldeck 1985.

Zollinger, H. U.: «Durch chronische Bleivergiftung erzeugte Nierenadenome und -carcinome bei Ratten und ihre Beziehungen zu den entsprechenden Neubildungen des Menschen, *Virchows Arch. path. Anat.* 323, S. 694–710, 1953.

Personen- und Sachregister

~~14,80~~

1 €2-